案例
CASE

练习 3-1 使用“油漆桶工具”给卡通画上色 P049

在线视频：第3章\练习3-1使用“油漆桶工具”给卡通画上色.mp4

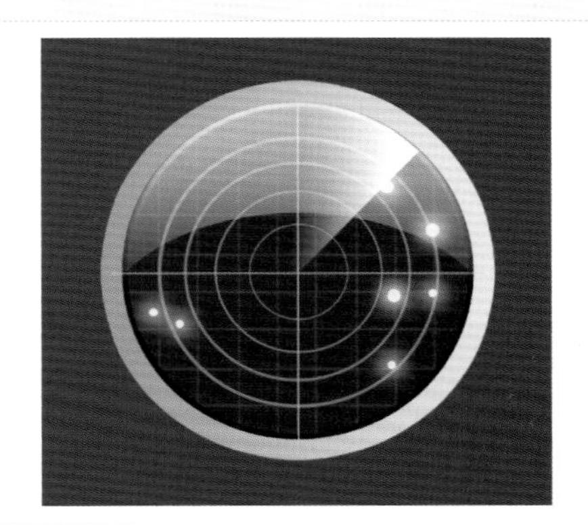

训练3-2 制作雷达图标效果 P058

在线视频：第3章\训练3-2制作雷达图标效果.mp4

练习 3-3 创建透明渐变 P053

在线视频：第3章\练习3-3创建透明渐变.mp4

练习 4-4 抠取烟花图像 P070

在线视频：第4章\练习4-4抠取烟花图像.mp4

训练3-1 为卡通画填充颜色 P058

在线视频：第3章\训练3-1为卡通画填充颜色.mp4

练习 4-5 制作双重曝光效果 P081

在线视频：第4章\练习4-5制作双重曝光效果.mp4

训练4-1 制作创意海报 P083

在线视频：第4章\训练4-1 制作创意海报.mp4

训练4-2 制作霓虹灯效果 P083

在线视频：第4章\训练4-2制作霓虹灯效果.mp4

练习5-1 绘制像素图形 P088

在线视频：第5章\练习5-1绘制像素图形.mp4

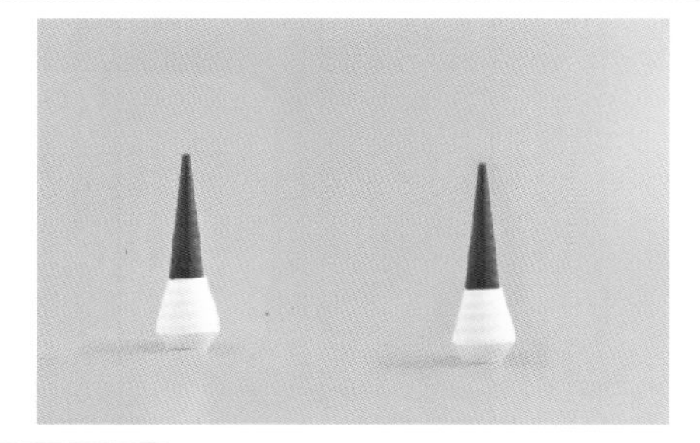

练习5-3 在场景中复制物体 P099

在线视频：第5章\练习5-3在场景中复制物体.mp4

训练5-1 增加图像的饱和度 P107

在线视频：第5章\训练5-1增加图像的饱和度.mp4

练习 6-1 更换窗外风景 P113

在线视频：第6章\练习6-1更换窗外风景.mp4

练习 6-2 用“魔棒工具”选取对象 P116

在线视频：第6章\练习6-2用“魔棒工具”选取对象.mp4

训练6-1 使用“矩形选框工具”制作艺术效果 P126

在线视频：第6章\训练6-1使用“矩形选框工具”制作艺术效果.mp4

训练6-2 使用“磁性套索工具”对木勺进行抠图 P127

在线视频：第6章\训练6-2使用“磁性套索工具”对木勺进行抠图.mp4

练习7-1 使用“钢笔工具”绘制爱心 P133

在线视频：第7章\练习7-1使用“钢笔工具”绘制爱心.mp4

练习7-2 通过“描边路径”绘制长颈鹿 P141

在线视频：第7章\练习7-2通过“描边路径”绘制长颈鹿.mp4

练习7-3 使用“自定形状工具”制作湖边场景 P147

在线视频：第7章\练习7-3使用“自定形状工具”制作湖边场景.mp4

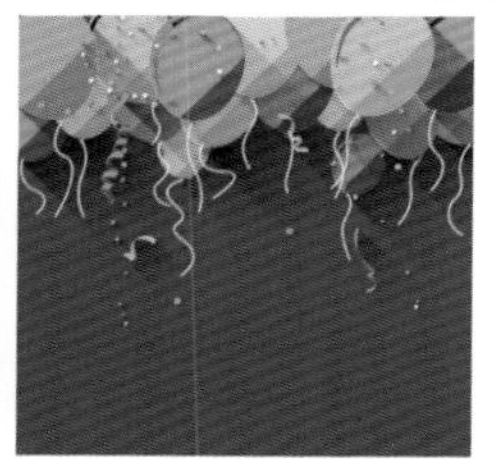

训练7-1 制作气球飘带 P148

在线视频：第7章\训练7-1制作气球飘带.mp4

训练7-2 制作向日葵相册 P148

在线视频：第7章\训练7-2制作向日葵相册.mp4

练习8-1 从选区生成图层蒙版 P152

在线视频：第8章\练习8-1从选区生成图层蒙版.mp4

练习8-4 创建剪贴蒙版制作海报效果 P155

在线视频：第8章\练习8-4创建剪贴蒙版制作海报效果.mp4

练习9-5 使用“字形”面板制作聊天界面 P176

在线视频：第9章\练习9-5使用“字形”面板制作聊天界面.mp4

训练9-1 制作金属文字效果 P180

在线视频：第9章\训练9-1制作金属文字效果.mp4

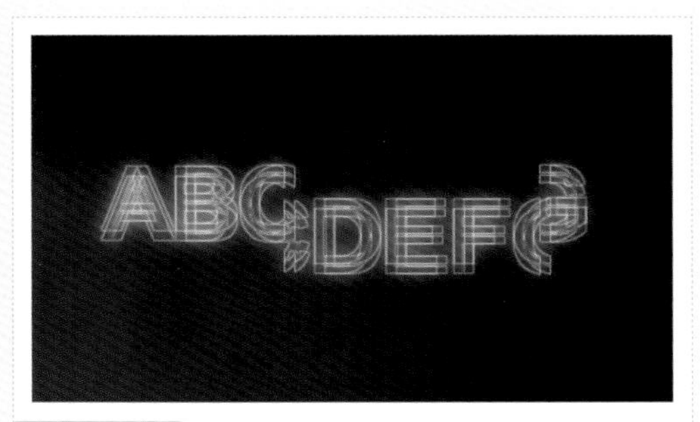

训练9-2 制作霓虹灯文字效果 P180

在线视频：第9章\训练9-2制作霓虹灯文字效果.mp4

练习10-1 使用滤镜库制作油画效果 P185

在线视频：第10章\练习10-1使用滤镜库制作油画效果.mp4

训练10-1 制作水彩小鹿 P199

在线视频：第10章\训练10-1制作水彩小鹿.mp4

训练10-2 制作个性方块效果 P199

在线视频：第10章\训练10-2制作个性方块效果.mp4

11.1 秋季照片调色 P201

在线视频：第11章\11.1秋季照片调色.mp4

11.2 把照片做成漫画效果 P204

在线视频：第11章\11.2把照片做成漫画效果.mp4

11.3 制作工笔画人像效果 P205

在线视频：第11章\11.3 制作工笔画人像效果.mp4

训练11-3 油画质感照片的调色 P210

在线视频：第11章\训练11-3油画质感照片的调色.mp4

12.1 制作闪电云层图标 P212

在线视频：第12章\12.1制作闪电云层图标.mp4

12.2 制作立体质感饼干图标 P218

在线视频：第12章\12.2制作立体质感饼干图标.mp4

12.3 制作音乐平台个人中心界面 P223

在线视频：第12章\12.3制作音乐平台个人中心界面.mp4

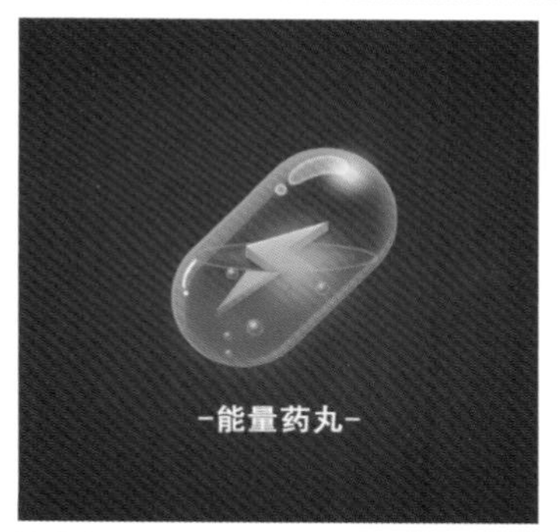

训练12-1 制作能量药丸图标 P228

在线视频：第12章\训练12-1制作能量药丸图标.mp4

训练12-2 制作扁平风格相册图标 P228

在线视频：第12章\训练12-2制作扁平风格相册图标.mp4

训练12-3 制作小程序游戏开始菜单界面 P229

在线视频：第12章\训练12-3制作小程序游戏开始菜单界面.mp4

13.1 制作促销优惠券 P231

在线视频：第13章\13.1制作促销优惠券.mp4

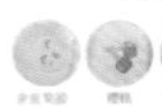

13.3 制作毛绒玩具详情页 P237

在线视频：第13章\13.3 制作毛绒玩具详情页.mp4

13.2 制作珠宝产品直通车图 P233

在线视频：第13章\13.2 制作珠宝产品直通车图.mp4

14.1 制作微信公众号首图 P245

在线视频：第14章\14.1制作微信公众号首图.mp4

14.2 制作微视频插图 P247

在线视频：第14章\14.2 制作微视频插图.mp4

14.3 制作创意二维码配图 P253

在线视频：第14章\14.3制作创意二维码配图.mp4

训练14-1 制作培训班公众号首图 P256

在线视频：第14章\训练14-1制作培训班公众号首图.mp4

训练14-2 制作自媒体平台宣传广告图 P257

在线视频：第14章\训练14-2 制作自媒体平台宣传广告图.mp4

训练14-3 制作社交平台头像框 P257

在线视频：第14章\训练14-3制作社交平台头像框.mp4

零基础学 Photoshop 2020

全视频教学版

王炜丽 陈英杰 张毅◎编著

人 民 邮 电 出 版 社
北 京

图书在版编目（CIP）数据

零基础学Photoshop 2020 ：全视频教学版 / 王炜丽，陈英杰，张毅编著. -- 北京 ：人民邮电出版社，2020.11
ISBN 978-7-115-54407-0

Ⅰ. ①零… Ⅱ. ①王… ②陈… ③张… Ⅲ. ①图像处理软件 Ⅳ. ①TP391.413

中国版本图书馆CIP数据核字(2020)第124397号

内容提要

本书根据作者多年教学和实践经验编写而成，以基础知识与实例相结合的形式，详细讲解了图像处理软件 Photoshop 2020 的应用技巧。

全书共 14 章，分为入门篇、提高篇、精通篇和实战篇 4 篇。本书循序渐进地讲解了 Photoshop 2020 基本操作，单色、渐变与图案填充，图层及图层样式，绘图及照片修饰功能，选区的选择艺术，路径和形状工具，蒙版与通道的应用，文字工具，滤镜特效内容，并安排了 4 章实战案例，深入剖析了应用 Photoshop 2020 进行照片后期处理、UI 图标及界面设计、电商店铺装修设计、新媒体美工设计的方法和技巧，使读者熟练掌握设计中的关键技术与设计理念。

本书提供所有练习和训练的素材文件、效果源文件和教学视频，读者在学习过程中可以随时调用。

本书赠送常用的画笔、样式等资源，以及 CMYK 色卡、CMYK-RGB 对照表、经典配色方案等文档，读者可扫描封底二维码获取。

本书适合 Photoshop 初级用户，从事摄影后期、UI 设计、电商美工设计、新媒体设计等工作的人员和 Photoshop 自学人员阅读，也可作为院校和培训机构相关专业课程的教材。

◆ 编　　著　王炜丽　陈英杰　张　毅
责任编辑　张丹阳
责任印制　马振武

◆ 人民邮电出版社出版发行　　北京市丰台区成寿寺路 11 号
邮编　100164　　电子邮件　315@ptpress.com.cn
网址　https://www.ptpress.com.cn
北京瑞禾彩色印刷有限公司印刷

◆ 开本：700×1000　1/16
印张：17　　彩插：4
字数：358 千字　　2020 年 11 月第 1 版
印数：1 – 2 500 册　　2020 年 11 月北京第 1 次印刷

定价：69.80 元

读者服务热线：(010)81055410　印装质量热线：(010)81055316
反盗版热线：(010)81055315
广告经营许可证：京东市监广登字 20170147 号

前言
FOREWORD

本书是编者根据多年的教学和实践经验编写而成的，主要针对 Photoshop 的初学者、平面设计从业者和爱好者的实际需要，以讲解 Photoshop 2020 应用为主，全面、系统地讲解了图像处理过程中涉及的工具、命令的功能和使用方法。

本书内容

在内容上，本书由浅入深地将每个实例与知识点的应用结合起来进行讲解，让读者在学习基础知识的同时，掌握这些知识在实战中的应用技巧。全书总计 14 章，分为入门篇、提高篇、精通篇和实战篇。入门篇包括 1~3 章，主要讲解 Photoshop 2020 的基础内容，包括初识 Photoshop 2020、Photoshop 2020 的基本操作，单色、渐变与图案填充。提高篇包括 4~7 章，主要讲解 Photoshop 2020 的进阶提高内容，包括图层及图层样式、绘图及照片修饰功能、选区的选择艺术、路径和形状工具。精通篇包括 8~10 章，主要讲解 Photoshop 2020 的深层次应用，包括蒙版和通道的应用、文字工具、滤镜特效。实战篇包括 11~14 章，讲解了照片后期处理、UI 图标及界面设计、电商店铺装修设计和新媒体美工设计，全部是商业综合性的实战操作。每一个实例都渗透了设计理念、创意思想和 Photoshop 的操作技巧，不仅详细地介绍了实例的制作技巧和不同效果的实现方法，还为读者提供了较好的“临摹”范本。读者只要能耐心地按照书中的步骤去完成每一个实例，就能提高自己的实践技能和艺术审美能力，同时也能从中获取一些深层次的设计理论知识，从一个初学者“蜕变”为一个设计高手。

本书五大特色

1. 全新写作模式。本书的写作模式为“命令讲解 + 详细文字讲解 + 练习”，使读者能够以全新的感受来掌握 Photoshop 2020 的应用方法和技巧。

2. 全程视频教学。除第 1 章外，全书为读者安排了课堂练习和课后拓展训练，配备的在线视频中不仅详细演示了 Photoshop 2020 的基本使用方法，还一步步分解书中所有实例的制作过程，使读者身在家中就可以享受到专业老师“面对面”的指导。

3. 丰富的特色段落。笔者根据多年的教学经验，将 Photoshop 2020 中常见的问题及解决方法以“技巧”的形式展示出来，并以“技术看板”的形式将全书重点知识罗列出来，让读者轻松掌握核心技法。

4. 实用性强。本书每个重点知识都安排了一个实例。书中的实例典型、任务明确，便于活学活用，能帮助读者在短时间内掌握操作技巧，并应用在实际工作中。

5. 针对想快速上手的读者。本书可以帮助读者从入门到入行，在全面掌握 Photoshop 2020 使用方法和技巧的同时，掌握专业设计知识与创意设计手法，让初学者快速入门，进而创作出好的作品。

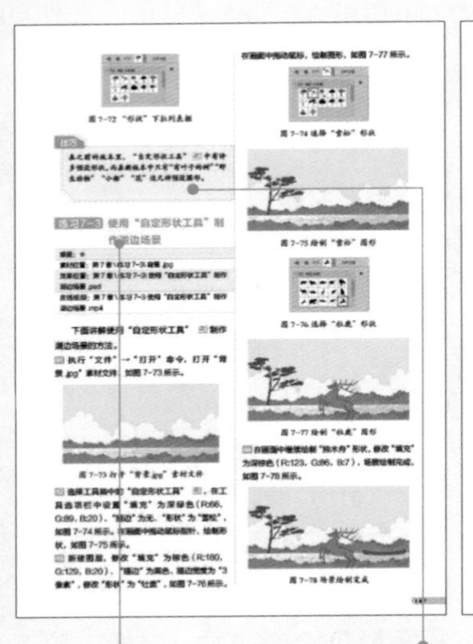

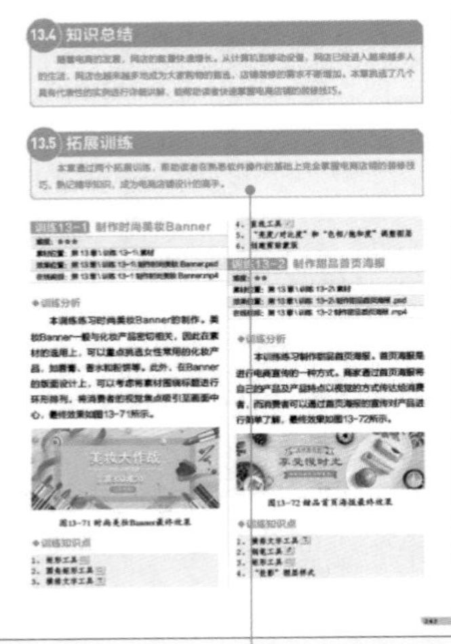

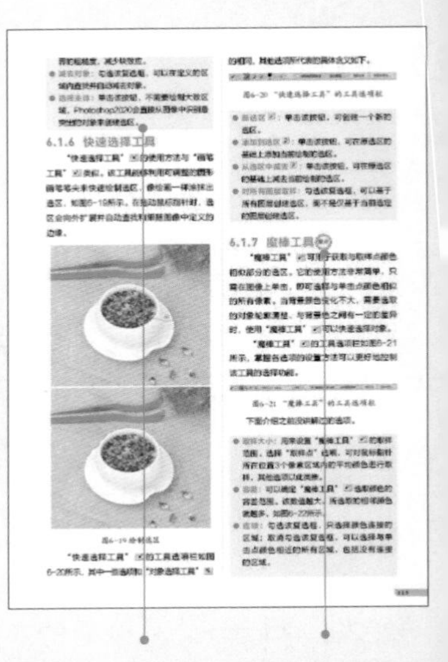

练习：让读者实际动手操作学习软件功能，快速掌握软件使用方法。

技巧：针对软件中的难点及操作中的技巧进行重点讲解。

拓展训练：帮助读者巩固本章所学重点知识。

功能介绍：对工具中的各个选项进行详细介绍。

重点：带有重点的为重点内容，是Photoshop实际应用中使用较为频繁的工具，需重点掌握。

学习指导

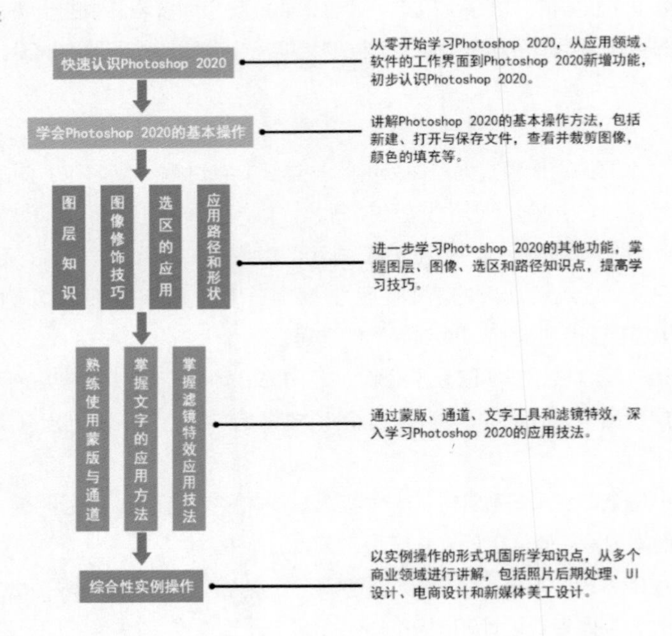

鸣谢

在创作的过程中，由于编者水平有限，错误在所难免，希望广大读者批评指正。在感谢您选择本书的同时，也希望您能够把对本书的意见和建议告诉我们。

编者

2020 年 2 月

资源与支持

RESOURCES AND SUPPORT

本书由“数艺设”出品，“数艺设”社区平台（www.shuyishe.com）为您提供后续服务。

配套资源

资源文件：随书提供所有练习和训练的素材文件、效果源文件，读者在学习时可以调用文件进行练习，进一步提高学习效率。

教学视频：本书提供所有练习和训练的操作演示视频，读者可以扫描右侧二维码到“数艺设”平台在线观看。

丰富素材：附赠动作、画笔、渐变、填充图案、图层样式、形状样式等学习资源。附赠 CMYK 色卡，CMYK-RGB 对照表和经典配色方案等 PDF 电子文件。

资源获取请扫码

“数艺设”社区平台，为艺术设计从业者提供专业的教育产品。

与我们联系

我们的联系邮箱是 szys@ptpress.com.cn。如果您对本书有任何疑问或建议，请您发邮件给我们，并请在邮件标题中注明本书书名及 ISBN，以便我们更高效地做出反馈。

如果您有兴趣出版图书、录制教学课程，或者参与技术审校等工作，可以发邮件给我们；有意出版图书的作者也可以到“数艺设”社区平台在线投稿（直接访问 www.shuyishe.com 即可）。如果学校、培训机构或企业想批量购买本书或“数艺设”出版的其他图书，也可以发邮件联系我们。

如果您在网上发现针对“数艺设”出品图书的各种形式的盗版行为，包括对图书全部或部分内容的非授权传播，请您将怀疑有侵权行为的链接通过邮件发给我们。您的这一举动是对作者权益的保护，也是我们持续为您提供有价值的内容的动力之源。

关于“数艺设”

人民邮电出版社有限公司旗下品牌“数艺设”，专注于专业艺术设计类图书出版，为艺术设计从业者提供专业的图书、U 书、课程等教育产品。出版领域涉及平面、三维、影视、摄影与后期等数字艺术门类，字体设计、品牌设计、色彩设计等设计理论与应用门类，UI 设计、电商设计、新媒体设计、游戏设计、交互设计、原型设计等互联网设计门类，环艺设计手绘、插画设计手绘、工业设计手绘等设计手绘门类。更多服务请访问“数艺设”社区平台 www.shuyishe.com。我们将提供及时、准确、专业的学习服务。

目录
CONTENTS

第1篇
入门篇

第1章 初识 Photoshop 2020

1.1 Photoshop 的应用范围 014
1.1.1 在平面设计中的应用 014
1.1.2 在 UI 设计中的应用 015
1.1.3 在数码摄影后期处理中的应用 015
1.1.4 在插画设计中的应用 016
1.1.5 在艺术字体设计中的应用 017
1.1.6 在效果图后期制作中的应用 017
1.1.7 在动画与 CG 设计中的应用 017
1.1.8 在新媒体设计中的应用 018
1.2 认识 Photoshop 2020 的工作界面 019
重点 1.2.1 文件窗口和选项卡 019
难点 1.2.2 面板组 021
重点 1.2.3 菜单栏 022
重点 1.2.4 工具选项栏 023
1.2.5 状态栏 023
重点 1.2.6 工具箱 023
1.2.7 隐藏工具的操作技巧 024
1.3 Photoshop 2020 的新增功能 024
重点 1.3.1 对象选择工具 024
重点 1.3.2 变换统一 025
重点 1.3.3 强大的“属性”面板 025
重点 1.3.4 智能对象到图层 026
重点 1.3.5 强大的转换变形 026
1.4 图像的基础知识 026
重点 1.4.1 像素和位图 026
1.4.2 矢量图 027
1.4.3 分辨率 027
1.5 知识总结 028

第2章 Photoshop 2020 基本操作

2.1 文件的基本操作 030
2.1.1 新建文件 030
2.1.2 打开文件 030
重点 2.1.3 在文档中置入对象 032
练习 2-1 置入嵌入 Ai 矢量素材 032
2.1.4 导入文件 033
2.1.5 存储文件 034
2.2 调整图像和画布大小 034
难点 2.2.1 调整图像大小和分辨率 034
难点 2.2.2 调整画布大小 036
2.3 查看图像 038
2.3.1 切换屏幕显示模式 038
2.3.2 缩放工具 039
2.3.3 抓手工具 040
重点 2.3.4 旋转视图工具 040
练习 2-2 使用“旋转视图工具”查看图像 040

2.3.5 “导航器”面板 041

2.4 裁剪图像 042

重点 2.4.1 裁剪工具 042

练习 2-3 裁剪图像 042

2.4.2 “裁剪”命令 043

难点 2.4.3 “裁切”命令 043

2.5 知识总结 044

2.6 拓展训练 044

训练 2-1 缩放并查看糖果图像 045

训练 2-2 裁剪圣诞老人图像 045

第 3 章 单色、渐变与图案填充

3.1 设置单色 047

重点 3.1.1 设置前景色与背景色 047

3.1.2 “色板”面板 047

3.1.3 “颜色”面板 048

重点 3.1.4 油漆桶工具 048

练习 3-1 使用“油漆桶工具”给卡通画上色 049

3.1.5 吸管工具 049

3.2 设置渐变颜色 050

3.2.1 “渐变工具”工具选项栏 050

3.2.2 渐变编辑器 051

难点 3.2.3 渐变样式 051

练习 3-2 创建实色渐变 052

练习 3-3 创建透明渐变 053

练习 3-4 创建杂色渐变 055

3.3 图案的创建 056

重点 3.3.1 “填充”命令 056

练习 3-5 填充图案 056

3.3.2 定义图案 057

3.4 知识总结 058

3.5 拓展训练 058

训练 3-1 为卡通画填充颜色 058

训练 3-2 制作雷达图标效果 058

第 2 篇 提高篇

第 4 章 图层及图层样式

4.1 认识图层 060

4.1.1 图层的类型 060

4.1.2 “图层”面板 060

4.2 图层的编辑 062

4.2.1 新建图层 062

重点 4.2.2 复制图层 063

练习 4-1 复制“灯”图层 063

4.2.3 删除图层 064

重点 4.2.4 改变图层的顺序 064

练习 4-2 调整图层顺序 064

重点 4.2.5 对齐与分布 065

练习 4-3 图像的对齐与分布操作 065

4.2.6 合并图层 066

4.2.7 盖印图层 067

4.2.8 栅格化图层 068

4.2.9 使用图层组管理图层 068

4.3 图层样式 069

4.3.1 添加图层样式 069

4.3.2 “图层样式”对话框 070

难点 4.3.3 “混合选项”面板 070

练习 4-4 抠取烟花图像 070

4.3.4 “样式”面板 072
4.3.5 删除图层样式 072
4.3.6 移动与复制图层样式 073
4.3.7 缩放图层样式 073
4.4 图层混合模式 075
4.4.1 设置混合模式 075
重点 4.4.2 混合模式的使用 075
练习 4-5 制作双重曝光效果 081
4.5 知识总结 083
4.6 拓展训练 083
训练 4-1 制作创意海报 083
训练 4-2 制作霓虹灯效果 083

第 5 章 绘图及照片修饰功能

5.1 绘图工具 085
5.1.1 画笔工具 085
重点 5.1.2 铅笔工具 087
练习 5-1 绘制像素图形 088
5.1.3 颜色替换工具 088
5.1.4 混合器画笔工具 089
5.1.5 历史记录艺术画笔工具 090
5.1.6 橡皮擦工具 092
5.1.7 背景橡皮擦工具 092
5.1.8 魔术橡皮擦工具 093
5.2 照片修复工具 096
重点 5.2.1 污点修复画笔工具 096
练习 5-2 去除小狗身上的斑点 097
5.2.2 修复画笔工具 097
5.2.3 修补工具 098
重点 5.2.4 内容感知移动工具 099
练习 5-3 在场景中复制物体 099
难点 5.2.5 红眼工具 100
练习 5-4 消除人物红眼 100
5.3 复制图像 101
5.3.1 图案图章工具 101
5.3.2 仿制图章工具 102
5.4 图像的局部修饰 103
5.4.1 模糊工具 103
5.4.2 锐化工具 103
重点 5.4.3 涂抹工具 103
练习 5-5 为小熊添加毛发效果 104
5.4.4 减淡工具 104
5.4.5 加深工具 105
5.4.6 海绵工具 105
5.5 知识总结 106
5.6 拓展训练 106
训练 5-1 增加图像的饱和度 107
训练 5-2 使用“魔术橡皮擦工具”抠图 107

第 6 章 选区的选择艺术

6.1 选区工具 109
6.1.1 选框工具 109
6.1.2 套索工具 111
重点 6.1.3 多边形套索工具 112
练习 6-1 更换窗外风景 113
6.1.4 磁性套索工具 114
6.1.5 对象选择工具 114
6.1.6 快速选择工具 115
重点 6.1.7 魔棒工具 115
练习 6-2 用“魔棒工具”选取对象 116
6.1.8 “色彩范围”命令 117
6.2 细化选区 119

6.2.1 选择并遮住 119
6.2.2 选择视图模式 119
6.2.3 调整选区边缘 120
6.2.4 指定输出方式 122
6.3 选区的编辑操作 123
6.3.1 移动选区 123
6.3.2 创建边界选区 123
6.3.3 平滑选区 123
6.3.4 扩展和收缩选区 124
6.3.5 对选区进行羽化 124
6.3.6 “扩大选取”和“选取近似”的命令 125
6.3.7 对选区应用变换 125
6.4 知识总结 126
6.5 拓展训练 126
训练6-1 使用“矩形选框工具”制作艺术效果 126
训练6-2 使用“磁性套索工具”对木勺进行抠图 127

第7章 路径和形状工具

7.1 了解绘图模式 129
7.1.1 选择绘图模式 129
7.1.2 形状 130
7.1.3 路径 131
7.1.4 像素 131
7.2 了解路径与锚点的特征 131
7.2.1 认识路径 131
7.2.2 认识锚点 132
7.3 钢笔工具 132
重点 7.3.1 钢笔工具 132
练习7-1 使用“钢笔工具”绘制爱心 133
难点 7.3.2 自由钢笔工具 135
难点 7.3.3 弯度钢笔工具 135
7.4 编辑路径 136
7.4.1 选择与移动路径 136
7.4.2 调整方向点 137
7.4.3 添加锚点 137
7.4.4 删除锚点 138
7.4.5 转换锚点的类型 138
7.5 管理路径 139
7.5.1 创建新路径 139
7.5.2 重命名路径 139
7.5.3 删除路径 139
7.6 填充和描边路径 140
7.6.1 填充路径 140
重点 7.6.2 描边路径 140
练习7-2 通过“描边路径”绘制长颈鹿 141
7.7 路径与选区间的转换 142
7.7.1 从路径建立选区 142
7.7.2 从选区建立路径 143
7.8 形状工具 144
7.8.1 矩形工具 144
7.8.2 圆角矩形工具 144
7.8.3 椭圆工具 145
7.8.4 多边形工具 145
7.8.5 直线工具 146
重点 7.8.6 自定形状工具 146
练习7-3 使用“自定形状工具”制作湖边场景 147
7.9 知识总结 148
7.10 拓展训练 148
训练7-1 制作气球飘带 148
训练7-2 制作向日葵相册 148

第3篇

精通篇

第8章 蒙版与通道的应用

8.1 认识蒙版 150

8.1.1 蒙版的种类和用途 150

8.1.2 “属性”面板 150

8.1.3 图框工具 150

8.2 图层蒙版 151

重点 8.2.1 创建图层蒙版 151

8.2.2 删除图层蒙版 151

练习8-1 从选区生成图层蒙版 152

8.3 矢量蒙版 153

重点 创建矢量蒙版 153

练习8-2 使用矢量蒙版制作星形效果 153

练习8-3 为矢量蒙版添加图形 153

8.4 剪贴蒙版 154

重点 8.4.1 创建剪贴蒙版 154

重点 练习8-4 创建剪贴蒙版制作海报效果 155

8.4.2 设置“不透明度” 156

8.4.3 设置混合模式 156

8.5 认识通道 157

难点 8.5.1 “通道”面板 157

8.5.2 颜色通道 157

8.5.3 Alpha通道 158

8.5.4 专色通道 158

8.6 编辑通道 159

8.6.1 选择通道 159

重点 8.6.2 编辑与修改专色 159

练习8-5 将通道中的内容粘贴到图像中 ... 160

8.6.3 重命名和删除通道 161

8.6.4 分离通道 16

8.6.5 合并通道 16

8.7 知识总结 16

8.8 拓展训练 16

训练8-1 用设定通道抠取花瓶 16

训练8-2 将Alpha通道载入选区进行图像校色 16

第9章 文字工具

9.1 创建文字 165

9.1.1 横排和直排文字工具 165

重点 9.1.2 横排和直排文字蒙版工具 165

练习9-1 创建点文字 166

练习9-2 创建段落文字 166

重点 9.1.3 变形文字 167

练习9-3 创建变形文字 167

9.1.4 转换点文字与段落文字 169

9.1.5 转换水平文字与垂直文字 169

9.2 设置文字属性 169

难点 9.2.1 “字符”面板 169

练习9-4 创建路径文字 174

9.2.2 “段落”面板 174

重点 9.2.3 “字形”面板 176

练习9-5 使用“字形”面板制作聊天界面 176

9.3 编辑文字 177

9.3.1 拼写检查 177

9.3.2 “查找和替换文本”命令 178

9.3.3 替换所有欠缺字体 178

9.3.4 基于文字创建工作路径 178

9.3.5 将文字转换为形状 179

9.3.6 栅格化文字 179

9.4 知识总结 179

9.5 拓展训练 180

训练 9-1 制作金属文字效果 180

训练 9-2 制作霓虹灯文字效果 180

第 10 章 滤镜特效

10.1 滤镜的整体把握 182

10.1.1 滤镜的使用规则 182

10.1.2 普通滤镜与智能滤镜 183

10.2 特殊滤镜的使用 183

重点 10.2.1 使用滤镜库 183

练习 10-1 使用滤镜库制作油画效果 185

10.2.2 “自适应广角”滤镜 186

难点 10.2.3 Camera Raw 滤镜 186

10.2.4 “镜头校正”滤镜 188

难点 10.2.5 “液化”滤镜 188

重点 10.2.6 “消失点”滤镜 190

练习 10-2 使用“消失点”滤镜制作户外广告牌 191

10.3 其他常用滤镜 192

10.3.1 “模糊”滤镜 192

练习 10-3 制作粉笔画效果 193

10.3.2 “锐化”滤镜 195

10.3.3 “像素化”滤镜 196

练习 10-4 在场景中绘制树木 198

10.4 知识总结 199

10.5 拓展训练 199

训练 10-1 制作水彩小鹿 199

训练 10-2 制作个性方块效果 199

第4篇 实战篇

第 11 章 照片后期处理

11.1 秋季照片调色 201

11.1.1 色调调整 201

11.1.2 增强冷暖对比 202

11.1.3 增强画面清晰度 203

11.2 把照片做成漫画效果 204

11.3 制作工笔画人像效果 205

11.3.1 人像处理 206

11.3.2 添加纹理背景 207

11.4 知识总结 209

11.5 拓展训练 209

训练 11-1 去除脸部瑕疵 209

训练 11-2 打造修长美腿 210

训练 11-3 油画质感照片的调色 210

第 12 章 UI 图标及界面设计

12.1 制作闪电云层图标 212

12.1.1 制作图标背景 212

12.1.2 绘制图标内容 214

12.1.3 完善图标背景 217

12.2 制作立体质感饼干图标 218

12.2.1 绘制主视图图像 219

12.2.2 制作立体效果 221

12.3 制作音乐平台个人中心界面 223

12.3.1 绘制个人中心顶部内容 224

12.3.2 绘制主功能区 226

12.4 知识总结......................................228

12.5 拓展训练......................................228

训练 12-1 制作能量药丸图标.................. 228

训练 12-2 制作扁平风格相册图标........... 228

训练 12-3 制作小程序游戏开始菜单界面... 229

第 13 章 电商店铺装修设计

13.1 制作促销优惠券 231

13.2 制作珠宝产品直通车图.....................233

13.2.1 制作商品背景............................ 233

13.2.2 制作主体商品............................ 236

13.2.3 添加装饰元素和文字 236

13.3 制作毛绒玩具详情页.........................237

13.3.1 制作商品展示图 238

13.3.2 制作商品信息介绍图 240

13.4 知识总结...243

13.5 拓展训练...243

训练 13-1 制作时尚美妆 Banner............ 243

训练 13-2 制作甜品首页海报 243

第 14 章 新媒体美工设计

14.1 制作微信公众号首图.........................245

14.1.1 制作首图背景............................ 245

14.1.2 输入首图文字............................ 246

14.2 制作微视频插图 247

14.2.1 制作几何背景............................ 248

14.2.2 添加文字效果............................ 251

14.3 制作创意二维码配图.........................253

14.3.1 制作配图背景............................ 253

14.3.2 绘制配图场景............................ 254

14.3.3 制作主要内容............................ 255

14.4 知识总结...256

14.5 拓展训练...256

训练 14-1 制作培训班公众号首图 256

训练 14-2 制作自媒体平台宣传广告图 257

训练 14-3 制作社交平台头像框............... 257

附录 Photoshop 2020 默认键盘快捷键... 258

第1篇

入门篇

第1章

初识 Photoshop 2020

本章先带读者简单认识一下Photoshop 2020，然后介绍图像处理的基础知识，包括像素和位图、矢量图、分辨率等。通过对本章的学习，读者可以快速掌握这些基础知识，并对Photoshop 2020有基本的了解，为后续更加深入的学习打下坚实的基础。

教学目标

了解Photoshop的应用范围 | 认识Photoshop 2020的工作界面

了解Photoshop 2020的新增功能 | 了解图像的基础知识

1.1 Photoshop的应用范围

Photoshop是一款功能强大的设计软件，已经广泛应用于人们的工作和生活之中。无论是在平面设计、UI设计、数码摄影后期处理、插画设计、艺术字体设计、效果图后期制作、动画与CG设计，还是在新媒体设计领域，Photoshop都起着无可替代的作用。

1.1.1 在平面设计中的应用

平面设计是Photoshop应用较多的领域之一，无论是在大街上看到的贴画、海报，拿在手中的书本、报纸、杂志，还是手机上的图标、照片、标识等，基本上都用Photoshop进行处理。图1-1所示为用Photoshop进行平面设计的典型作品。

图1-1 平面设计作品

图1-1 平面设计作品（续）

图1-1 平面设计作品（续）

1.1.2 在UI设计中的应用

从以往的软件界面、游戏界面，到如今的手机操作界面、智能家电界面，UI设计这一新兴行业伴随着计算机、网络和智能电子产品的普及而迅猛发展。UI设计主要是用Photoshop来完成的，使用Photoshop的渐变、图层样式和滤镜等功能可以制作出各种真实的质感和特效，如图1-2所示。

图1-2 UI设计作品

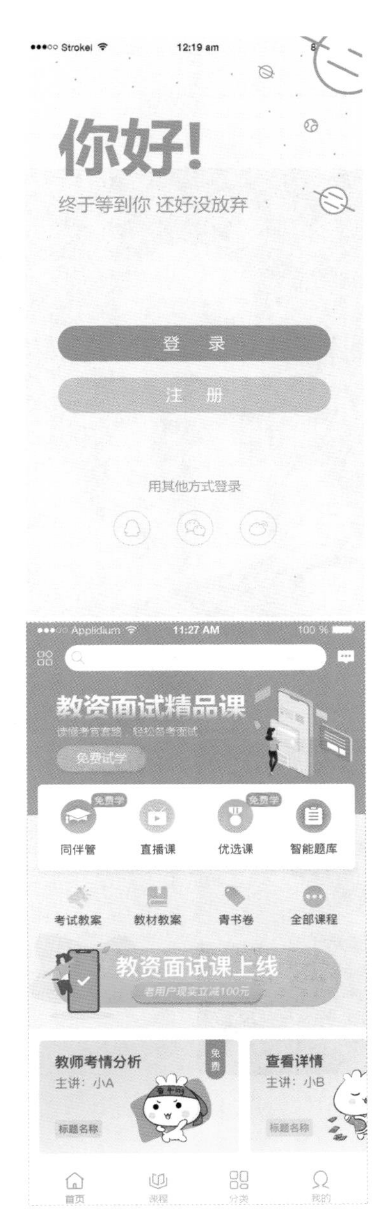

图1-2 UI设计作品（续）

1.1.3 在数码摄影后期处理中的应用

作为强大的图像处理软件，Photoshop可以完成从照片的扫描输入到校色、图像修正，再到分色输出等一系列专业化的工作。不论是图片色彩与色调的调整，照片的校正、修复与润饰，还是图像创造性的合成，都可以在Photoshop中找到合适的解决方法，如图1-3所示。

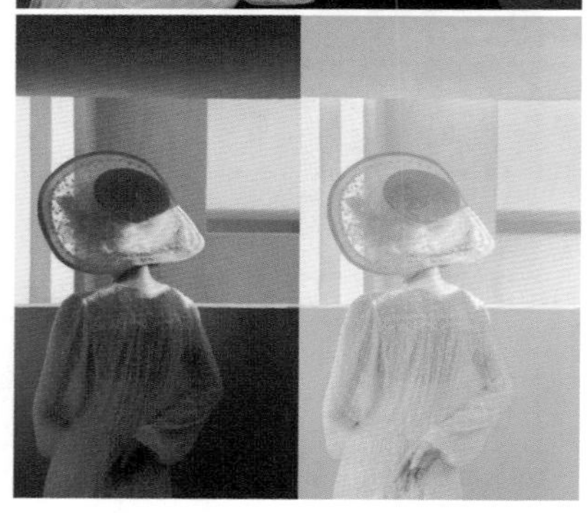

图1-3 数码摄影后期处理作品

1.1.4 在插画设计中的应用

随着IT行业的迅速发展，插画设计也逐步在各行各业中得到广泛应用，主要有文学插画和商业插画两大类型：文学插画是指再现文章情节、体现文学精神的视觉艺术；商业插画是指为企业或产品传递商品信息，集艺术与商业于一体的一种图像表现形式。Photoshop具有良好的绘图和调色功能，非常适合用来绘制插画作品。图1-4所示为插画设计作品。

图1-4 插画设计作品

1.1.5 在艺术字体设计中的应用

艺术字体被广泛应用于宣传、广告、商标、标语、黑板报、会场布置、展览会及商品的包装装潢，在各类报刊和书籍的装帧上也能看见这些设计，颇受大众喜欢。艺术字体是汉字经过专业的字体设计师艺术加工后的变形字体，其造型不仅符合文字含义，还具有美观、易认易识、醒目等特点，是一种有符号学意味的艺术作品。利用Photoshop可以制作出许多特殊艺术字。图1-5所示为艺术字体设计作品。

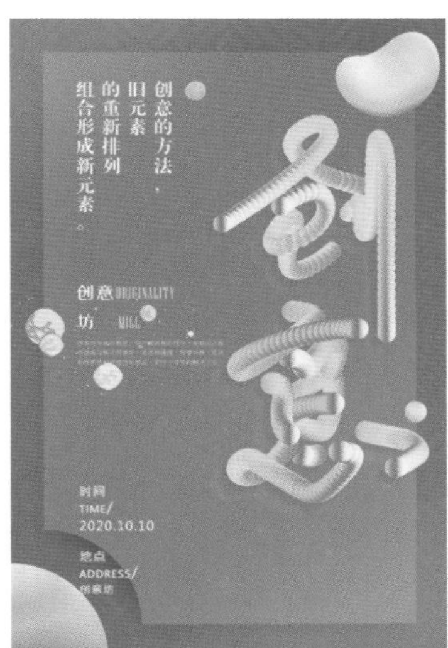

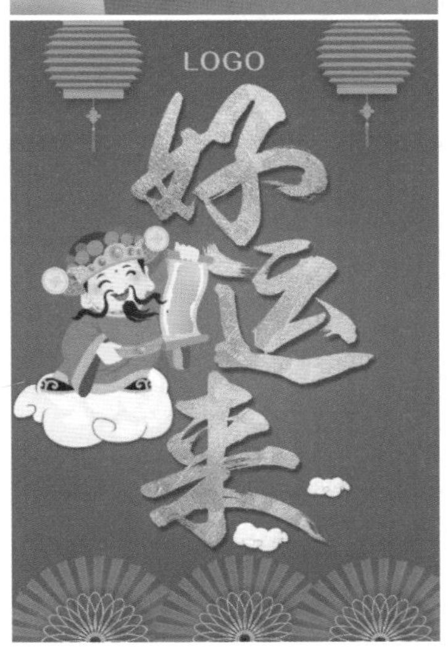

图1-5 艺术字体设计作品

图1-5 艺术字体设计作品（续）

1.1.6 在效果图后期制作中的应用

制作建筑效果图时，渲染出的图片通常都要在Photoshop中进行后期处理，如添加人物、车辆、植物、天空、景观和各种装饰品等，这样既节省了渲染时间，也增强了画面的美感，如图1-6所示。

图1-6 建筑效果图作品

1.1.7 在动画与CG设计中的应用

目前几乎所有的三维软件贴图都离不开平面软件，特别是Photoshop。在3ds Max、

Maya等三维软件中使用的人物或场景的贴图，通常都是在Photoshop中进行绘制或处理后再应用到三维软件中的，如人物的面部、皮肤、游戏场景的贴图和各种有质感的材质效果。图1-7所示为游戏人物和场景的贴图效果。

图1-7　动画与CG设计作品

1.1.8　在新媒体设计中的应用

新媒体是在新技术的支持下产生的一种新的媒体形态，它可以同时向所有用户提供同样的内容，被形象地称为“第五媒体”。新媒体将成为新时代信息的主要传播方式，因此，美化新媒体界面的新媒体美工也将成为热门职业。图1-8所示为新媒体设计作品。

图1-8　新媒体设计作品

图1-8　新媒体设计作品（续）

1.2 认识Photoshop 2020的工作界面

Photoshop 2020的工作界面主要由菜单栏、工具选项栏、选项卡、文件窗口、工具箱、状态栏和面板组组成，如图1-9所示，各面板、栏和窗口等工作界面的组成元素都可以任意排列组合。Photoshop 2020诸多设计的改进为用户提供了更加流畅的工作体验。

图1-9 Photoshop 2020的工作界面

1.2.1 文件窗口和选项卡（难点）

Photoshop 2020可以对文件窗口进行调整，以满足不同用户的需要，如浮动、合并、缩放或移动文件窗口等。

浮动或合并文件窗口

默认状态下，打开的文件窗口处于合并状态，可以通过拖动文件窗口将其变成浮动状态。当然，如果当前窗口处于浮动状态，那么也可以通过拖动将其变成合并状态。将鼠标指针移动到选项卡位置，即文件窗口的标题位置，然后将其向外拖动，以窗口边缘不出现蓝色边框为限，释放鼠标即可将文件窗口由合并状态转变成浮动状态，如图1-10所示。

图1-10 合并窗口变浮动窗口

当文件窗口处于浮动状态时，将鼠标指针放在标题位置，然后将其向窗口边缘拖动，当窗口边缘出现蓝色边框时释放鼠标，即可将窗口由浮动状态转变成合并状态，如图1-11所示。

图1-11　浮动窗口变合并窗口

移动文件窗口的位置

处于浮动状态的文件窗口可以随意拖动。将鼠标指针移动到文件窗口上方的位置，直接进行拖动，到达合适的位置时释放鼠标，即可完成文件窗口的移动，如图1-12所示。

图1-12　移动文件窗口

图1-12　移动文件窗口（续）

调整文件窗口的大小

为了方便操作，还可以调整文件窗口的大小，但只能对处于浮动状态的文件窗口进行调整。将鼠标指针移动到文件窗口的边缘位置，鼠标指针将变成双箭头 。如果要放大文件窗口，可向右下角拖动，如图1-13所示；如果要缩小文件窗口，则反过来向左上方拖动即可。

图1-13　放大文件窗口

1.2.2 面板组 难点

面板组位于Photoshop 2020工作界面的右侧，主要用于对当前图像的颜色、图层、导航信息、样式及相关的操作进行设置。面板组中通常含有多个面板，一般成组出现，各面板间可以任意进行分离、移动和组合。本节以“颜色”面板为例讲解面板的基本构成，如图1-14所示。

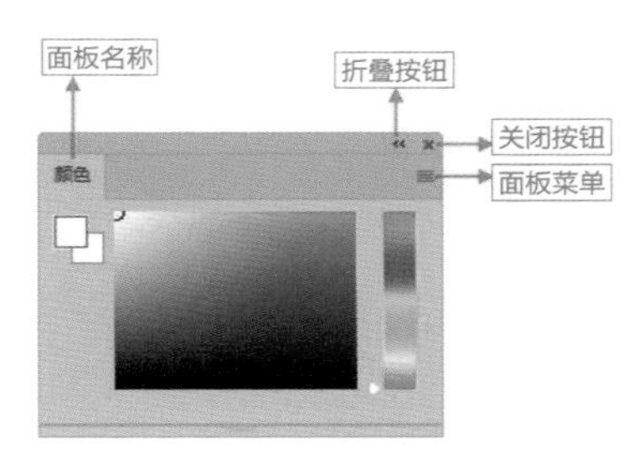

图1-14 “颜色”面板

可对面板进行多种操作，各种操作方法如下。

打开或关闭面板

在“窗口”菜单中选择不同的面板名称，可以打开或关闭面板，也可以单击面板右上方的关闭按钮 ✖ ，来关闭当前面板。

显示面板内容

在面板组中，如果想查看某一个面板中的内容，直接单击该面板的名称即可。例如，单击图1-15所示的“样式”选项卡，即可显示“样式”面板中的内容。

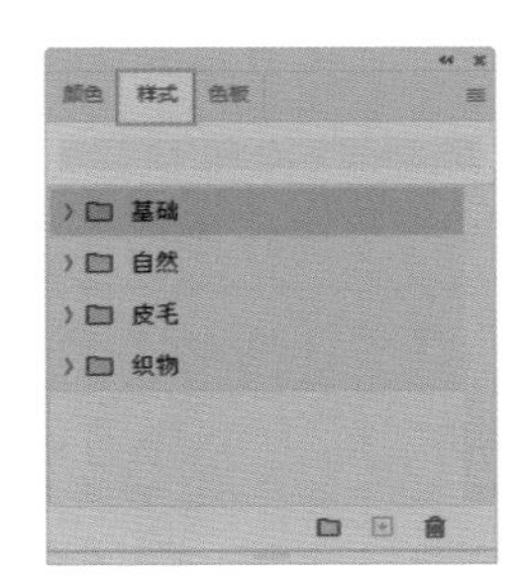

图1-15 显示“样式”面板

移动面板

在移动面板时，可以看到蓝色突出显示的放置区域，可以在该区域中移动面板。将一个面板拖动到另一个面板下面或其下面的窄蓝色放置区域中，可以向上或向下移动该面板。如果拖动到的区域不是放置区域，那么该面板将在工作区中自由浮动。

要单独移动某个面板，可以拖动该面板顶部的标题栏或选项卡。

要移动面板组或堆叠的浮动面板，可以拖动该面板组或堆叠面板的标题栏。

分离面板

将鼠标指针放置在要分离的面板名称上，然后向外进行拖动，即可将该面板分离出来，如图1-16所示。

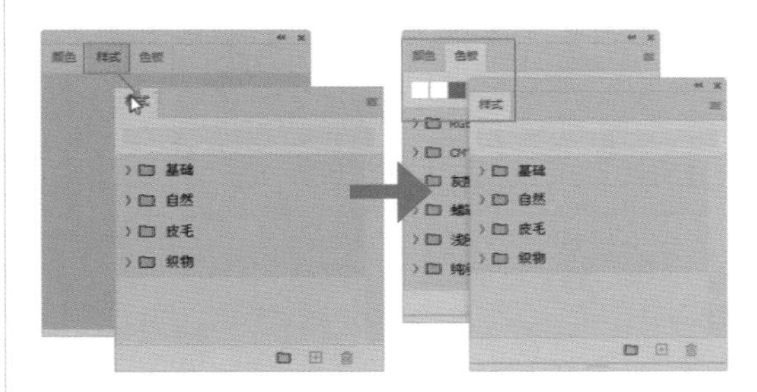

图1-16 分离面板

组合面板

要将一个分离出来的面板放回到面板组内，可先将鼠标指针放置在分离的面板名称上，然后将其拖动到面板组内，当面板组周围出现蓝色的边框时释放鼠标，即可让分离的面板组合到面板组内，如图1-17所示。

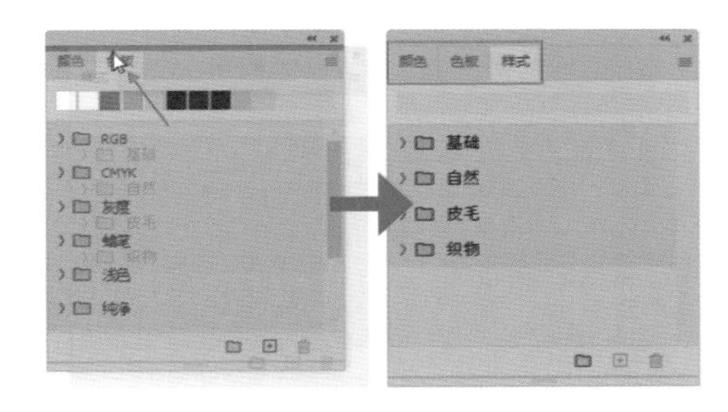

图1-17 组合面板

停靠面板组

为了节省空间，还可以将组合的面板停靠

在右侧的边缘位置，或与其他面板组停靠在一起。

拖动面板组上方的标题栏或选项卡，将其移动到另一面板组或面板的边缘位置，当出现一条垂直的蓝色线条时，释放鼠标即可将该面板组停靠在其他面板或面板组的边缘位置，如图1-18所示。

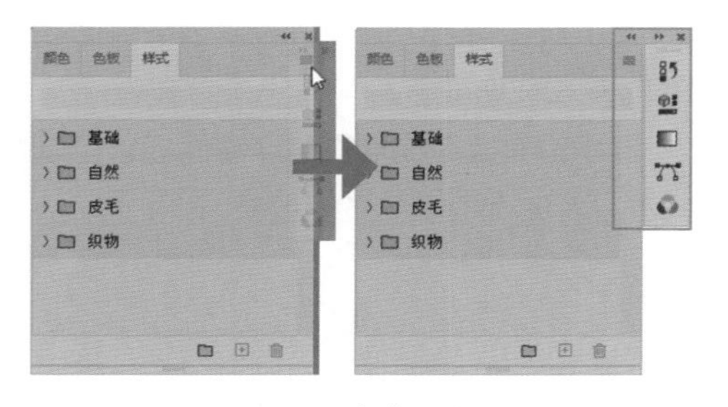

图1-18　停靠面板组

堆叠面板

当将面板拖出停放区域但并不将其拖入放置区域时，面板会自由浮动。可以将浮动的面板放在工作界面的任何位置，也可以将浮动的面板或面板组堆叠在一起，以便在拖动最上面的标题栏时将它们作为一个整体移动。堆叠不同于停靠，停靠是将面板或面板组停靠在另一面板或面板组的边缘，而堆叠则是将面板或面板组堆叠起来，形成上下叠放的面板组效果。

要堆叠浮动的面板，可以拖动面板的选项卡或标题栏到另一个面板底部的放置区域，当面板的底部产生一条蓝色的直线时，释放鼠标即可完成堆叠。要更改堆叠顺序，可以向上或向下拖动面板选项卡或标题栏，如图1-19所示。

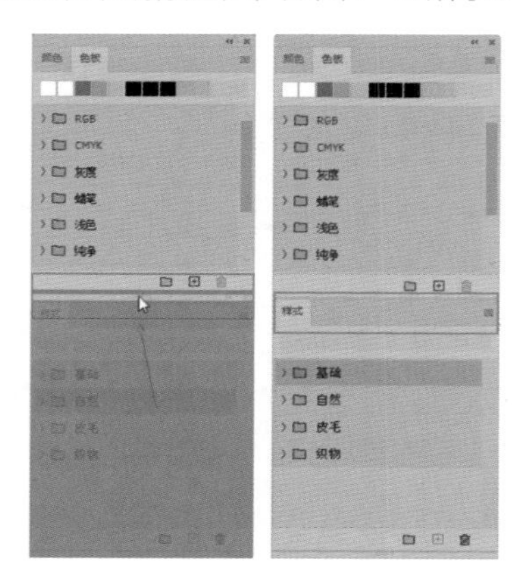

图1-19　堆叠面板

折叠面板组

单击折叠按钮 «，可以将面板组折叠起来，以节省出更多的空间。如果想展开折叠的面板组，那么可以单击展开按钮 »，将面板组展开，如图1-20所示。

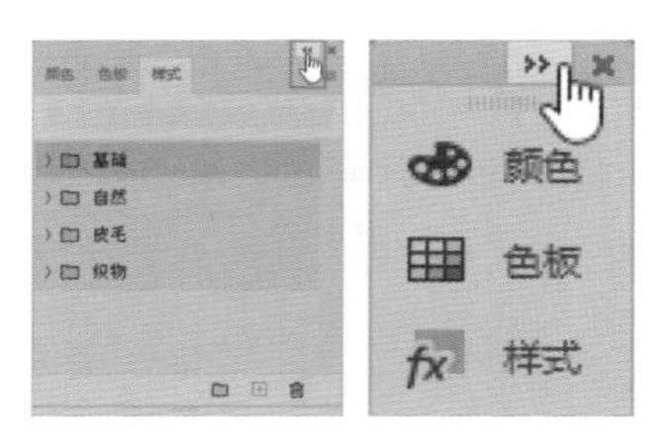

图1-20　折叠面板组

1.2.3 菜单栏（重点）

Photoshop 2020的菜单栏中包含11个菜单，每个菜单内都包含一系列的命令，它们有着不同的显示状态，只要了解了每一个菜单命令的特点，就能掌握这些菜单命令的使用方法。

打开菜单

单击菜单名称即可打开对应菜单。在菜单中，不同功能的命令之间会采用分割线分开。

执行菜单中的命令

选择菜单中的命令即可执行此命令，如果命令后面有快捷键，那么可以按对应的快捷键来执行命令，如按Ctrl+O组合键可以弹出“打开”对话框。其中带有黑色三角形标记的命令表示还包含有子菜单。有些命令后只提供了字母，表示可以按Alt键+主菜单的字母+命令后面的字母来执行该命令。例如，按Alt+I+D组合键可执行“图像”→“复制”命令。

技术看板

菜单命令呈灰色状态

如果菜单中的某些命令显示为灰色，则表示它们在当前状态下不能执行；如果某命令的名称右侧有“...”符号，则表示执行该命令时会打开一个对话框。例如，在没有创建选区的情况下，“选择”菜单中的多数命令都不能执行；在没有创建文字的情况下，“文字”菜单中的多数命令也不能执行。

1.2.4 工具选项栏（重点）

工具选项栏默认位于菜单栏的下方，用于对选择的工具进行各种属性设置。在工具箱中选择一个工具，工具选项栏中就会显示该工具对应的属性，因此工具选项栏的内容不是固定的，它会随所选工具的不同而改变。如在工具箱中选择“矩形选框工具” ，工具选项栏的显示效果如图1-21所示；而选择“对象选择工具” ，工具选项栏的显示效果如图1-22所示。

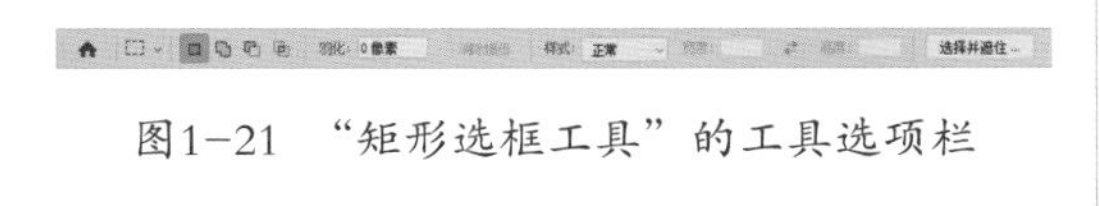

图1-21 “矩形选框工具”的工具选项栏

图1-22 “对象选择工具”的工具选项栏

技术看板

复位工具和复位所有工具

在工具选项栏中设置完参数后，如果想将该工具选项栏中的参数恢复为默认值，那么可以在工具选项栏左侧的工具图标处右击，在弹出的菜单中执行“复位工具”命令，即可将当前工具选项栏中的参数恢复为默认值。如果想将所有工具选项栏中的参数恢复为默认值，可执行“复位所有工具”命令，如图 1-23 所示。

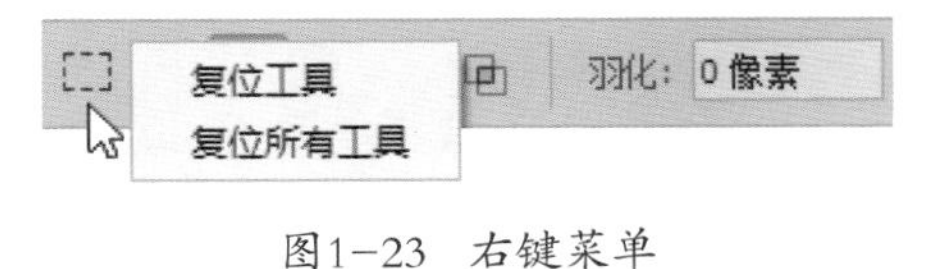

图1-23 右键菜单

1.2.5 状态栏

状态栏位于文件窗口底部，它可以显示文件窗口的缩放比例、文件大小和当前使用的工具等信息。单击状态栏中的 按钮，可在打开的菜单中选择状态栏的具体显示内容，如图1-24所示。单击状态栏可以显示图像的宽度、高度和通道等信息；按住Ctrl键单击状态则可以显示图像的拼贴宽度等信息。

图1-24 状态栏菜单

1.2.6 工具箱（重点）

工具箱在初始状态下一般位于工作界面的左侧，用户也可以根据自己的习惯将其拖动到其他位置。利用工具箱中所提供的工具，可以进行选择、绘图、取样、编辑、移动、注释、查看图像、更改前景色和背景色，以及图像的快速蒙版等操作。

将鼠标指针指向工具箱中的某个工具图标，如“对象选择工具” ，会出现一个多媒体工具提示框，框内会通过动画来演示该工具的使用方法，如图1-25所示。

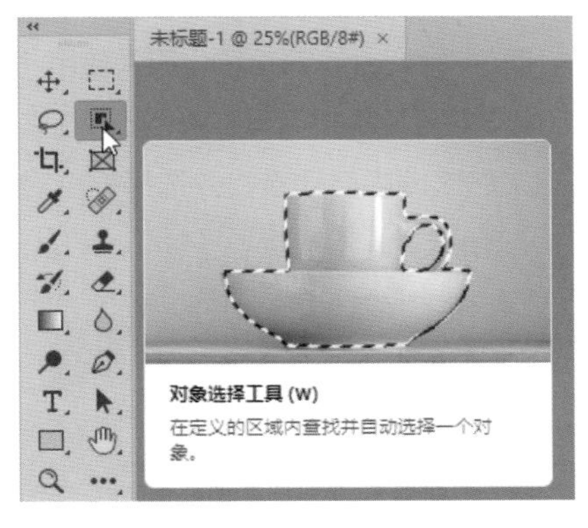

图1-25 工具提示框

1.2.7 隐藏工具的操作技巧

在工具箱中没有显示出全部工具，有些工具被隐藏起来了。只要细心观察，就会发现有些工具图标右下角有小符号◢，这表明在该工具中有与之相关的其他工具。选择这些工具有如下两种方法。

将鼠标指针移至含有多个工具的图标上，按住鼠标左键不放，此时会出现一个工具选择菜单，然后拖动鼠标指针至想要选择的工具，释放鼠标即可。例如，选择“污点修复画笔工具”的操作，如图1-26所示。

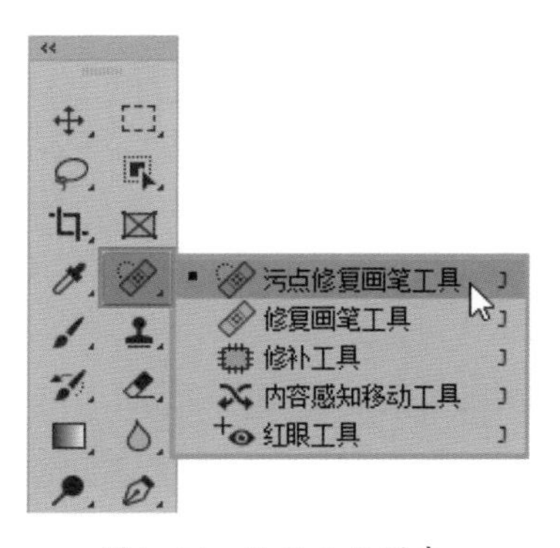

图1-26　显示工具列表

在含有多个工具的图标上右击，会弹出工具选项菜单，单击选择需要的工具即可。

1.3 Photoshop 2020的新增功能

Photoshop 2020对工作界面设计做了进一步的改进，并增强了许多现有功能，同时也增加了一些新功能，带给了用户全新的体验。本节将简单介绍其中几项新增功能。

1.3.1 对象选择工具 重点

Photoshop 2020新增了“对象选择工具”，“对象选择工具”可以自动进行复杂的选择。以图1-27所示的猕猴桃为例，如果使用之前的Photoshop版本，要想快速选中猕猴桃，就需要用到“魔棒工具”或“快速选择工具”。但在Photoshop 2020中只需使用“对象选择工具”框选猕猴桃即可，Photoshop 2020会在定义的区域内自动查找并选择一个对象，如图1-27所示。

图1-27　自动选择对象

图1-27　自动选择对象（续）

技术看板

“对象选择工具”与选择主体的区别

若是需要在包含多个对象的图像中选择其中一个对象或某个对象的一部分，则使用“对象选择工具”非常便捷；若是要选择图像中所有的主体对象，则执行“选择”→“主体”命令。

1.3.2 变换统一

在之前版本的Photoshop中，按比例调整对象的大小需要按住Shift键进行拖动，但在Photoshop 2020中无须按住Shift键即可实现按比例变换多个对象。

在Photoshop 2020中选择对象后，若工具选项栏中的“保持长宽比”按钮处于按下状态，变换行为就是按比例缩放对象，如图1-28所示；若没有按下工具选项栏中的“保持长宽比”按钮，则变换行为是不按比例缩放对象，如图1-29所示。

图1-28　按比例缩放对象

图1-29　不按比例缩放对象

技巧

执行“编辑”→“首选项”→“常规”命令，在“首选项”对话框中勾选“使用旧版自由变换”复选框，可以更换为之前版本的自由变换功能。

1.3.3 强大的“属性”面板

Photoshop 2020中的“属性”面板中新增了更多的控制选项，新增的内容将提高执行任务的速度。如“文档”的“属性”面板中新增了“标尺和网格”“参考线”“快速操作”等内容，无须执行菜单栏中的命令就可以快速查看标尺、参考线、图像大小，以及裁剪图像，如图1-30所示。

图1-30　用“属性”面板查看标尺

“像素图层”的“属性”面板中新增了“删除背景”和“选择主体”等内容，可以快速删除图像中的背景和快速选择图像主体，如图1-31所示。

图1-31　快速删除背景与选择主体

图1-31　快速删除背景与选择主体（续）

1.3.4　智能对象到图层（重点）

在Photoshop 2020中，可以将嵌入或链接的智能对象直接转换为文件中的组件图层，执行"图层"→"智能对象"→"转换为图层"命令，即可将智能对象图层转换为普通图层，如图1-32所示。如果智能对象中有多个图层，那么这些图层会被放置到"图层"面板的一个新图层组中，包含不止一个图层的"智能对象"中的变换和智能滤镜等效果将不会保留。

图1-32　转换智能对象

1.3.5　强大的转换变形（重点）

在Photoshop 2020中，变形功能得到了增强，可以更好地进行创意变形。执行"编辑"→"变换"→"变形"命令，只需在任意位置控制网格点，或者使用可自定义的网格划分图像，然后根据各个节点或较大的选区进行变形即可，如图1-33所示。

图1-33　变形图像

1.4　图像的基础知识

在使用Photoshop 2020开始设计之前，有必要先了解一下像素、位图、矢量图、分辨率这些概念。无论在哪个设计领域，这些都是基本的知识，掌握后有利于后续的学习和制作。

1.4.1　像素和位图（重点）

设计领域中的图像类型大致可分为位图与矢量图两种。位图又称作点阵图像、栅格图像，在放大位图时，可以看见构成整个图像的无数个方块，如图1-34所示。这些方块就是像素，因此像素是构成位图的最基本单位。

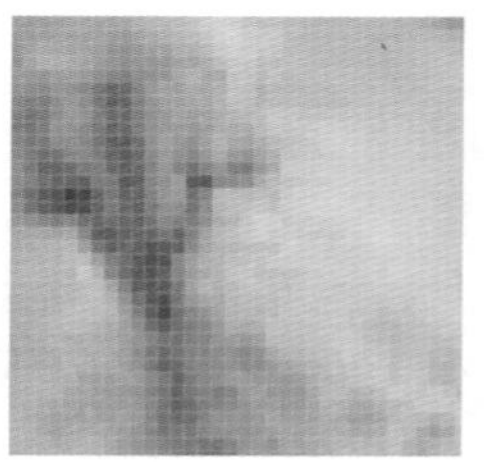

图1-34　位图放大前后

由于每个像素都可以单独染色，因此位图可以制作出色彩和色调变化丰富的图像。一幅图像的像素越多，其色彩信息就越丰富，效果就越好，当然所占的空间也就越大。但一张位图中所包含的像素总量是固定的，如图1-35所示的原图，包含10×10共100个像素，不论是放大还是旋转45°，其像素总数始终是100个。所以在Photoshop 2020中对位图进行缩放或旋转时，并不会产生新的像素，Photoshop 2020只能将原有的像素缩小或放大以适应空间。

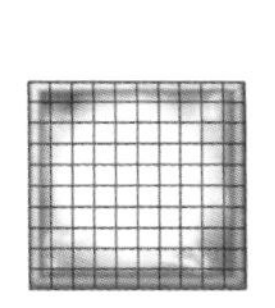

（a）原图

（b）放大

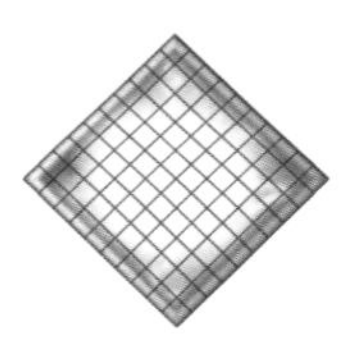

（c）旋转45°

图1-35 缩放或旋转并不会产生新的像素

1.4.2 矢量图

矢量图是计算机图形学中用点、直线或多边形等基于数学方程的几何图元进行表示的图像。在矢量图中只会记录一段直线两个端点的坐标、线段的粗细、色彩等，而不是像位图一样记录构成线段的所有像素。基于这种特点，矢量图可以任意进行移动或修改，而不会丢失细节或影响清晰度，在放大时也会保持清晰的边缘，如图1-36所示。因此，矢量图适合用来制作那些需要在不同尺寸范围内进行展示的图形，如品牌标志、商标等，还可以用来绘制3D图形。

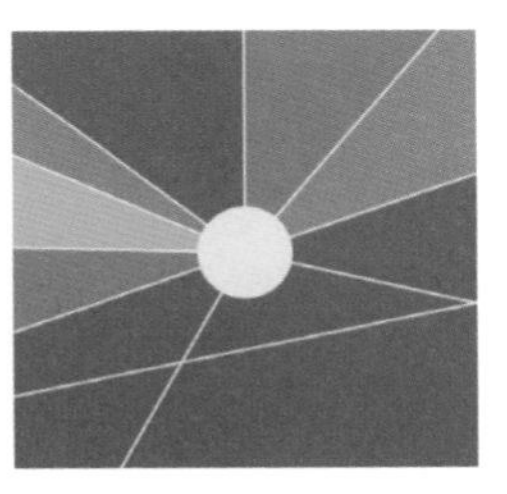

图1-36 矢量图放大前后

1.4.3 分辨率

分辨率是用于描述图像文件信息的术语，分辨率分为图像分辨率、屏幕分辨率和输出分辨率。下面将分别进行介绍。

图像分辨率

在Photoshop 2020中，图像中每单位长度上的像素数目称为图像的分辨率，其单位为像素/英寸或是像素/厘米。读者可以将其简单理解为单位面积内的像素密度或数量。

相同尺寸的两幅图像，高分辨率图像包含的像素比低分辨率图像包含的像素要多。例如一幅尺寸为1英寸×1英寸的图像（1英寸=2.54厘米），分辨率为10像素/英寸，那么这幅图像便包含100个像素（10×10=100）；而同样尺寸下，如果图像分辨率为20像素/英寸，那么便包含400个像素（20×20=400），如图1-37所示。由此可见在相同的尺寸下，更高的分辨率将能更清晰地表现图像内容。

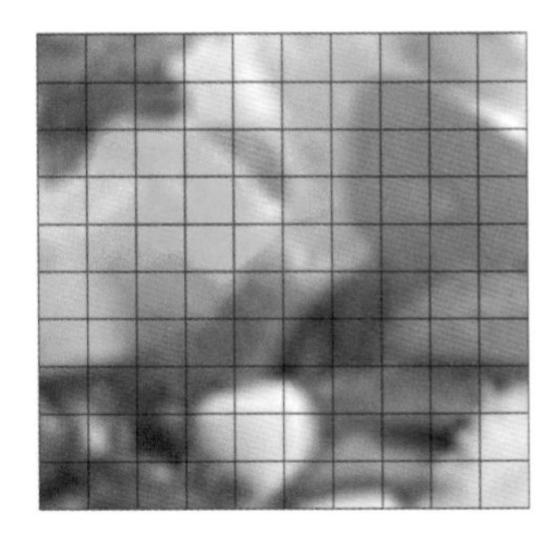

（a）分辨率为10像素/英寸

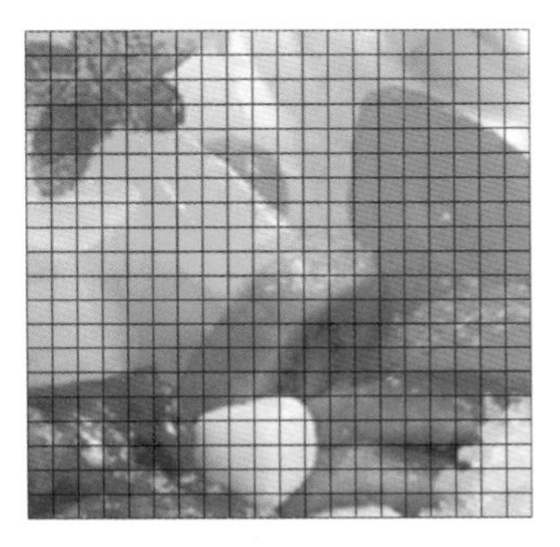

（b）分辨率为20像素/英寸

图1-37 低分辨率与高分辨率的图像对比

屏幕分辨率

屏幕分辨率就是屏幕上显示的像素个数，一般以“水平像素数×垂直像素数”表示。例如某显示器的分辨率为1920×1080，便表示该屏幕在水平方向上有1920个像素，在垂直方向上有1080个像素，如图1-38所示。屏幕分辨率越高，像素的数目就越多，图像显示得就越完整。而在屏幕尺寸一样的情况下，分辨率越高，图像显示的效果就越精致和细腻。

24”	1080P	2ms
主流尺寸	1920X1080分辨率	急速响应
IPS		8bit
178°广视角	滤蓝光不闪屏	1670万色数

图1-38　显示器的分辨率

技巧

在选购计算机显示器时，经常会看到1080p、2K、4K等数字，其实就是指不同的屏幕分辨率。其中1080p表示屏幕分辨率为1920像素×1080像素，2K表示屏幕分辨率为2560像素×1440像素，4K则表示屏幕分辨率达到了3840像素×2160像素。

输出分辨率

输出分辨率是指印刷机或打印机等输出设备产生的每英寸油墨点数（dpi），当打印机的分辨率在720dpi以上时，可以让图像获得比较好的输出效果。

1.5 知识总结

本章主要对Photoshop 2020的基础知识进行了详细的讲解，重点放在了对新增功能及工作界面的介绍，同时也对工作环境的创建进行了细致的分析。通过本章的学习，读者首先应对Photoshop 2020的工作界面有详细的了解，并熟练掌握对工作环境的设置。

第 2 章

Photoshop 2020 基本操作

本章首先从文件的基本操作讲起，介绍创建新文件、打开文件和置入文件等操作方法，然后详细讲解图像的调整方法及画布大小的设置方法，再详细介绍裁剪工具及相关命令的使用方法，让读者能很好地掌握画布、图像的控制技巧。

教学目标

了解文件的基本操作 | 掌握调整图像和画布大小的方法

掌握查看图像的方法 | 掌握裁剪图像的方法

2.1 文件的基本操作

本节将详细介绍Photoshop 2020的基本操作，包括图像文件的新建、打开、置入、导入和存储等，为之后的深入学习打下良好的基础。

2.1.1 新建文件

启动Photoshop 2020后，执行“文件”→“新建”命令，或按Ctrl+N组合键，会弹出“新建文档”对话框，如图2-1所示。

图2-1 “新建文档”对话框

Photoshop 2020的“新建文档”对话框会自动记录用户之前所创建或编辑的文件尺寸，因此读者如果想创建具有相同尺寸的系列文件，可以直接在“您最近使用的项目”下选择对应的选项。如果要创建全新大小的文件，则可以在右侧输入文件名并设置文件尺寸、分辨率、颜色模式和背景内容等选项，设置完后单击“创建”按钮，即可创建一个空白文件。

技巧

若先将图像复制到剪贴板中，然后执行“文件”→“新建”命令，弹出“新建文档”对话框，则系统默认会选择“剪贴板”选项，文档的尺寸、分辨率和颜色模式等参数与复制到剪贴板中的图像文件的参数相同。

2.1.2 打开文件

在Photoshop 2020中打开文件的方法有很多种，可以执行菜单命令、按快捷键来打开，也可以用Adobe Bridge打开。

执行“打开”命令打开文件

执行“文件”→“打开”命令，或按Ctrl+O组合键，将弹出“打开”对话框。在对话框中单击选择一个文件，或者按住Ctrl键单击选择多个文件，选择好后单击“打开”按钮，或直接双击文件，将其打开，如图2-2所示。

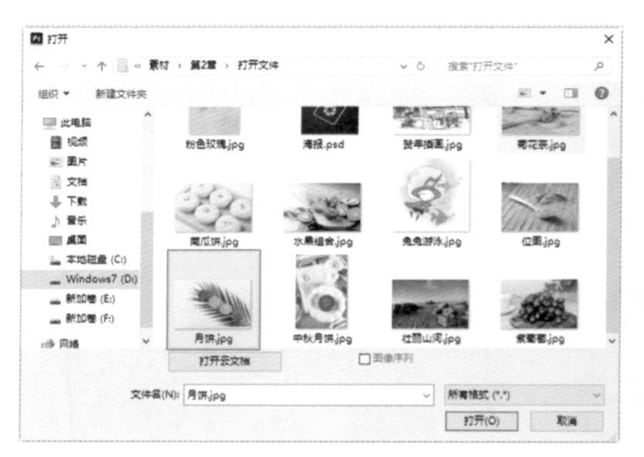

图2-2 选择文件

技巧

在“文件名”右侧的下拉列表框中如果显示的是“所有格式”，则表示此时Photoshop 2020支持的所有格式文件都可以被显示。如果展开下拉列表框选择某一特定格式，那么其他格式的文件即使存在于文件夹中，也无法被显示。

执行“打开为”命令打开文件

如果使用与文件的实际格式不匹配的扩展名存储文件（如用扩展名.gif存储PSD文件），或者文件没有扩展名，则Photoshop 2020可能无法确定该文件的正确格式，从而不能打开文件。

遇到这种情况，可以执行“文件”→“打开为”命令，在弹出的“打开”对话框中选择文件，并在下方的下拉列表框中为它指定正确的格式，如图2-3所示，再单击“打开”按钮将其打开。如果用这种方法仍不能打开文件的话，则表示选取的格式可能与文件的实际格式不匹配，或者文件已经损坏。

图2-3 指定正确格式

技巧

在“文件”→“最近打开文件”子菜单中显示了最近打开过的20个图像文件名称。如果要打开的图像文件名称显示在该子菜单中，那么选中该文件名称即可打开该文件，省去了查找该图像文件的烦琐操作。

通过快捷方式打开文件

在Photoshop 2020还没运行时，可将打开的文件拖到Photoshop 2020应用程序图标上，如图2-4所示。当运行了Photoshop 2020后，可将图像文件直接拖动到Photoshop 2020的图像编辑区域中以打开图像文件，如图2-5所示。

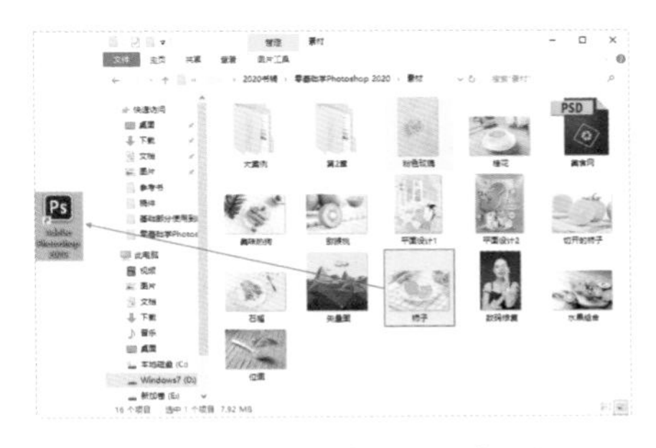

图2-4 拖动文件到应用程序图标上

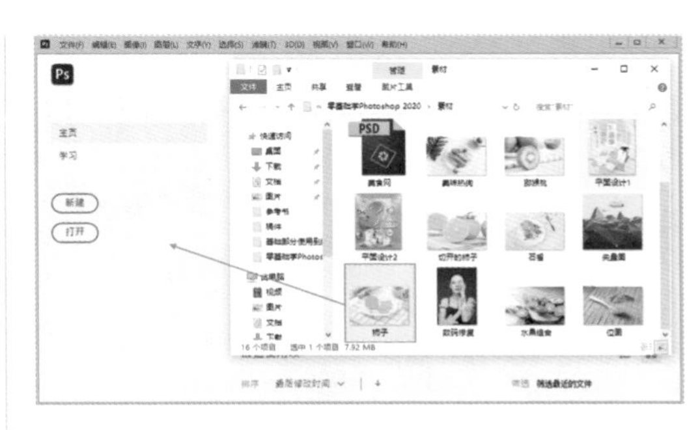

图2-5 在图像编辑区域中打开文件

技术看板

修改文档窗口的打开模式

打开的文档窗口分为两种模式：选项卡形式和浮动形式。执行“编辑”→“首选项”→“工作区”命令，将打开“首选项”对话框，如图2-6所示。

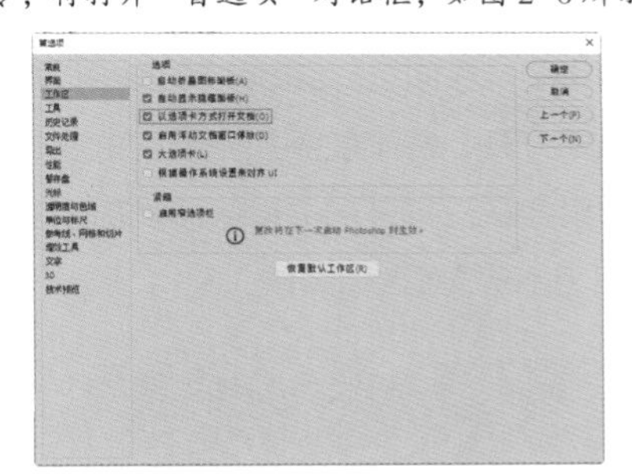

图2-6 “首选项”对话框

在“选项”选项组中，如果勾选了“以选项卡方式打开文档”复选框，则新打开的文档窗口将以选项卡的形式显示，如图2-7所示；如果不勾选“以选项卡方式打开文档”复选框，则新打开的文档窗口将以浮动的形式显示，如图2-8所示。

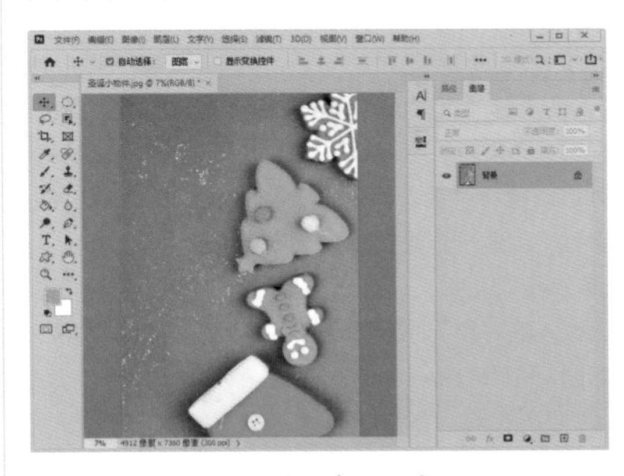

图2-7 以选项卡的形式显示

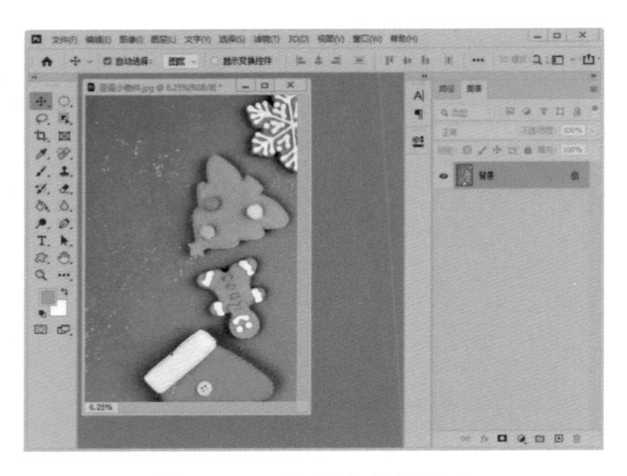

图2-8 以浮动的形式显示

2.1.3 在文档中置入对象 重点

在Photoshop 2020中，执行“打开”命令只能将图片在Photoshop 2020中以独立文件的形式打开，并不能添加到当前的文件项目中。如果要在已打开的文件中添加新的对象，那么可以进行“置入”操作。

练习2-1 置入嵌入Ai矢量素材

难度：☆

素材位置：第 2 章 \ 练习 2-1\ 剪纸插画 .ai

效果位置：第 2 章 \ 练习 2-1 \ 置入嵌入 Ai 矢量素材 .psd

在线视频：第 2 章 \ 练习 2-1 置入嵌入 Ai 矢量素材 .mp4

Photoshop 2020中可以置入来自其他软件的图像文件，如用Adobe Illustrator创建的矢量文件、用InDesign或Acrobat创建的PDF文件等。如果置入的图像是矢量图，那么其将以智能对象的形式存在，对智能对象进行缩放、变形等操作不会对图像造成质量上的影响。

01 要执行“置入嵌入对象”命令置入文件，首先要有一个文件，所以需要先创建一个新文件，这样才可以执行“置入嵌入对象”命令。按 Ctrl+N 组合键，创建一个新文件。

02 执行“文件”→“置入嵌入对象”命令，打开“置入嵌入的对象”对话框，选择“剪纸插画 .ai”文件，如图 2-9 所示。

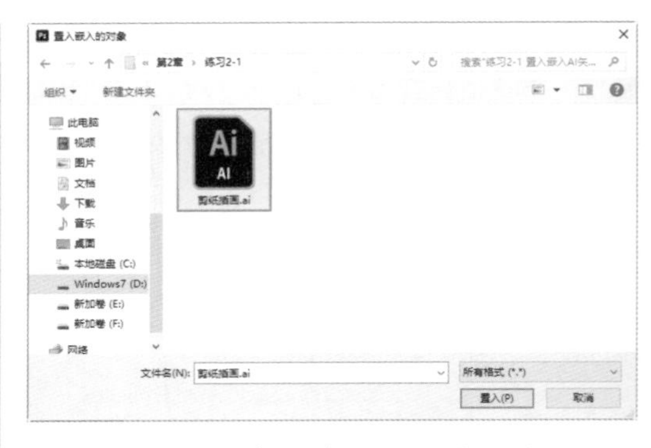

图2-9 选择“剪纸插画.ai”文件

03 单击“置入”按钮，弹出“打开为智能对象”对话框，如图 2-10 所示。在“选择”组中根据要导入的文件中的元素，选择“页面”“图像”“3D”中的一种。

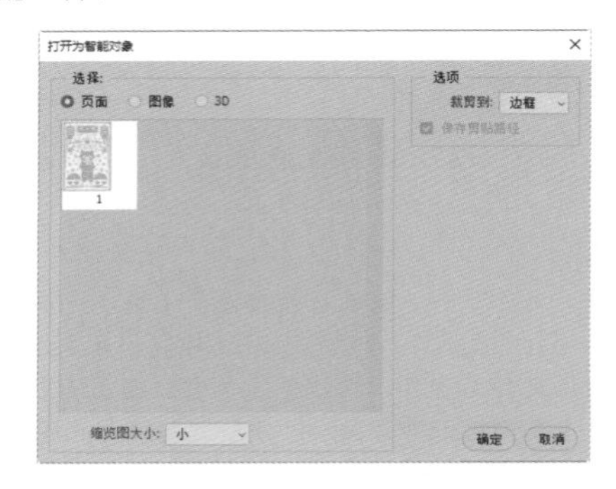

图2-10 “打开为智能对象”对话框

04 对话框的下方会显示要置入的页面或图像的缩览图，可在“缩览图大小”下拉列表框中调整预览窗口中的缩览图效果，有“小”“大”“适合页面”3 种选项，如图 2-11 所示。

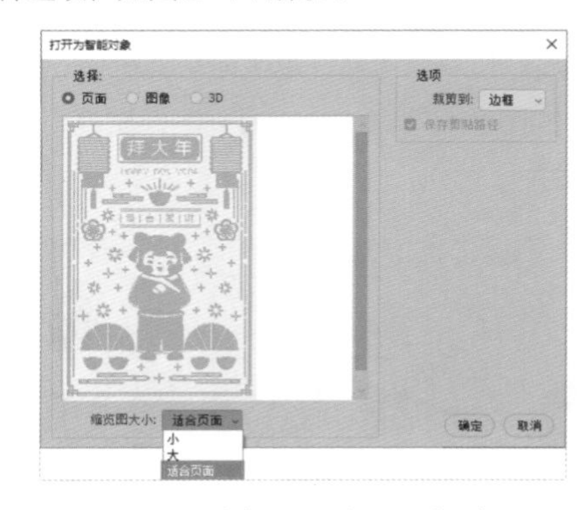

图2-11 选择“适合页面”选项

05 可以从“裁剪到”下拉列表框中选择一个选项，来指定裁剪的方式，如图 2-12 所示。选择“边框”选项表示裁剪到包含页面所有文本和图形的最小矩形区域，多用于去除多余的空白；选择“媒体框”选项表示裁剪到页面的原始大小；选择“裁剪框”选项表示裁剪到 PDF 文件的剪切区域，即裁剪边距；选择“出血框”选项表示裁剪到 PDF 文件中指定的区域，如折叠、出血框等固有限制；选择“裁切框”选项表示裁剪到为得到预期的最终页面尺寸而指定的区域；选择“作品框”选项表示裁剪到 PDF 文件中指定的区域，用于将 PDF 数据嵌入其他应用程序中。

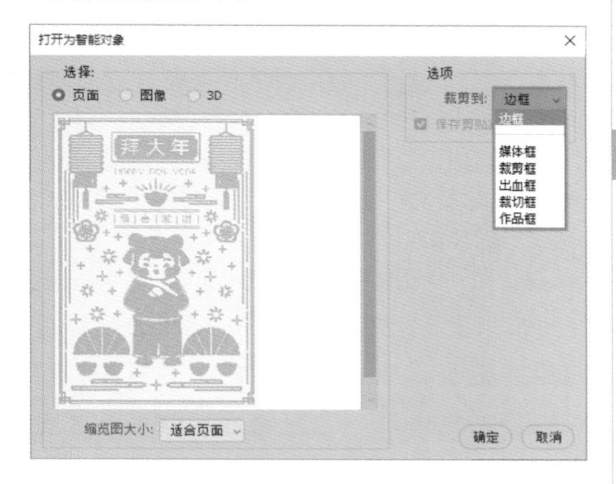

图2-12　指定裁剪的方式

06 设置完成后，单击“确定”按钮即可将文件置入，同时可以看到在图像的周围显示了一个变换框，如图 2-13 所示。

图2-13　显示变换框

07 此时拖动变换框的任意一个控制点，可以对置入的图像进行放大或缩小操作。按 Enter 键，或在变换框内双击，均可将文件置入。置入的文件自动变成智能对象，在“图层”面板中将产生一个新的图层，并在该图层缩览图的右下角显示一个智能对象缩览图，如图 2-14 所示。

图2-14　完成置入

技巧

“置入嵌入对象”命令与“打开”命令非常相似，都是将外部文件添加到 Photoshop 2020 中，但“打开”命令所打开的文件单独位于一个独立的窗口中；而置入的文件将自动添加到当前图像编辑窗口中，不会单独出现在窗口中。

2.1.4 导入文件

在Photoshop 2020中可以执行“文件”→“导入”子菜单中的各种导入命令将视频帧、注释或WIA支持等内容导入当前文件中，并对其进行编辑，如图2-15所示。

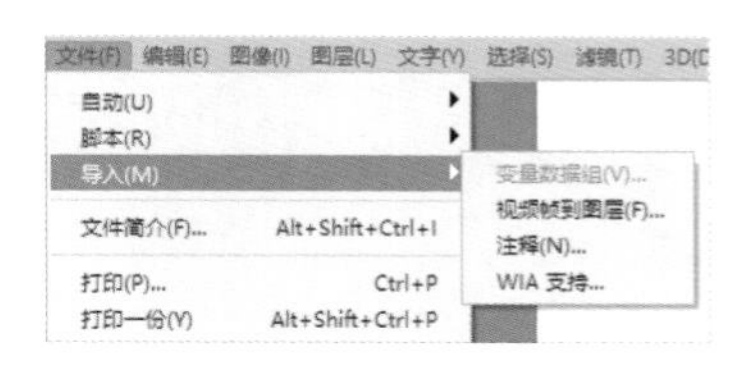

图2-15　“导入”子菜单

导入数码相机中的照片

某些数码相机使用“WIA 支持”（Windows 图像采集）来导入图像，将数码相机连接到计算机，然后执行“文件”→“导入”→“WIA 支持”命令，即可将数码相机中的照片导入 Photoshop 2020中。

导入扫描仪扫描好的图片

如果计算机配置有扫描仪并安装了相关的软件，则可在“导入”下拉列表框中选择扫描仪，使用扫描仪关联的软件扫描图像，并将扫描图像存储为TIFF、PICT、BMP等格式，然后在Photoshop 2020中打开。

2.1.5 存储文件

在对文件进行了编辑后，及时存储文件是很有必要的。执行“文件”→“存储”命令，或按Ctrl+S组合键，可对当前文件进行保存。

执行“存储”命令后文件会在原始位置进行存储，并且会替换上一次保存的文件。如果是第一次对文件进行存储，则会弹出“另存为”对话框，如图2-16所示，需在其中指定存储位置、文件名和文件类型。

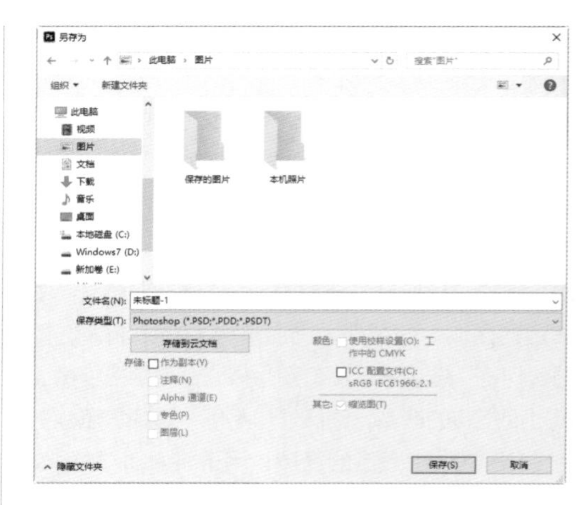

图2-16 “另存为”对话框

对话框中各选项的含义如下。

- **文件名：** 用来设置保存的文件名称，在右侧的下拉列表框中可以自行输入。
- **保存类型：** 展开下拉列表框，可以选择不同的文件保存类型。
- **作为副本：** 勾选该复选框，可以另外保存一个副本文件。
- **注释、Alpha通道、专色、图层：** 可以选择是否存储注释、Alpha通道、专色和图层。
- **使用校样设置：** 将文件的保存格式设置为EPS或PDF时，该选项才可用。勾选该复选框，可以保存打印用的校样设置。
- **ICC配置文件：** 可以保存嵌入在文件中的ICC配置文件。
- **缩览图：** 为图像创建并显示缩览图。

如果要对已经存储过的文件进行保存路径的更改，或是名称和格式的修改，可以执行“文件”→“存储为”命令，或按Shift+Ctrl+S组合键，在弹出的“另存为”对话框中对存储位置、文件名和保存类型进行设置，设置完成后单击“保存”按钮即可。

2.2 调整图像和画布大小

当改变图像大小时，当前图像文件窗口中的所有图像会随之发生改变，这会影响图像的分辨率。除非对图像进行重新取样，否则当更改像素尺寸或分辨率时，图像的数据量将保持不变。例如，如果更改了文件的分辨率，则会相应地更改文件的宽度和高度，以使图像的数据量保持不变。

2.2.1 调整图像大小和分辨率 难点

在进行不同需求的设计时，有时要重新修改图像的尺寸。图像的尺寸和分辨率息息相关，同样尺寸的图像，分辨率越高，图像就越清晰。在Photoshop 2020中，可以在“图像大小”对话框中查看图像大小和分辨率之间的关系。执行“图像”→“图像大小”命令，会打开“图像大小”对话框，如图2-17所示。可在其中修改图像的尺寸、分辨率和像素数目。当取消勾选“重新采样”复选框，修改宽度、高度和分辨率时，一旦更改某一个值，其他两个值也会发生相应的变化。

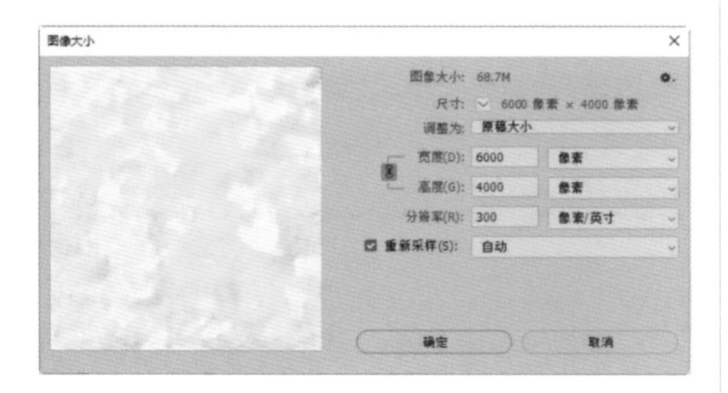

图2-17 “图像大小”对话框

尺寸

显示当前文件的尺寸。可以在“尺寸”右侧的下拉列表框中，选择不同的计量单位进行查看，如图2-18所示。

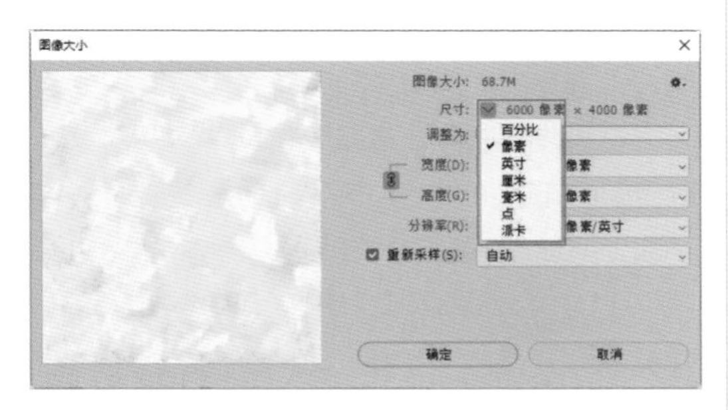

图2-18 “尺寸”下拉列表框

缩放样式

为了保证图像在缩放的同时所添加的各种样式（如图层样式）也按比例缩放，可以在“图像大小”右侧单击⚙按钮，在弹出菜单中选择“缩放样式”，如图2-19所示。

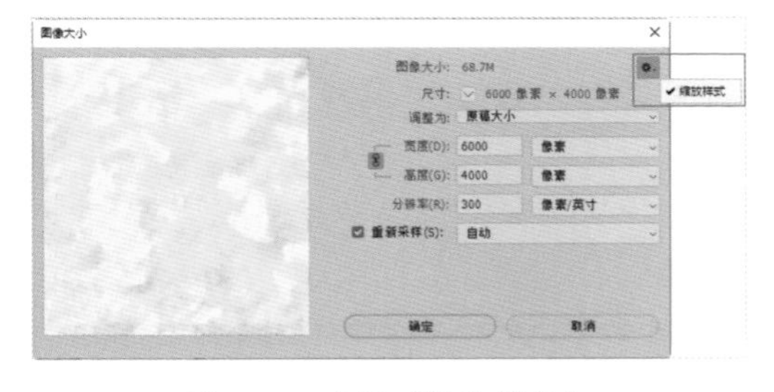

图2-19 选择“缩放样式”

宽度、高度和分辨率

可设定文件的宽度、高度和分辨率，可以直接在文本框中输入数字，并从右侧的下拉列表框中选择合适的单位，以修改文件的大小。单击“限制长度比”按钮🔗，将约束图像的高宽比，改变图像的高度，其宽度也会随之等比例改变。

重新采样

“重新采样”可以指定重新采样的方法。不勾选此复选框，在调整图像宽度和高度时，为了保持图像像素的数目固定不变，分辨率将自动改变；当改变分辨率时，图像的宽度和高度也会发生改变。不勾选“重新采样”复选框修改图像大小的前后效果对比如图2-20所示。

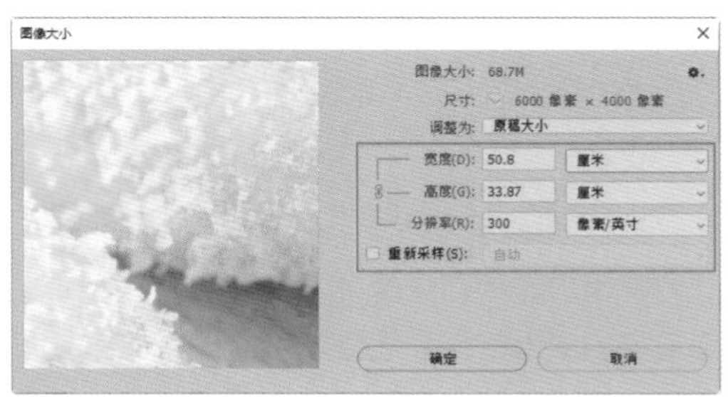

图2-20 不勾选“重新采样”复选框修改图像大小

勾选此复选框，在调整图像宽度、高度或分辨率时，因为此时需要重新采样，所以图像的尺寸将发生变化，但分辨率不会发生变化。勾选“重新采样”复选框修改图像大小的前后效果对比如图2-21所示。

图2-21 勾选“重新采样”复选框修改图像大小

技巧

如果想在不改变图像像素数量的情况下，重新设置图像的尺寸或分辨率，则应注意取消勾选“重新采样”复选框。

2.2.2 调整画布大小（难点）

画布大小指的是整个文件的大小，包括图像以外的文件区域。需要注意的是，当放大画布时，对图像的大小是没有任何影响的；只有当缩小画布并对多余部分进行修剪时，才会影响图像的大小。

执行“图像”→“画布大小”命令，打开“画布大小”对话框，修改“宽度”和“高度”值来修改画布的尺寸，如图2-22所示。

图2-22 “画布大小”对话框

当前大小

显示当前文件的宽度和高度。

新建大小

在没有改变参数的情况下，该值与当前文件的画布大小是相同的，可以修改“宽度”和“高度”的值来改变画布大小。如果设定的宽度和高度大于图像的尺寸，Photoshop 2020就会在原图的基础上增大画布，如图2-23所示的外围白色区域；反之，将缩小画布。

图2-23 扩大画布

相对

勾选该复选框，将在原来尺寸的基础上修改当前画布的大小。即只显示新画布在原画布基础上增加或减少的尺寸值。正值表示增加的画布尺寸，负值表示减少的画布尺寸。

定位

在该显示区中，选择不同的指示位置，可以确定图像在修改后的画布中的相对位置，共有9个指示位置可以选择，默认为水平、垂直居中。不同的定位效果如图2-24所示。

图2-24 不同定位效果

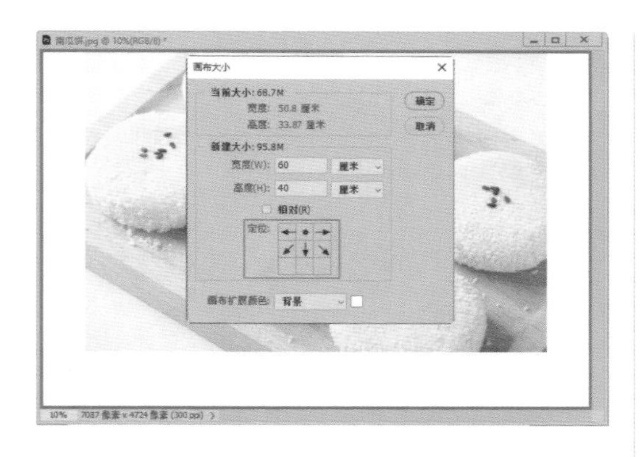

图2-24 不同定位效果（续）

画布扩展颜色

“画布扩展颜色”用来设置画布扩展后显示的背景颜色，不同画布扩展颜色显示效果如图2-25所示。可以从右侧的下拉列表框中选择一种颜色，也可以单击右侧的颜色块，打开“拾色器（画布扩展颜色）”对话框来设置颜色，如图2-26所示。

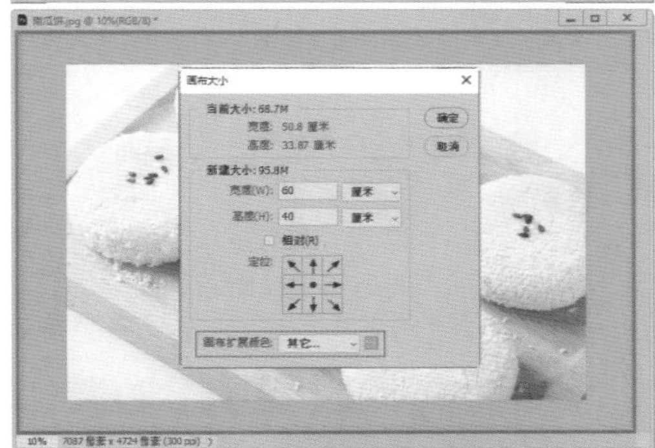

图2-25 不同画布扩展颜色显示效果

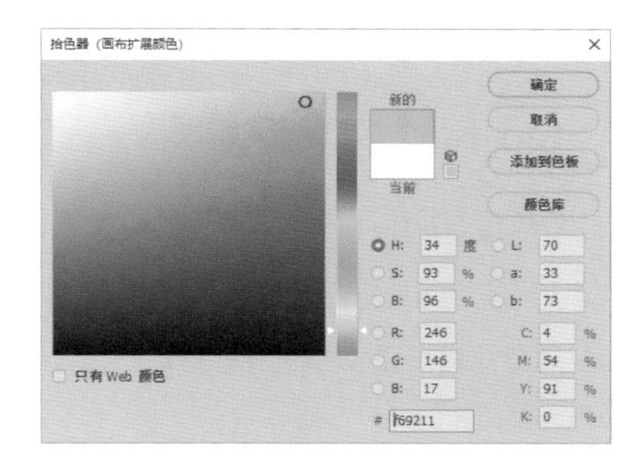

图2-26 通过拾色器选取颜色

技术看板

旋转画布

执行“图像”→“图像旋转”与菜单中的命令可以旋转或翻转整个图像。图 2-27 所示为水平翻转画布后的图像效果。

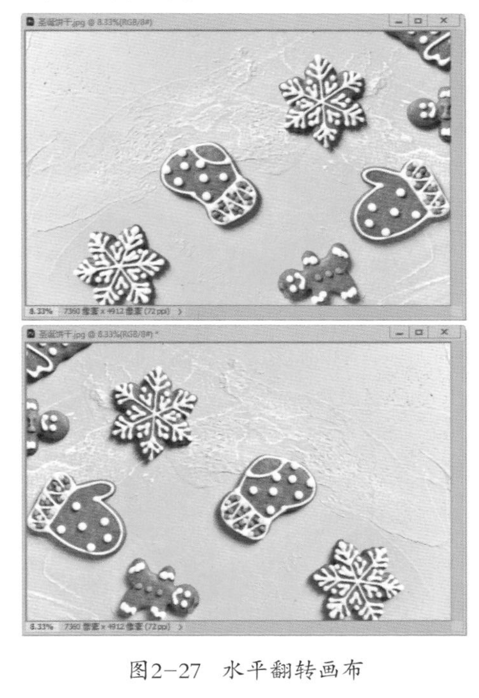

图2-27 水平翻转画布

执行“图像”→“图像旋转”→“任意角度”命令，打开“旋转画布”对话框，在其中进行相应设置后即可按照设定的角度和方向精确旋转画布，如图2-28所示。

图2-28　精确旋转画布

2.3 查看图像

编辑图像时，经常需要缩放或移动画面的显示区域，以便更好地观察和处理图像。Photoshop 2020中提供了许多用于查看图像的工具和命令，如切换屏幕显示模式、缩放工具、抓手工具、导航器面板等。

2.3.1 切换屏幕显示模式

Photoshop 2020中有3种不同的屏幕显示模式，右击工具箱底部的“更改屏幕模式”按钮，可以显示一组用于切换屏幕模式的按钮，包括“标准屏幕模式”按钮、“带有菜单栏的全屏模式”按钮和“全屏模式”按钮，如图2-29所示。也可以执行“视图”→“屏幕模式”子菜单中的命令来完成切换。

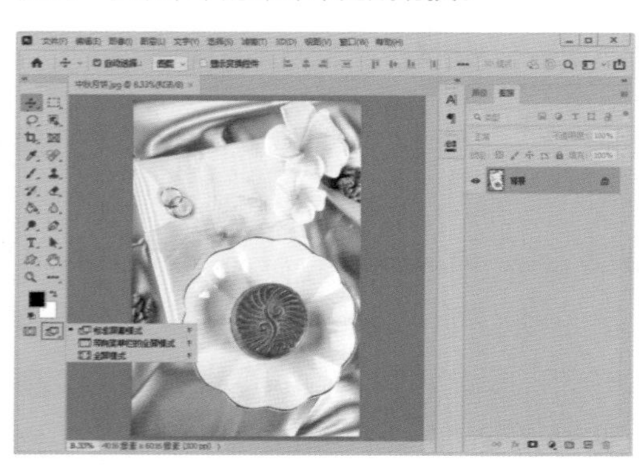

图2-29　切换屏幕显示模式

标准屏幕模式

这种模式下，Photoshop 2020的所有组件，如菜单栏、工具选项栏、状态栏都将被显示在工作界面中，这也是Photoshop 2020的默认界面，如图2-30所示。

图2-30　标准屏幕模式

带有菜单栏的全屏模式

单击“带有菜单栏的全屏模式”按钮，屏幕显示模式将切换为带有菜单栏的全屏模式。该模式下，只显示菜单栏和背景，不显示文件标题和滚动条，显示效果如图2-31所示。

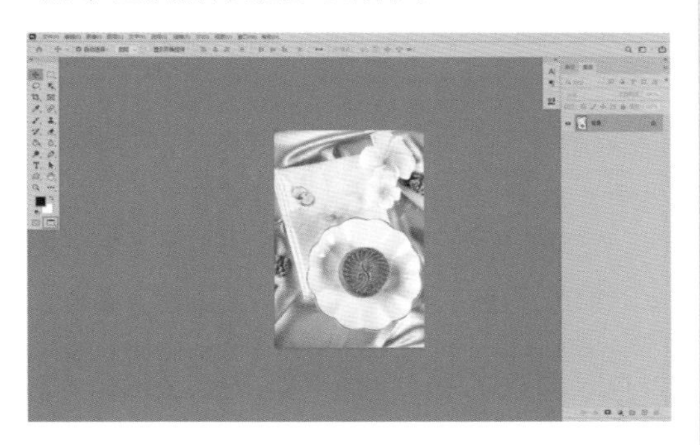

图2-31　带有菜单栏的全屏模式

全屏模式

单击“全屏模式”按钮，可以把屏幕显示模式切换到全屏模式。此模式下不显示文件标题、菜单栏和滚动条，只显示以黑色为背景的全屏窗口，具有最大的图像显示空间，如图2-32所示。

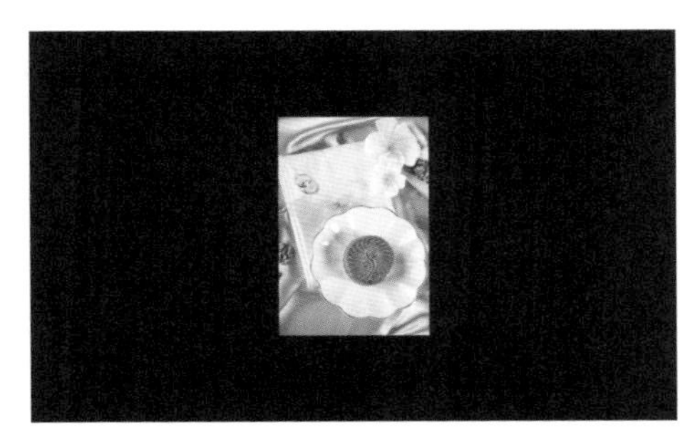

图2-32　全屏模式

2.3.2 缩放工具

处理图像时，可能需要对其进行精细的调整，此时常需要将图像的局部放大或缩小。当文件太大不便于处理时，需要缩小图像的显示比例；当文件太小不容易操作时，又需要在显示器上扩大图像的显示范围。使用“缩放工具”可以放大或缩小图像。

选择工具箱中的“缩放工具”后，默认是将图像放大，鼠标指针为状态；而按住Alt键，鼠标指针将变为状态，此时可以将图像缩小。在需要放大或缩小的位置单击，即可将图像放大或缩小，如图2-33所示。

图2-33　放大或缩小图像

选择“缩放工具”时，工具选项栏随之变化，显示“缩放工具”的属性，如图2-34所示。

图2-34　“缩放工具”的工具选项栏

工具选项栏中各选项的含义如下。

- **放大**：单击该按钮，然后单击图像，可以将图像放大。
- **缩小**：单击该按钮，然后单击图像，可以将图像缩小。
- **调整窗口大小以满屏显示**：勾选该复选框，在执行“放大”或“缩小”命令时，图像的窗口将随着图像进行放大或缩小。
- **缩放所有窗口**：勾选该复选框，在执行“放大”或“缩小”命令时，将放大或缩小所有图像窗口。
- **细微缩放**：勾选该复选框，在图像中向左拖动可以缩小图像，向右拖动可以放大图像。

- **100%：**单击该按钮，图像将以100%的比例显示。
- **适合屏幕：**单击该按钮，图像窗口将以适合当前屏幕的大小进行显示。
- **填充屏幕：**单击该按钮，图像窗口将根据当前屏幕空间的大小，进行全空白填充。

2.3.3 抓手工具

如果打开的图像很大，或者操作时将图像放大，以至于窗口中无法显示全部的图像时，可以使用"抓手工具" 来移动图像的显示区域。

在工具箱中选择"抓手工具" ，鼠标指针变为 状态，将鼠标指针移至窗口中进行拖动即可移动画面，如图2-35所示。

图2-35 移动画面

技巧

在使用工具箱中的其他工具时，都可以按住键盘上的空格键来快速选择"抓手工具" 。

2.3.4 旋转视图工具 重点

"旋转视图工具" 不但可以在不破坏图像的情况下旋转画布，而且不会使图像变形。旋转画布在很多情况下很有用，能使绘制更加方便。

练习2-2 使用"旋转视图工具"查看图像

难度：☆☆

素材位置：第 2 章 \ 练习 2-2 \ 蓝莓 .jpg

效果位置：无

在线视频：第 2 章 \ 练习 2-2 使用"旋转视图工具"查看图像 .mp4

在Photoshop 2020中绘图或修饰图像时，可以使用"旋转视图工具" 旋转画布，就像是在纸上绘画一样。

01 按 Ctrl+O 组合键，打开"蓝莓 .jpg"素材文件。选择工具箱中的"旋转视图工具" ，在窗口中单击，会出现一个罗盘，如图 2-36 所示。

图2-36 出现罗盘

02 直接拖动罗盘即可旋转画布，如图 2-37 所示。

如果要精确旋转画布，则可在工具选项栏的“旋转角度”文本框中输入角度值。如果打开了多个图像，勾选“旋转所有窗口”复选框，就可以同时旋转多个窗口。如果要将画布恢复到原始角度，则可单击“复位视图”按钮。

图2-37　旋转画布

2.3.5　“导航器”面板

“导航器”面板中包含图像的缩览图和各种窗口缩放工具，执行“窗口”→“导航器”命令，可以打开“导航器”面板，如图2-38所示。当文件尺寸较大，窗口中不能显示完整图像时，在该面板中定位图像的查看区域将更加方便。

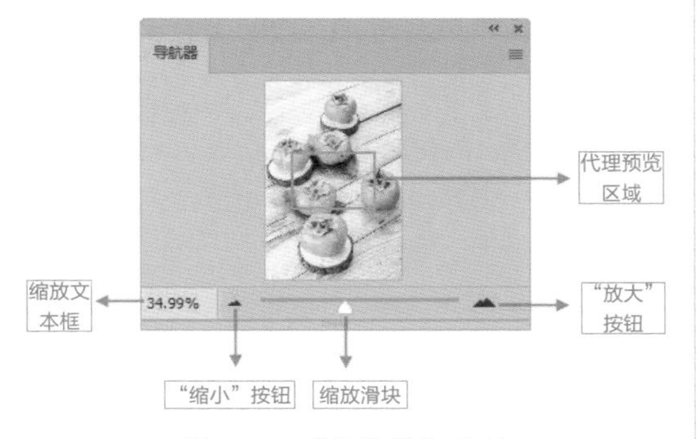

图2-38　“导航器”面板

相关操作介绍如下。

- **单击按钮缩放窗口：** 单击“放大”按钮可以放大窗口的显示比例；单击“缩小”按钮可以缩小窗口的显示比例。
- **拖动滑块缩放窗口：** 拖动缩放滑块可放大或缩小窗口。
- **输入数值缩放窗口：** 缩放文本框中显示了窗口的显示比例，在该文本框中输入数值并按Enter键，即可按照设定的比例缩放窗口，如图2-39所示。

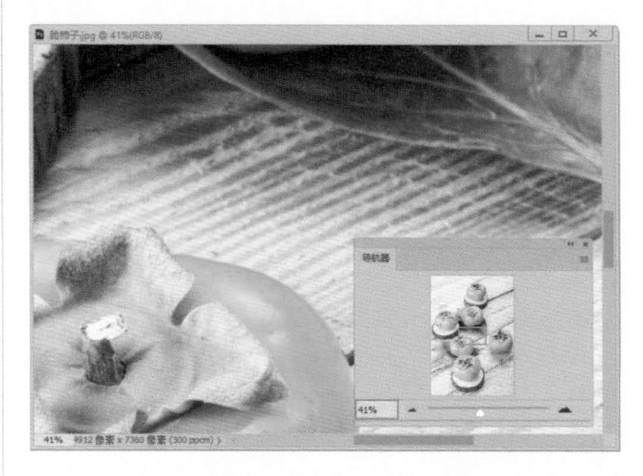

图2-39　输入数值缩放窗口

- **移动画面：** 当窗口中不能显示完整的图像时，将鼠标指针移动到代理预览区域，鼠标指针会变为状，按住鼠标左键并拖动可以移动画面，代理预览区域内的图像会位于文件窗口的中心，如图2-40所示。

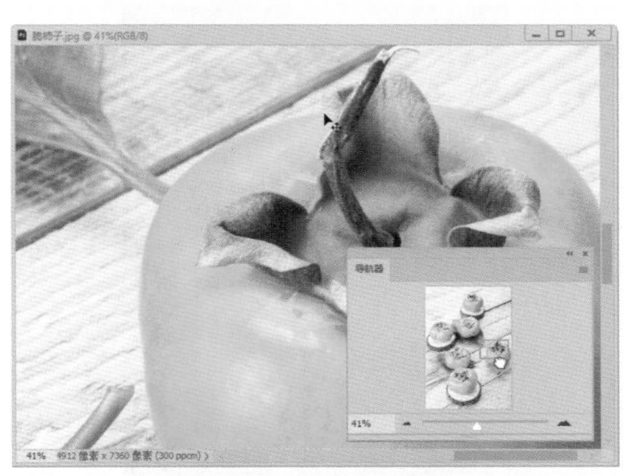

图2-40　移动画面

2.4 裁剪图像

除了可以执行“图像大小”和“画布大小”命令来修改图像外，还可以使用裁剪的方法来修改图像。裁剪可以剪切掉部分图像以突出构图效果，可以使用“裁剪工具” 或执行“裁剪”、“裁切”命令来裁剪图像。

2.4.1 裁剪工具（重点）

“裁剪工具” 可以对图像进行裁剪，并重新定义画布的大小。选择该工具后，会在画面中显示一个矩形定界框，按Enter键就可以将定界框之外的图像裁剪掉。

练习2-3 裁剪图像

难度：☆☆
素材位置：第 2 章 \ 练习 2-3\ 礁石 .jpg
效果位置：第 2 章 \ 练习 2-3\ 裁剪图像 .psd
在线视频：第 2 章 \ 练习 2-3 裁剪图像 .mp4

“裁剪工具” 不仅可以自由地控制裁剪范围的大小和位置，还可以在裁剪的同时对图像进行旋转、透视等操作。

01 执行“文件”→“打开”命令，打开“礁石 .jpg”素材文件，如图 2-41 所示。选择工具箱中的“裁剪工具” ，在画面中拖动矩形定界框，如图 2-42 所示。

图2-41　打开“礁石.jpg”素材文件

图2-42　拖动矩形定界框

02 拖动定界框的边界可以调整定界框的大小，如图 2-43 所示。拖动裁剪框的控制点可以缩放定界框；如果按住 Shift 键进行拖动，则可以进行等比缩放，如图 2-44 所示。

图2-43　调整定界框大小

图2-44　等比缩放

03 将鼠标指针放在定界框外进行拖动可以旋转图像，如图 2-45 所示。调整定界框至合适的位置，如图 2-46 所示。

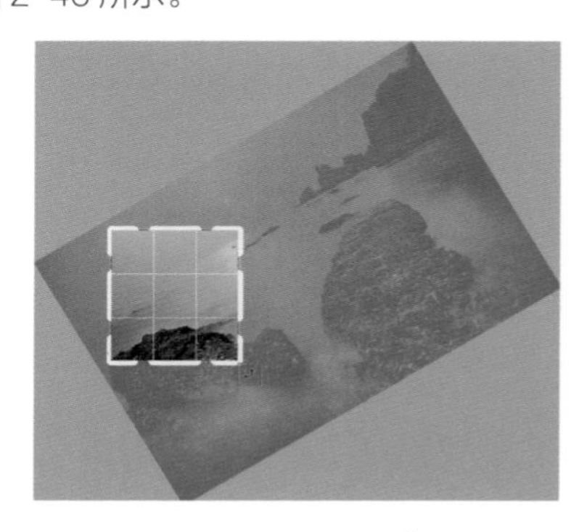

图2-45　旋转图像

图2-46　调整定界框

04 将鼠标指针放在定界框内进行拖动可以移动定界框，如图2-47所示。按Enter键，即可裁剪图像，如图2-48所示。

图2-47　移动定界框

图2-48　裁剪图像

2.4.2 “裁剪”命令

使用“裁剪工具” 时，如果定界框太靠近文件窗口的边缘，便会自动吸附到画布边界上，此时无法对定界框进行细微的调整。遇到这种情况时，可以考虑执行“裁剪”命令来进行操作。

“裁剪”命令主要基于当前选区对图像进行裁剪，使用方法相当简单，只需要使用选框工具框选要保留的图像区域，然后执行“图像”→“裁剪”命令即可，如图2-49所示。

图2-49　裁剪图像

技巧

在执行“裁剪”命令进行裁剪时，不论绘制的选区是什么形状，最终都以方形来裁剪图像。

2.4.3 “裁切”命令 难点

“裁切”命令与“裁剪”命令有所不同，“裁剪”命令主要通过选区来裁剪图像，而“裁切”命令主要通过图像周围的透明像素或指定的像素颜色来裁剪图像。

执行“图像”→“裁切”命令，打开“裁

切”对话框，选中“左上角像素颜色”单选按钮，并勾选“裁切”选项组内的全部复选框，单击“确定”按钮即可将图像两侧的颜色条裁掉，如图2-50所示。

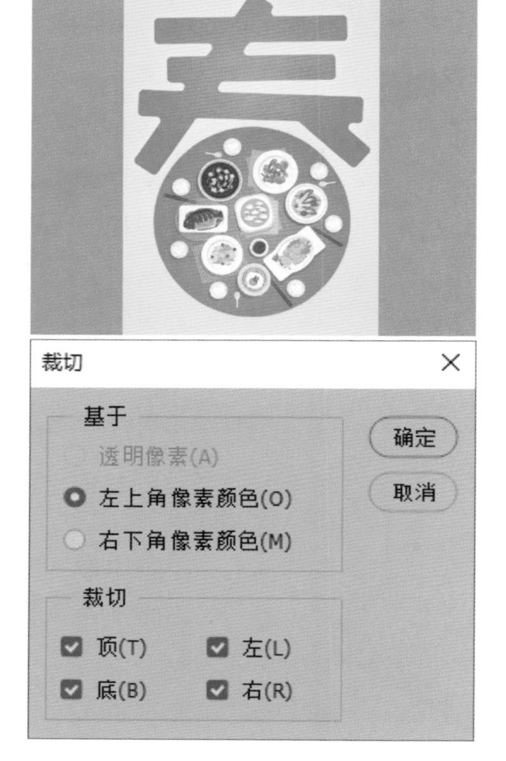

图2-50 执行“裁切”命令裁剪图像

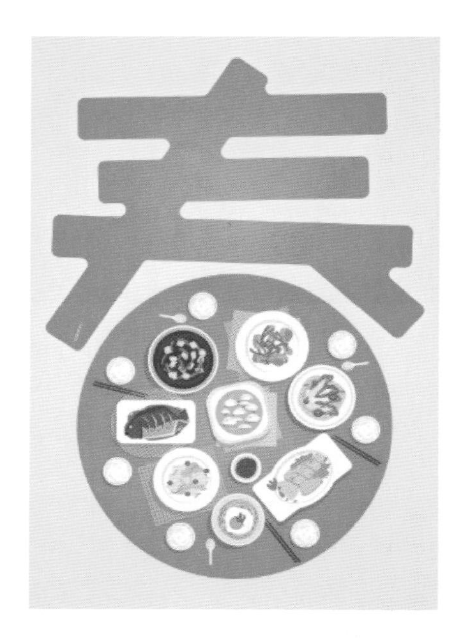

图2-50 执行“裁切”命令裁剪图像（续）

“裁切”对话框中各选项的含义介绍如下。

- **透明像素**：可以删除图像边缘的透明区域，留下包含非透明像素的最小图像。
- **左上角像素颜色**：从图像中删除左上角像素颜色的区域。
- **右下角像素颜色**：从图像中删除右下角像素颜色的区域。
- **顶、底、左、右**：用来设置要修整的图像区域。

2.5 知识总结

本章主要对Photoshop 2020的基本操作进行了详细的讲解，重点在于文件的新建、图像文件的各种打开方法、图像文件的存储方法。读者需要掌握图像的不同裁剪技巧，并将基础知识全盘掌握。

2.6 拓展训练

本章通过两个拓展训练，对Photoshop 2020的图像缩放与裁剪技巧进行巩固，为之后的学习打下基础。

训练2-1 缩放并查看糖果图像

难度：☆
素材位置：第 2 章 \ 训练 2-1\ 糖果 .jpg
效果位置：无
在线视频：第 2 章 \ 训练 2-1 缩放并查看糖果图像 .mp4

◆训练分析

本训练主要巩固使用“缩放工具” 和“抓手工具” 查看图像的方法和技巧，效果如图2-51所示。

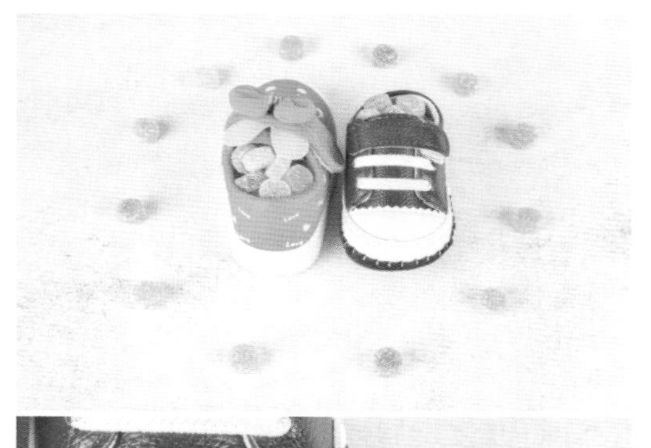

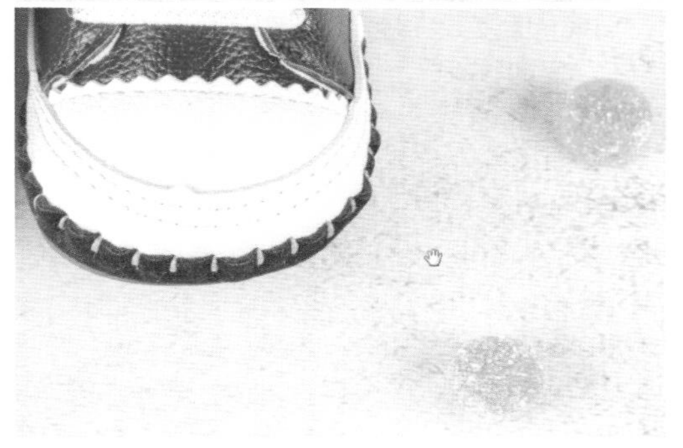

图2-51 缩放效果

◆训练知识点

1.缩放工具
2.抓手工具

训练2-2 裁剪圣诞老人图像

难度：☆
素材位置：第 2 章 \ 训练 2-2\ 圣诞节 .jpg
效果位置：第 2 章 \ 训练 2-2\ 裁剪圣诞老人图像 .psd
在线视频：第 2 章 \ 训练 2-2 裁剪圣诞老人图像 .mp4

◆训练分析

本训练主要巩固使用“裁剪工具” 裁剪图像的方法和技巧，如图2-52所示。

图2-52 裁剪前后对比

◆训练知识点

裁剪工具

第 **3** 章

单色、渐变与图案填充

本章主要讲解颜色设置与图案填充的技巧。首先介绍前景色和背景色的设置方法，同时详细介绍“色板”和“颜色”面板的使用方法，以及用“吸管工具”吸取颜色的方法，然后讲解“渐变工具”的使用方法，最后介绍图案的创建技巧。通过本章的学习，读者可以掌握颜色设置与图案填充的应用技巧。

教学目标

掌握设置单色的方法 | 掌握设置渐变颜色的方法

掌握创建图案的方法

3.1 设置单色

在学习渐变填充和图案填充之前，先学习单色填充的方法。单色可以使用前景色和背景色，也可以使用“色板”面板或“颜色”面板，还可以使用“油漆桶工具”进行填充。填充的方法很多，下面开始学习单色填充的方法。

3.1.1 设置前景色与背景色 重点

前景色与背景色是用户当前使用的颜色。工具箱中有前景色和背景色的设置选项，它由设置前景色、设置背景色、切换前景色和背景色及默认前景色和背景色等部分组成，如图3-1所示。

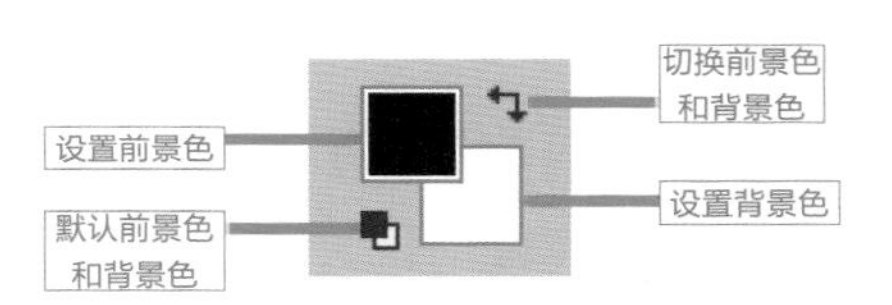

图3-1 颜色设置区域

前景色与背景色介绍如下。

- **设置前景色：**该色块中显示的是当前所使用的前景颜色，通常默认为黑色。单击工具箱中的“设置前景色”色块，可以在打开的“拾色器（前景色）”对话框中选择所需的颜色。
- **设置背景色：**该色块中显示的是当前所使用的背景颜色，通常默认为白色。单击该色块，即可打开“拾色器（背景色）”对话框，在其中可对背景色进行设置。
- **默认前景色和背景色 ：**单击该按钮，或按D键，可恢复前景色和背景色为默认的黑白颜色。
- **切换前景色和背景色 ：**单击该按钮，或按X键，可切换当前前景色和背景色。

前景色一般应用在绘图、填充和描边选区时，使用“画笔工具” 绘图时，在画布中绘制的颜色为前景色，如图3-2所示。

背景色一般在擦除、删除和涂抹图像时显示，使用“橡皮擦工具” 在画布中擦除图像，显示出来的颜色就是背景色，如图3-3所示。

图3-2 绘制前景色

图3-3 绘制背景色

3.1.2 “色板”面板

“色板”面板由很多颜色块组成，单击某个颜色块，可快速选择该颜色。Photoshop 2020的“色板”面板分为“RGB”“CMYK”“灰度”“蜡笔”“浅色”“纯净”等色块类别。

执行“窗口”→“色板”命令，打开“色板”面板。“色板”面板中的颜色都是预先设置好的，不需要进行配置即可使用。单击一个颜色块，即可将它设置为前景色，如图3-4所示。按住Alt键单击颜色块，则可将它设置为背景色，如图3-5所示。

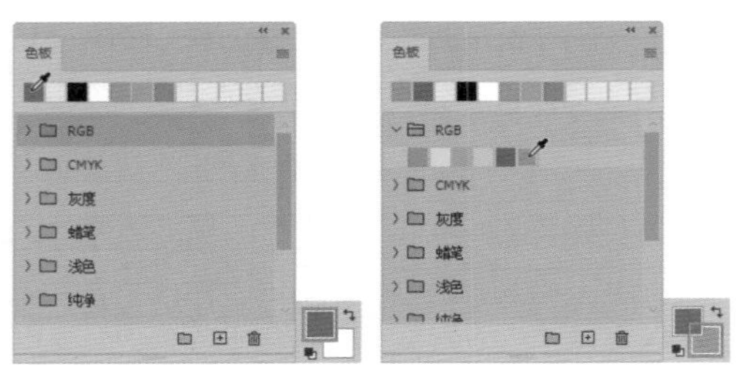

图3-4 设置前景色　　图3-5 设置背景色

> **技巧**
>
> 单击“色板”面板中的 按钮，可以将当前设置的前景色保存到面板中。如果要删除一种颜色，那么将它拖动到 按钮上即可。

3.1.3 “颜色”面板

用户不仅可以在“颜色”面板中查看当前的前景色和背景色的颜色值，还可以拖动面板中的颜色滑块，根据不同的颜色模式编辑前景色和背景色。

执行“窗口”→“颜色”命令，打开“颜色”面板。“颜色”面板采用类似于美术调色的方法来混合颜色。如果要编辑前景色，则单击前景色块，如图3-6所示；如果要编辑背景色，则单击背景色块，如图3-7所示。

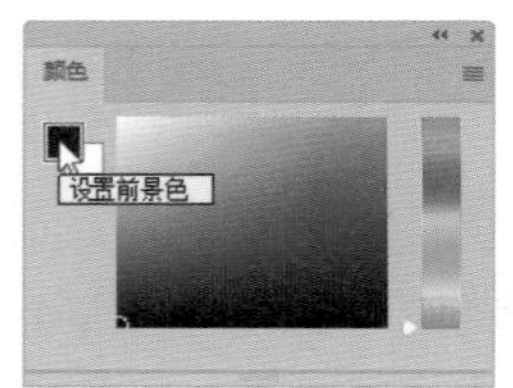

图3-6 单击前景色块

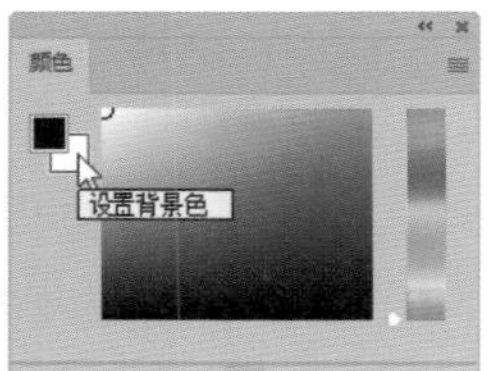

图3-7 单击背景色块

单击“颜色”面板右上角的菜单按钮 ，可以在弹出的面板菜单中选择不同的颜色模式和色谱条显示方式，如图3-8所示。选择“RGB滑块”颜色模式后，在R、G、B文本框中输入数值，或者拖动滑块均可调整颜色，如图3-9所示。

图3-8 “颜色”面板与面板菜单

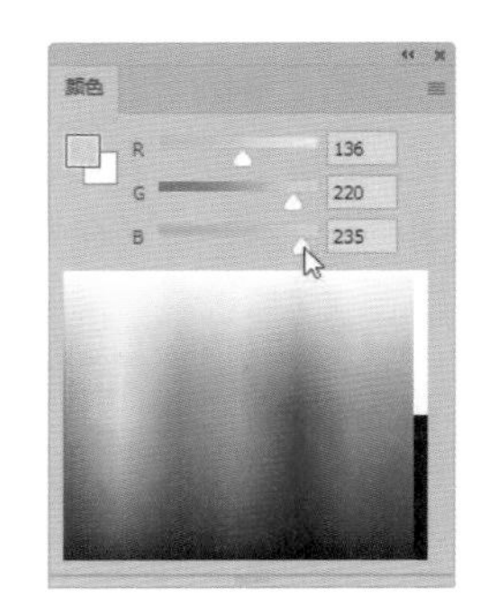

图3-9 调整颜色

将鼠标指针放在面板下面的色谱条上，鼠标指针会变为 状，单击可采集色样，如图3-10所示。

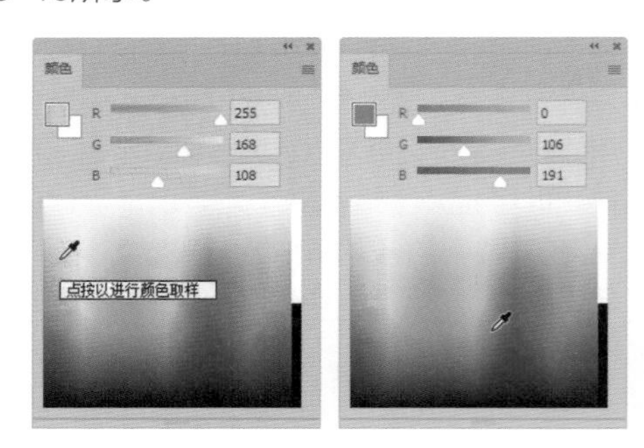

图3-10 采集色样

3.1.4 油漆桶工具 重点

“油漆桶工具” 可以在图像中填充前景色或图案。如果创建了选区，则填充的区域为所选区域；如果没有创建选区，则填充与单击点颜色相近的区域。“油漆桶工具”的工具选项栏如图3-11所示。

图3-11 “油漆桶工具”的工具选项栏

工具选项栏中各选项的含义如下。

- **填充内容：** 单击“前景”右侧的 按钮，可以在下拉列表框中选择填充内容，包括“前景”和“图案”两个选项。
- **模式、不透明度：** 用来设置填充内容的混合模式和“不透明度”。如果将“模式”设置为“颜色”，则填充颜色时不会破坏图像中原有的阴影和细节。
- **容差：** 用来定义必须填充的像素的颜色相似程度。低容差会填充颜色值范围内与单击点像素非常相似的像素，高容差则填充更大范围内的像素。
- **消除锯齿：** 勾选该复选框，可以平滑填充选区的边缘。
- **连续的：** 勾选该复选框，只填充与单击点相邻的像素；取消勾选时可填充图像中的所有相似像素。
- **所有图层：** 勾选该复选框，表示基于所有可见图层中的合并颜色数据填充像素；取消勾选则仅填充当前图层。

练习3-1 使用“油漆桶工具”给卡通画上色

难度：☆☆

素材位置：第 3 章 \ 练习 3-1\ 卡通画 .psd

效果位置：第 3 章 \ 练习 3-1\ 使用“油漆桶工具”给卡通画上色 .psd

在线视频：第 3 章 \ 练习 3-1 使用“油漆桶工具”给卡通画上色 .mp4

本练习学习如何利用“油漆桶工具” 设置需要的颜色，为绘制的图形填充自己想要的颜色。

01 执行“文件”→“打开”命令，打开“卡通画 .psd”素材文件，如图 3-12 所示。

02 选择工具箱中的“油漆桶工具” ，先在工具选项栏设置“填充”为“前景”、“容差”为 32，然后在工具箱底部设置前景色（R:233,G:156,B:80），接着在卡通人物的脸部单击填充前景色，效果如图 3-13 所示。

图3-12 打开“卡通画.psd”素材文件

图3-13 填充前景色

03 调整前景色，为卡通人物衣服和头顶的圆形上色，效果如图 3-14 所示。采用同样的方法调整前景色，然后为卡通人物的其他地方上色，最终效果如图 3-15 所示。

图3-14 调整前景色

图3-15 最终效果

3.1.5 吸管工具

“吸管工具” 可以吸取图像中的颜色作为前景色或背景色，但“吸管工具” 只能够吸取一种颜色。在工具箱中选择“吸管工具” ，然后在工具选项栏设置“取样大小”为“取样点”，设置“样本”为“所有图层”，并勾选“显示取样环”复选框，如图 3-16所示。

图3-16 “吸管工具”的工具选项栏

完成设置后，在图像中单击，此时拾取的颜色将作为前景色，如图3-17所示。按住Alt键，然后单击图像中的某一颜色区域，此时拾取的颜色将作为背景色，如图3-18所示。

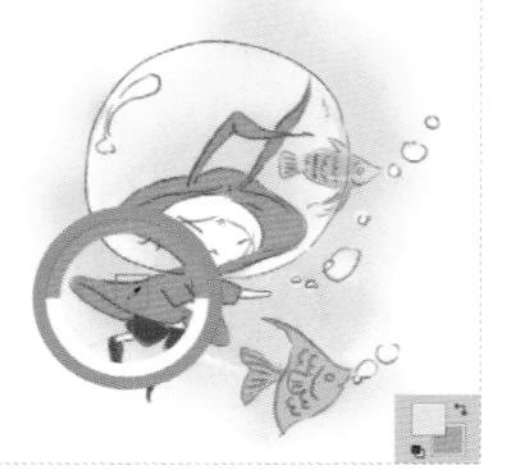

图3-17 拾取前景色 图3-18 拾取背景色

技巧

选择“吸管工具” 后，将鼠标指针放置在图像上，按住鼠标左键在图像上的任意位置拖动，前景色范围框内的颜色会随着鼠标指针的移动而发生变化，释放鼠标左键，即可采集新的颜色。

3.2 设置渐变颜色

渐变是指由多种颜色过渡产生的一种效果。渐变不仅能够营造出缤纷多彩的颜色，使画面更加丰富，还能制作出各种带有立体感的画面效果。Photoshop 2020中的“渐变工具” 可以在整个文件或选区内填充渐变色，并且可以创建多种颜色的混合效果。

3.2.1 “渐变工具”选项栏

选择“渐变工具” 后，需要先在工具选项栏选择一种渐变类型，并设置渐变颜色和混合模式等，然后才能创建渐变。“渐变工具” 的工具选项栏如图3-19所示。

图3-19 “渐变工具”的工具选项栏

工具选项栏中各选项的含义如下。

- **“点按可编辑渐变”区域** ：显示了当前的渐变颜色，单击它右侧的 按钮，可以在打开的下拉列表框中选择一个预设的渐变。如果直接单击该区域，则会弹出“渐变编辑器”对话框，可以在“渐变编辑器”对话框中编辑渐变颜色，或者保存渐变。
- **渐变样式** ：用来设置渐变的样式，包含5种渐变样式。
- **模式：** 用来设置应用渐变时的混合模式。
- **不透明度：** 用来设置渐变效果的“不透明度”。
- **反向：** 勾选该复选框，可转换渐变中的颜色顺序，得到反方向的渐变效果。
- **仿色：** 勾选该复选框，可以使渐变效果更加平滑，主要用于防止打印时出现条带化现象，在屏幕上不能明显地体现出作用。
- **透明区域：** 勾选该复选框，可以创建包含透明像素的渐变，如图3-20所示；取消勾选则创建实色渐变，如图3-21所示。

图3-20 勾选“透明区域”复选框

图3-21 未勾选“透明区域”复选框

3.2.2 渐变编辑器

在工具箱中选择“渐变工具”后，单击工具选项栏中的“点按可编辑渐变”区域，将打开“渐变编辑器”对话框，如图3-22所示。用户在“渐变编辑器”对话框中可以选择“预设”中的渐变，也可以创建自己需要的新渐变。

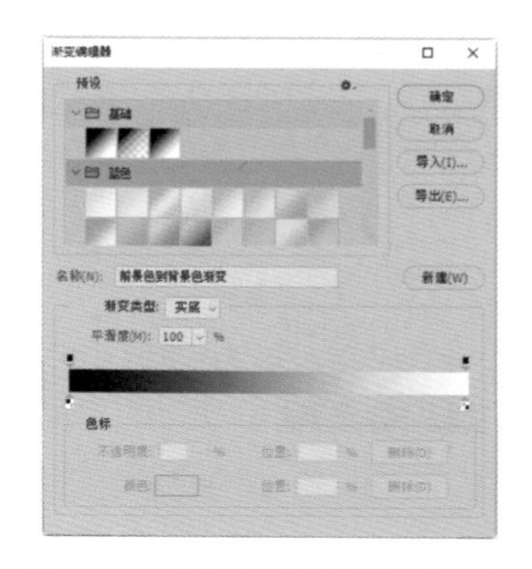

图3-22 “渐变编辑器”对话框

“渐变编辑器”对话框中各选项的含义如下。

- **预设：** 显示当前默认或载入的渐变，如果需要使用某个渐变，直接单击即可。要基于现有渐变编辑新渐变，在该区域选择一种渐变后编辑即可。
- **渐变菜单：** 单击该按钮，可以打开面板菜单，对渐变进行预览、复位和替换等操作。
- **名称：** 显示当前选择渐变的名称；也可以直接输入一个新的名称，然后单击右侧的“新建”按钮，创建一个新的渐变，新渐变将显示在“预设”中。
- **渐变类型：** 从下拉列表框中，可以选择渐变的类型，包括“实底”和“杂色”两个选项。
- **平滑度：** 设置渐变颜色的过渡平滑度，值越大，过渡越平滑。
- **渐变条：** 显示当前渐变效果，并可以拖动下方的“色标”和上方的“不透明度色标”来编辑渐变。

3.2.3 渐变样式 难点

Photoshop 2020中包含5种渐变样式，分别为“线性渐变”、“径向渐变”、“角度渐变”、“对称渐变”和“菱形渐变”。

5种渐变样式具体的效果和应用方法如下。

- **线性渐变：** 单击该按钮，在图像或选区中拖动鼠标指针，将从起点到终点产生直线形渐变效果，如图3-23所示。
- **径向渐变：** 单击该按钮，在图像或选区中拖动鼠标指针，将以圆形方式从起点到终点产生环形渐变效果，如图3-24所示。

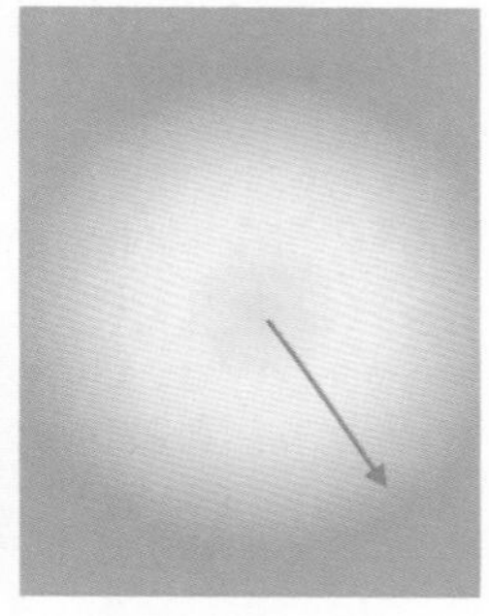

图3-23 线性渐变效果 图3-24 径向渐变效果

- **角度渐变：** 单击该按钮，在图像或选区中拖动鼠标指针，将以逆时针扫过的方式围绕起点产生渐变效果，如图3-25所示。

图3-25 角度渐变效果

- **对称渐变：** 单击该按钮，在图像或选区中拖动鼠标指针，将在起点的两侧产生镜向渐变效果，如图3-26所示。
- **菱形渐变：** 单击该按钮，在图像或选区中拖动鼠标指针，将从起点向外形成菱形的渐变效果，如图3-27所示。

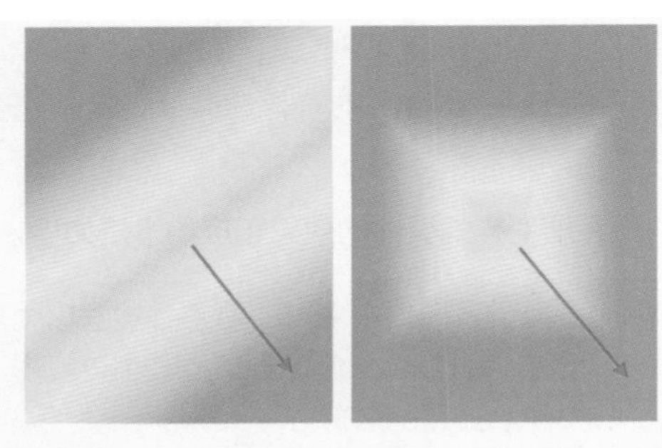

图3-26　对称渐变效果　图3-27　菱形渐变效果

技巧

在进行渐变填充时，按住 Shift 键的同时拖动生成的线条，可以将线条的角度限定为 45° 的倍数。

练习3-2 创建实色渐变

难度：☆☆

素材位置：第 3 章 \ 练习 3-2\ 按钮 .psd

效果位置：第 3 章 \ 练习 3-2\ 创建实色渐变 .psd

在线视频：第 3 章 \ 练习 3-2 创建实色渐变 .mp4

利用“渐变编辑器”对话框可以制作出实色渐变效果，下面来制作一个实色渐变实例效果。

01 选择工具箱中的“渐变工具”，在工具选项栏单击“线性渐变”按钮，再单击“点按可编辑渐变”区域，打开“渐变编辑器”对话框，双击渐变条左下方的色标，打开“拾色器（色标颜色）”对话框，调整该色标的颜色，如图 3-28 所示。

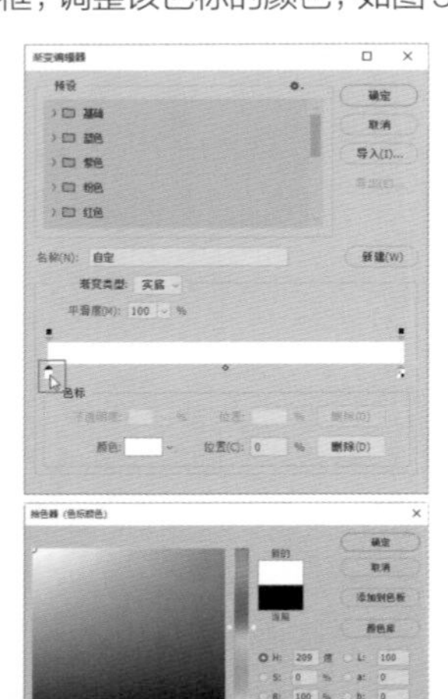

图3-28　调整色标颜色

02 在渐变条下方单击添加新色标，双击该色标并用上述的方法调整其颜色，如图 3-29 所示。

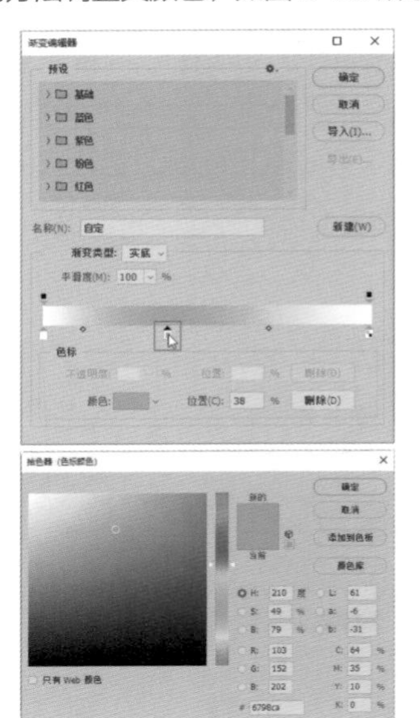

图3-29　调整色标颜色

03 双击右侧的色标，调整其颜色，如图 3-30 所示。设置完后，单击“确定”按钮。

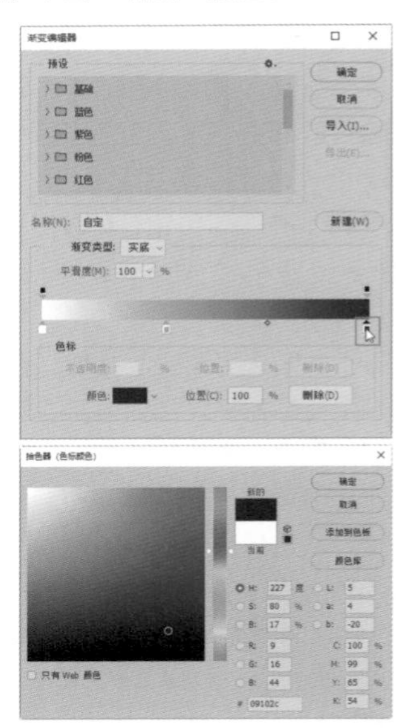

图3-30　调整色标颜色

04 按 Ctrl+O 组合键，打开“按钮 .psd”素材文件，如图 3-31 所示。选中“圆角矩形 1”图层，按住 Ctrl 键的同时单击该图层的缩略图以创建选区，如图 3-32 所示。

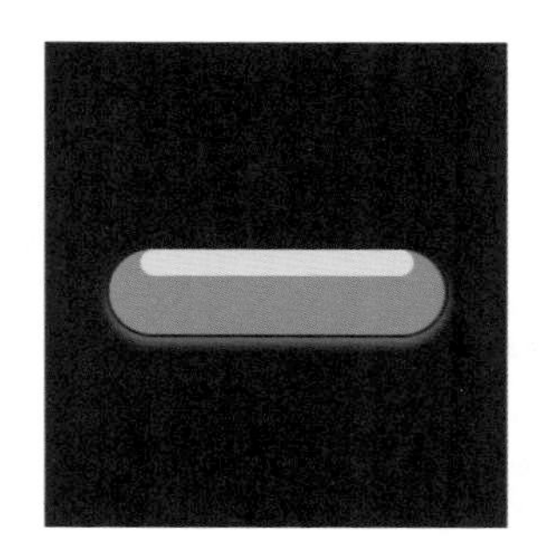

图3-31　打开“按钮.psd”素材文件

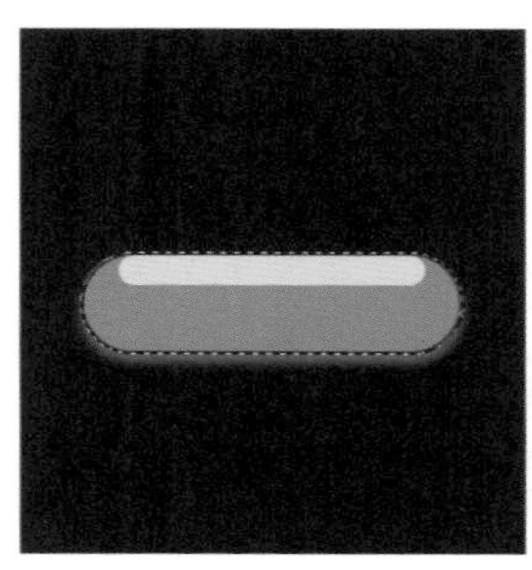
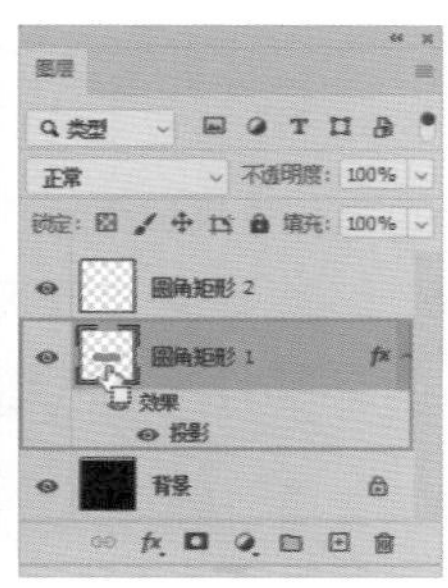

图3-32　创建选区

05 选择“渐变工具”，在选区中按住 Shift 键拖出一条直线，如图 3-33 所示，释放鼠标，创建出渐变效果，如图 3-34 所示。

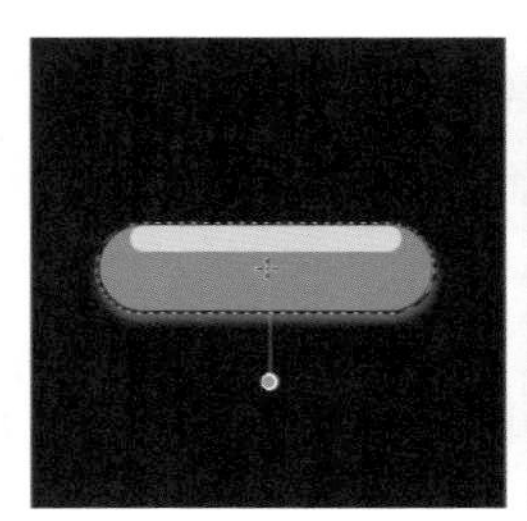
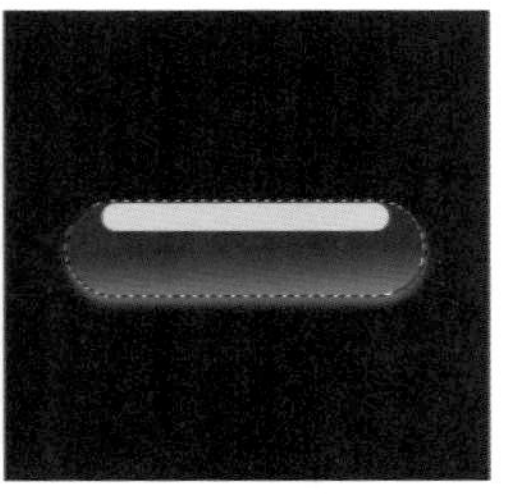

图3-33　拖出直线　　图3-34　渐变效果

06 按 Ctrl+D 组合键取消选区。采用同样的方法，为上方的圆角矩形创建渐变效果，如图 3-35 所示。

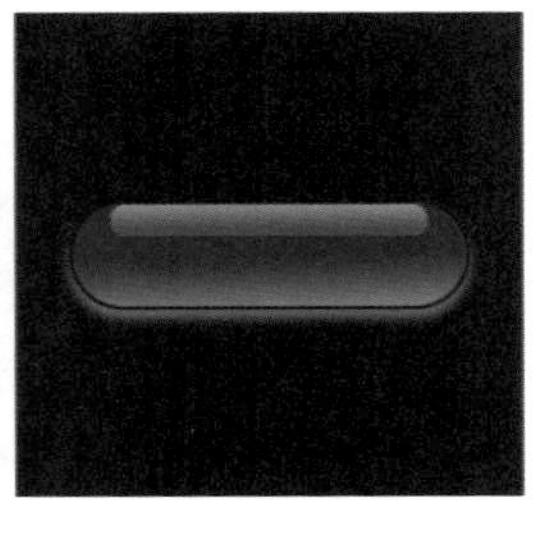

图3-35　最终效果

练习3-3 创建透明渐变

难度：☆☆

素材位置：第 3 章 \ 练习 3-3\ 晚霞 .jpg

效果位置：第 3 章 \ 练习 3-3\ 创建透明渐变 .psd

在线视频：第 3 章 \ 练习 3-3 创建透明渐变 .mp4

利用“渐变编辑器”对话框不仅可以制作出实色的渐变效果，还可以制作出透明的渐变效果。透明渐变是指包含透明像素的渐变，下面来创建一个白色到透明的实例渐变效果。

01 选择工具箱中的“渐变工具”，单击“点按可编辑渐变”区域，打开“渐变编辑器”对话框，在“预设”中单击选择“前景色到背景色渐变”，如图 3-36 所示。

图3-36　选择“前景色到背景色渐变”

02 改变渐变的颜色，双击渐变条左下方的色标，打开“拾色器（色标颜色）”对话框，并设置颜色为白色，如图 3-37 所示。

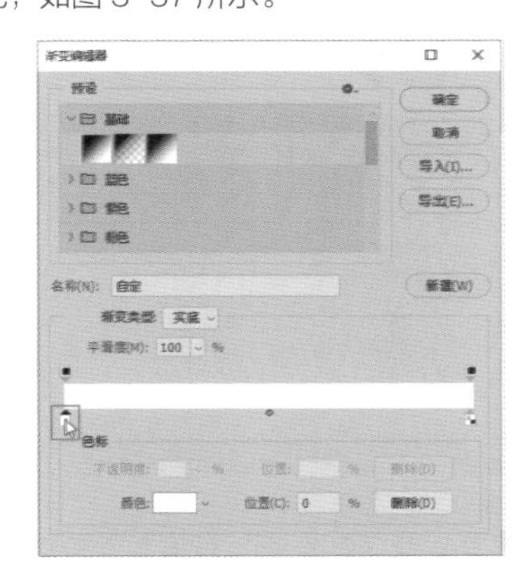

图3-37　设置颜色

图3-37　设置颜色（续）

03 编辑完成后，选中右下方的色标，将其拖出对话框，即可删除这个色标，渐变变成单一白色的渐变了，如图 3-38 所示。

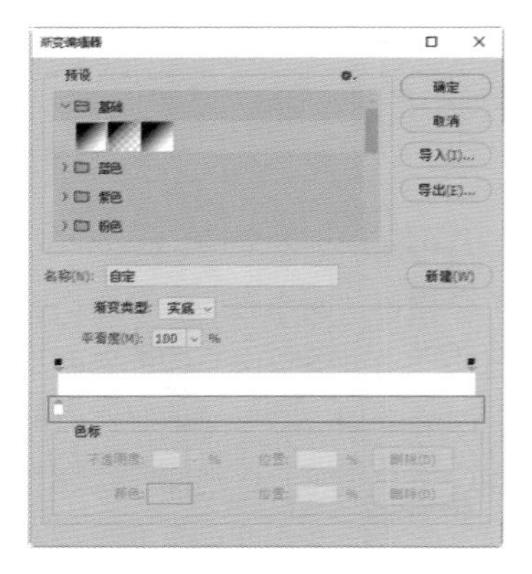

图3-38　删除色标

04 选中渐变条左上方的“不透明度色标”，然后在“色标”选项组中修改“不透明度”的值为0%，并将该“不透明度色标”向右移动，如图 3-39 所示。

图3-39　调整色标的位置和属性

05 设置完成后，单击“确定”按钮，完成透明渐变的编辑。按 Ctrl+O 组合键，打开“晚霞 .jpg”素材文件，如图 3-40 所示。

图3-40　打开“晚霞.jpg”素材文件

06 选择工具箱中的“椭圆选框工具”，按住 Shift 键，绘制一个圆形选区，如图 3-41 所示。

图3-41　绘制圆形选区

07 单击“图层”面板底部的“创建新图层”按钮，创建一个新图层。

08 选择“渐变工具”，在工具选项栏中单击“径向渐变”按钮，从圆形选区的内部向外部拖动，如图 3-42 所示。

图3-42　绘制渐变

09 释放鼠标后，即可为其填充透明效果。按

Ctrl+D 组合键取消选区，最终制作出的月牙效果如图 3-43 所示。

图3-43　最终效果

技巧

填充透明渐变后，如果感觉颜色过深，还可以修改图层“不透明度”来减弱月牙的颜色。

练习3-4 创建杂色渐变

难度：☆☆

素材位置：第 3 章 \ 练习 3-4\ 汽车 .png

效果位置：第 3 章 \ 练习 3-4\ 创建杂色渐变 .psd

在线视频：第 3 章 \ 练习 3-4 创建杂色渐变 .mp4

利用“渐变编辑器”对话框除了可以创建实色渐变和透明渐变之外，还可以创建杂色渐变。

01 执行“文件”→“新建”命令，打开“新建”对话框，创建一个 500 像素 ×400 像素的文件。

02 单击工具箱中的“渐变工具”，在工具选项栏单击“点按可编辑渐变”区域，打开“渐变编辑器”对话框，在“渐变类型”中选择“杂色”，设置“粗糙度”为 100%，在“颜色模型”中选择“LAB”，如图 3-44 所示。

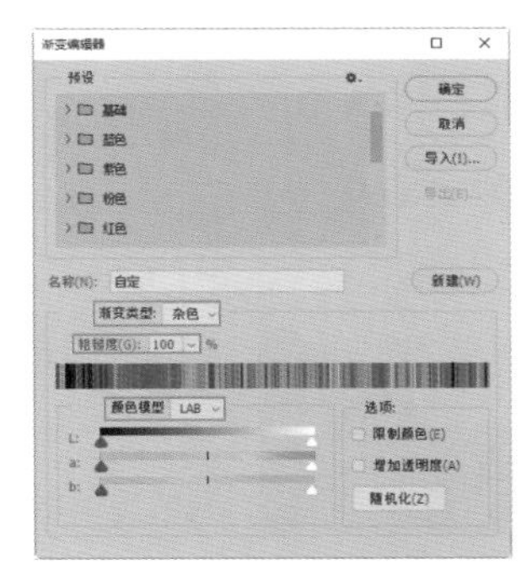

图3-44　设置杂色渐变

03 单击“确定”按钮，关闭“渐变编辑器”对话框，然后在工具选项栏中单击“角度渐变”按钮，在画面中填充渐变颜色，如图 3-45 所示。

图3-45　填充渐变颜色

04 按 Ctrl+U 组合键，打开“色相 / 饱和度”对话框，拖动“色相”和“饱和度”滑块来调整渐变颜色，如图 3-46 所示。

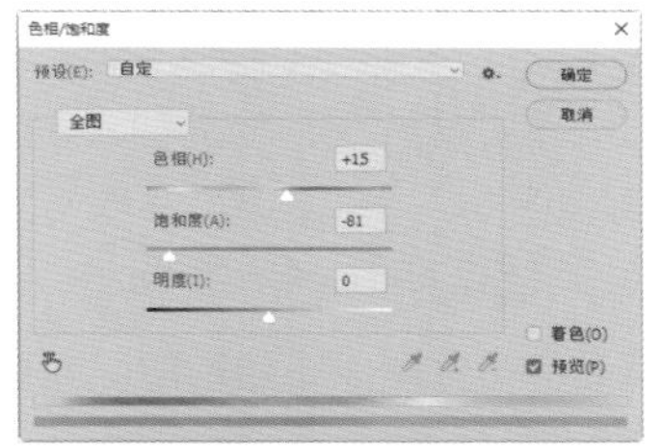

图3-46　“色相/饱和度”对话框

05 按 Ctrl+O 组合键，打开“汽车 .png”素材文件，使用“移动工具”将其拖动至新建文件中，如图 3-47 所示，调整其大小和位置，最终效果如图 3-48 所示。

图3-47　添加“汽车.png”素材文件

图3-48 最终效果

技巧

杂色渐变效果与选择的预设渐变或自定义渐变无关，即不管开始选择的是什么渐变，选择“杂色”渐变类型后，显示的效果都是一样的。要修改杂色渐变，可以选择不同的“颜色模型”，再设置相关的参数值来修改。

3.3 图案的创建

在使用填充工具进行填充时，除了可以填充单色和渐变外，还可以填充图案。图案是在绘图过程中被重复使用或拼接粘贴的图像，Photoshop 2020为用户提供了各种默认图案。用户除了可以使用默认的图案外，还可以创建自定义新图案，然后将它们存储起来，搭配不同的工具和命令使用。

3.3.1 “填充”命令 重点

“填充”命令可以在当前图层或选区内填充图案，在填充时还可以设置图案的“不透明度”和混合模式，但是文本图层和被隐藏的图层不能进行填充。

练习3-5 填充图案

难度：☆☆

素材位置：第 3 章 \ 练习 3-5\ 信封 .psd

效果位置：第 3 章 \ 练习 3-5\ 填充图案 .psd

在线视频：第 3 章 \ 练习 3-5 填充图案 .mp4

“填充”命令可以为选区填充Photoshop 2020预设的图案效果，下面执行“填充”命令来制作一个图案填充效果。

01 执行“文件”→“打开”命令，打开“信封 .psd”素材文件，如图 3-49 所示。选中“信封”图层，单击“图层”面板底部的“创建新图层”按钮 ，在该图层上方新建图层，如图 3-50 所示。

02 按住 Ctrl 键并单击“信封”图层的缩略图，为信封载入选区，如图 3-51 所示。

03 执行“编辑”→“填充”命令，打开“填充”对话框，在“内容”下拉列表框中选择“图案”选项，单击“自定图案”右侧的 按钮，打开图案下拉列表框，选择“草”图案，如图 3-52 所示。

图3-49 打开“信封.psd”素材文件

图3-50 新建图层

图3-51 载入选区

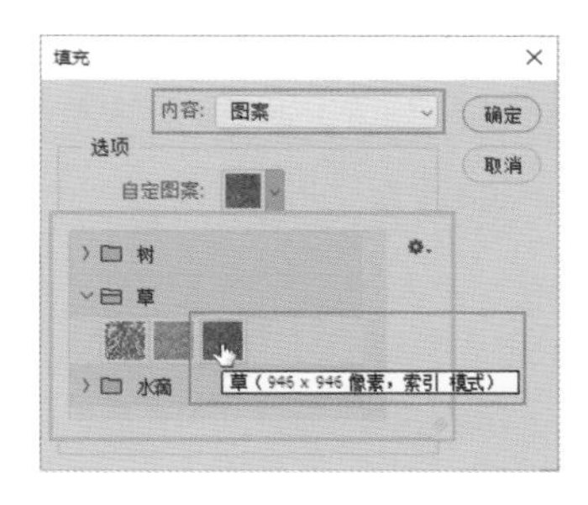

图3-52　选择“草”图案

04 单击“确定”按钮，在选区内填充图案，按Ctrl+D 组合键取消选区，效果如图 3-53 所示。

图3-53　填充图案

05 将该图层的混合模式设置为“叠加”，如图 3-54 所示。

图3-54　最终效果

3.3.2 定义图案

“定义图案”命令可以将图层或选区中的图像定义为图案。定义图案后，可以执行“填充”命令将图案填充到整个图层区域或选区中。

执行“编辑”→“定义图案”命令，打开“图案名称”对话框，对图案进行命名，如图3-55所示，然后单击“确定”按钮，完成图案的定义。

图3-55　“图案名称”对话框

执行“编辑”→“填充”命令，打开“填充”对话框，设置“内容”为“图案”，并单击“自定图案”右侧的 按钮，打开图案下拉列表框，选择定义的图案，如图3-56所示。设置完成后，单击“确定”按钮确认图案填充，即可将选择的图案填充到当前的画布中，如图3-57所示。

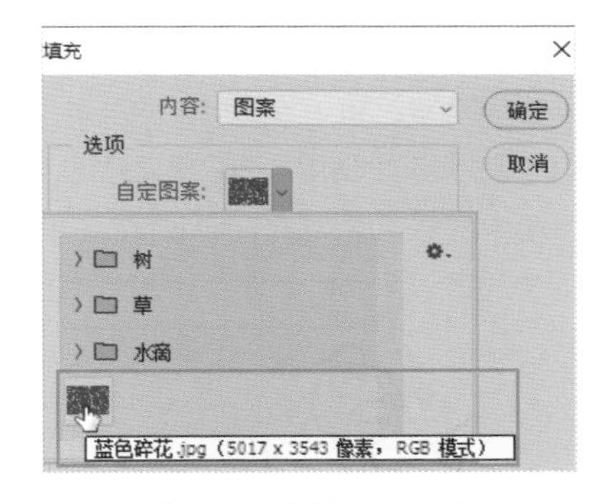

图3-56　选择定义图案

图3-57　填充图案

3.4 知识总结

本章主要对单色、渐变及图案的填充进行了详细的讲解，其中重点讲解了单一颜色与渐变颜色的编辑及填充技巧，最后对图案的填充和自定义方法进行了讲解，让读者在学习颜色设置的同时，能够感受到一个多彩的Photoshop世界。

3.5 拓展训练

本章通过两个拓展训练，对Photoshop 2020的颜色及渐变样式设置进行讲解，掌握不同渐变样式的使用技巧。本章内容是学习Photoshop 2020的关键，一定要熟练掌握。

训练3-1 为卡通画填充颜色

难度：☆☆
素材位置：第 3 章 \ 训练 3-1\ 卡通画 .psd
效果位置：第 3 章 \ 训练 3-1\ 卡通画 .psd
在线视频：第 3 章 \ 训练 3-1 为卡通画填充颜色 .mp4

◆训练分析

本训练主要巩固使用"油漆桶工具"填充颜色的方法和技巧，填充前后对比如图3-58所示。

图3-58 填充前后对比

◆训练知识点

油漆桶工具

训练3-2 制作雷达图标效果

难度：☆☆☆
素材位置：第 3 章 \ 训练 3-2\ 图标 .png
效果位置：第 3 章 \ 训练 3-2\ 制作雷达图标效果 .psd
在线视频：第 3 章 \ 训练 3-2 制作雷达图标效果 .mp4

◆训练分析

本训练主要巩固使用"渐变工具"填充透明渐变的方法，利用透明渐变表现出雷达图标的质感，如图3-59所示。除了"渐变工具"之外，本训练还结合了"多边形套索工具"和"椭圆矩形工具"来制作最终的效果，这两个工具会在之后的章节进行详细讲解。

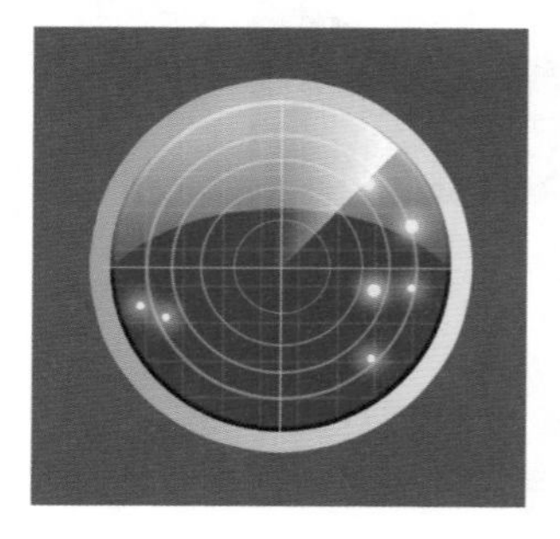

图3-59 雷达图标效果

◆训练知识点

1．渐变工具
2．多边形套索工具
3．椭圆矩形工具

第2篇

提高篇

第4章

图层及图层样式

图层是Photoshop 2020中非常重要的概念，图层的引入，为图像的编辑带来了极大的便利。

本章从图层的基本概念入手，由浅入深地介绍相应的“图层”面板、图层的基本操作和图层的对齐与分布方法等内容，再讲解图层样式的应用。读者在学习完本章后，能够掌握图层的相关知识及操作技巧、图层样式的含义及使用方法，能够熟练掌握图层及图层样式的使用方法，会在图像处理工作中更加得心应手。

教学目标

了解图层的类型 | 掌握编辑图层的方法

掌握添加与编辑图层样式的方法 | 熟悉图层混合模式的应用技巧

4.1 认识图层

图层是将多个图像创建出具有工作流程效果的构建块。这好比一张完整的图像，由层叠在一起的透明纸组成，可以透过图层的透明区域看到下一层的图像，通过这样的方式形成一组完整的图像。

4.1.1 图层的类型

可以在Photoshop 2020中创建多种类型的图层。不同类型的图层具备不同的功能，它们在“图层”面板中的显示状态也各不相同，如图4-1所示。

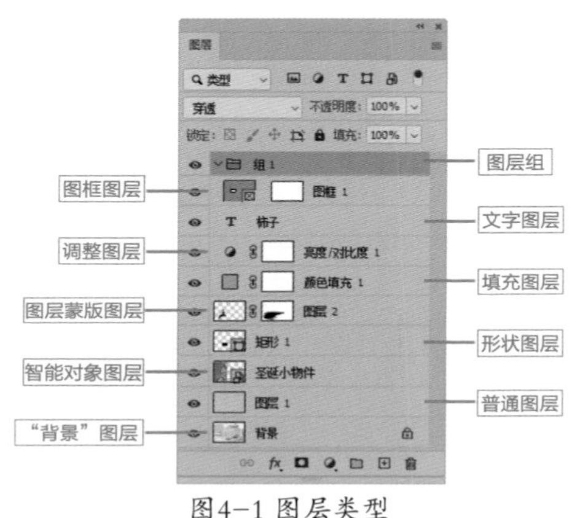

图4-1 图层类型

“图层”面板的介绍如下。

- **图层组：** 用来组织和管理图层，以便于查找和编辑图层。
- **图框图层：** 使用图框工具所创建的图层。
- **文字图层：** 使用文字工具输入文字所创建的图层。
- **调整图层：** 可以调整图像的亮度、色彩平衡等，但不会改变像素值，而且可以重复编辑。
- **填充图层：** 填充了纯色、渐变或图案的特殊图层。
- **图层蒙版图层：** 添加了图层蒙版的图层，蒙版可以控制图像的显示范围。
- **形状图层：** 使用形状工具绘制图形所创建的矢量图层。
- **智能对象图层：** 包含有智能对象的图层。
- **普通图层：** 常规图层，可以对其进行任何编辑操作。
- **“背景”图层：** 新建文件时创建的图层，它始终位于面板的最下层。

4.1.2 “图层”面板

“图层”面板中显示了图像中的所有图层、图层组和图层效果。可以使用“图层”面板来创建新图层和管理图层组，还可以利用“图层”面板菜单对图层进行更详细的操作。

执行“窗口”→“图层”命令，打开“图层”面板。在“图层”面板中，图层的属性主要包括图层混合模式、“不透明度”、“锁定”和“填充”4种，如图4-2所示。

图4-2 “图层”面板

图层过滤器

在“图层”板的顶部显示了图层过滤器选项及按钮，在左侧的下拉列表框中，可以选择不同的显示类别，并可以单击右侧的按钮，指定不同类别中更加详细的过滤类型。单击“打开或关闭图层过滤”按钮，可以快速打开或关闭图层过滤，如图4-3所示。

图4-3 打开和关闭图层过滤

图层混合模式

在图层过滤器下方默认显示“正常”正常选项的下拉列表框中，可以调整图层的混合模式。图层混合模式决定了这一图层的图像像素如何与下层图像像素进行混合。

不透明度

直接输入数值或拖动不透明度滑块，可以改变图层的总体不透明度。“不透明度”的值越小，当前选择图层就越透明；值越大，当前选择图层就越不透明；当值为100%时，当前选择图层完全不透明。图4-4所示为“不透明度”分别为50%和100%时的不同效果。

图4-4 “不透明度”分别为“50%”和“100%”的效果

锁定

Photoshop 2020提供了锁定图层的功能，可以全部或部分锁定某一个图层和图层组，以保护相关图层的内容。锁定图层的部分或全部内容在编辑图像时不受影响，给编辑图像带来了方便，如图4-5所示。

锁定：

图4-5 锁定图层

当使用锁定功能时，除“背景”图层外，显示黑色的锁图标时，表示图层的属性完全被锁定；显示灰色空心的锁图标时，表示图层的属性部分被锁定。

下面具体讲解锁定图层的功能。

- **锁定透明像素：** 单击该按钮，锁定当前图层的透明区域，可以将透明区域保护起来。在编辑图像时，只对不透明部分起作用，对透明部分不起作用。
- **锁定图像像素：** 单击该按钮，将当前图层保护起来，除了可以移动当前图层内容外，不可以进行任何填充、描边及其他绘图操作。在该图层上无法使用绘图工具，绘图工具在图像窗口中将显示为禁止图标。
- **锁定位置：** 单击该按钮，不能对锁定的图层进行旋转、翻转、移动和自动变换等编辑操作，但能够对当前图层进行填充、描边和其他绘图操作。
- **防止在画板内外自动嵌套：** 单击该按钮，可以防止图层或图层组在移动画板边缘时发生嵌套，该功能主要是针对画板而设置的。
- **锁定全部：** 单击该按钮，将完全锁定当前图层。任何绘图操作和编辑操作均不能够在这一图层上进行。而只能够在“图层”面板中调整该图层的叠放次序。

技巧

图层组的锁定，与图层锁定相似。锁定图层组后，该图层组中的所有图层也会被锁定。当需要解除锁定时，只需再次单击相应的锁定按钮，即可解除对图层组的锁定。

填充

“填充”与“不透明度”类似，但“填充”只影响图层中绘制的像素或图层上绘制的形状，不影响已经应用在图层中的图层样式效果，如外发光、投影、描边等。

图4-6所示为应用描边样式后的原图效果与修改“填充”为20%的效果对比。

图4-6 原图效果与修改“填充”为20%的效果对比

4.2 图层的编辑

进行图形设计时，会使用大量的图层，因此，熟练掌握图层的操作极为重要。在学习其他操作之前，必须要充分理解“图层”的概念，并熟练掌握图层的基本操作。

4.2.1 新建图层

单击“图层”面板中的“创建新图层”按钮 ，即可在当前图层上方新建一个图层，新建的图层会自动成为当前图层，如图4-7所示。如果要在当前图层的下方新建图层，那么可以按住Ctrl键并单击该按钮，如图4-8所示。

图4-7 新建图层

图4-8 在当前图层下方新建图层

技巧

执行“图层”→“新建”→“图层”命令，或执行“图层”面板菜单中的“新建图层”命令，打开“新建图层”对话框，设置好参数后，单击“确定”按钮，也可创建一个新的图层。

技术看板

“背景”图层与普通图层的转换技巧

在新建文件时，系统会自动创建一个“背景”图层。“背景”图层在默认状态下是全部锁定的，这是对原图像的一种保护，默认的“背景”图层不能进行图层“不透明度”、混合模式和顺序的更改，但可以被复制。

要将“背景”图层转换为普通图层可以在“背景”图层上双击，将弹出一个“新建图层”对话框，设定相关的参数后，单击“确定”按钮，即可将“背景”图层转换为普通图层，如图 4-9 所示。

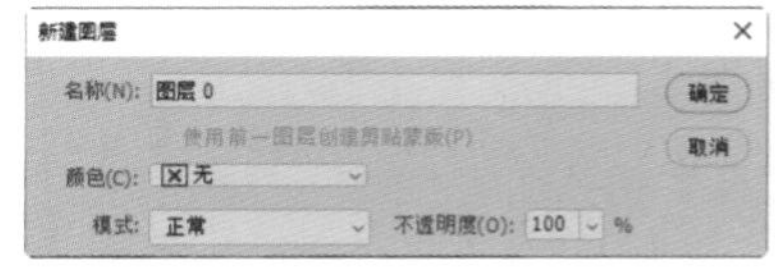

图4-9 将“背景”图层转换为普通图层

图4-9　将“背景”图层转换为普通图层（续）

要将普通图层转换为“背景”图层，可以选择一个普通图层，执行“图层”→“新建”→“背景图层”命令，即可将普通图层转换为“背景”图层。但需要注意的是，如果已经存在“背景”图层，则不能再创建新的“背景”图层。

4.2.2 复制图层 重点

可以在Photoshop 2020中复制图层。在同一图像内复制图层，执行“图层”→“复制图层”命令，可以得到当前选择图层的复制图层；在不同的图像文件之间复制图层，需要同时显示这两个文件的图像窗口，然后在源图像的“图层”面板中拖动复制图层至目标图像窗口即可。

练习4-1 复制“灯”图层

难度：☆☆
素材位置：第 4 章 \ 练习 4-1\ 灯 .psd
效果位置：第 4 章 \ 练习 4-1\ 复制“灯”图层 .psd
在线视频：第 4 章 \ 练习 4-1 复制“灯”图层 .mp4

复制图层的操作非常简单，不过需要注意的是，在复制图层的同时，当前图层中的图像也将被一同复制。

01 执行“文件”→“打开”命令，打开“灯 .psd”素材文件。

02 在“图层”面板中，选中要复制的“灯”图层，将其拖动到“图层”面板底部的“创建新图层”按钮 ⊞ 上，释放鼠标即可生成一个复制图层，复制图层的同时，图层中的图像也将被复制，如图4-10 所示。

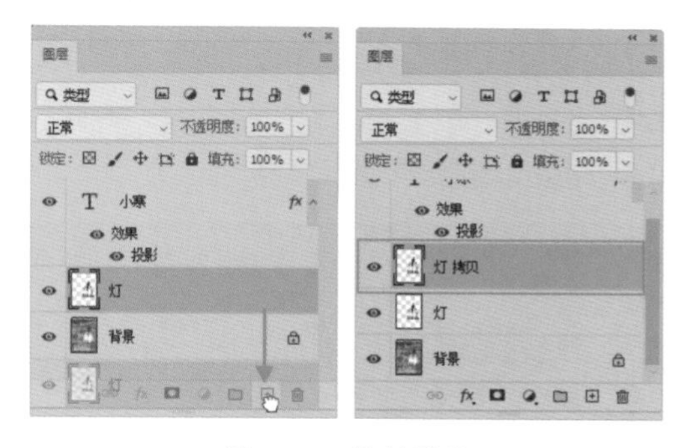

图4-10　复制图层

03 还有另一种复制图层的方法。选择要复制的图层，执行“图层”→“复制图层”命令，或从“图层”面板菜单中执行“复制图层”命令，打开“复制图层”对话框，如图 4-11 所示。可以在该对话框中对复制的图层进行重新命名，设置完成后单击“确定”按钮，即可完成图层的复制，如图 4-12 所示。

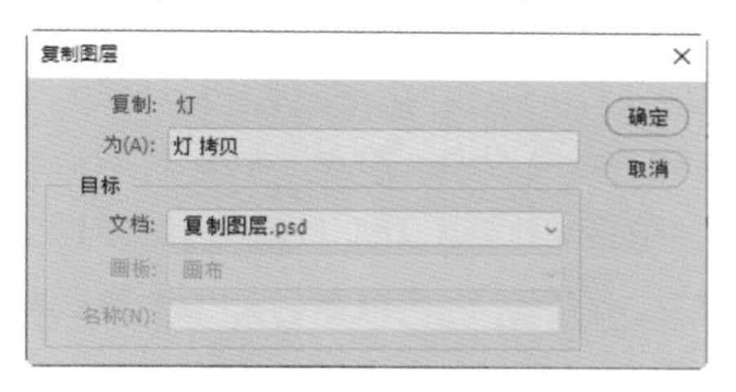

图4-11　“复制图层”对话框

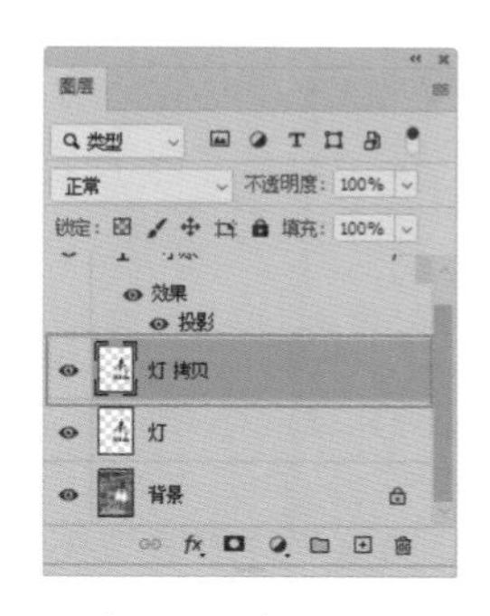

图4-12　复制图层

技巧

拖动复制时，复制出的图层的名称为“被复制图层的名称 + 拷贝”。以前有的版本中叫“副本”，两者是完全一样的。

4.2.3 删除图层

将需要删除的图层拖动到“图层”面板中的“删除图层”按钮 上，可以删除该图层，如图4-13所示。此外，执行“图层”→“删除”命令，也可以删除当前图层。

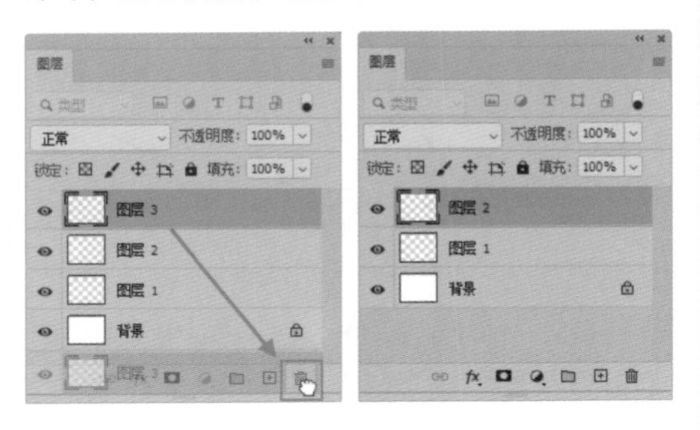

图4-13　删除图层

4.2.4 改变图层的顺序（重点）

“图层”面板中的图层是按照从上到下的顺序堆叠排列的，上层图层中的不透明部分会遮盖下层图层中的图像，因此，如果改变面板中的图层堆叠顺序，图像的效果也会发生改变。将一个图层拖至另外一个图层的上方或下方，当突出显示的线条出现在要放置图层的位置时，释放鼠标即可调整图层的堆叠顺序。

练习4-2 调整图层顺序

难度：☆☆
素材位置：第 4 章 \ 练习 4-2\ 荷花 .psd
效果位置：第 4 章 \ 练习 4-2\ 调整图层顺序 .psd
在线视频：第 4 章 \ 练习 4-2 调整图层顺序 .mp4

图像的排列顺序直接影响图像的显示效果，位于上层的图像会遮罩下层的图像。在实际操作中，经常会进行图层的重新排列，也就是调整图层的顺序。下面讲解调整图层顺序的方法。

01 执行“文件”→“打开”命令，打开“荷花 .psd”素材文件，如图 4-14 所示。

图4-14　打开“荷花.psd”素材文件

02 选中“荷叶”图层，执行“图层”→“排列”命令，展开其子菜单，执行“后移一层”命令，将“荷叶”图层往后移动一个图层，如图 4-15 所示。

图4-15　移动图层

03 在“图层”面板中，将“荷叶”图层拖动到“大荷花”图层的上方，以调整图层的顺序，如图 4-16 所示。

图4-16　移动图层

04 选中“荷叶”图层，按 Ctrl+Shift+[组合键，将该图层放置到最底层，如图 4-17 所示。

图4-17　放置到最底层

05 按 Ctrl+] 组合键，将“荷叶”图层向上移动一层，如图 4-18 所示。

图4-18　移动图层

4.2.5 对齐与分布 重点

Photoshop 2020的对齐和分布功能用于准确定位图层的位置。在进行对齐和分布操作之前，需要选中这些图层，或者将这些图层设置为链接图层。

在“移动工具” 选取状态下，可以单击工具选项栏中的“左对齐” 、“水平居中对齐” 、“右对齐” 、“顶对齐” 、“垂直居中对齐” 和“底对齐” 这些按钮来对齐图层；单击“按顶分布” 、“垂直居中分布” 、“按底分布” 、“按左分布” 、“水平居中分布” 和“按右分布” 这些按钮可以进行图层的分布操作。

练习4-3 图像的对齐与分布操作

难度：☆☆
素材位置：第 4 章 \ 练习 4-3\ 浣熊 .psd
效果位置：第 4 章 \ 练习 4-3\ 图像的对齐与分布操作 .psd
在线视频：第 4 章 \ 练习 4-3 图像的对齐与分布操作 .mp4

除了可以单击工具选项栏中的按钮进行操作之外，还可以执行菜单栏中的命令对图层进行对齐与分布，下面讲解执行命令来对齐与分布图层的方法。

01 执行“文件”→“打开”命令，打开 “浣熊 .psd” 素材文件，效果如图 4-19 所示。

图4-19　打开“浣熊.psd”素材文件

02 选中除“背景”图层以外的所有图层。执行“图层”→“对齐”→“顶边”命令，可以将选中图层上的顶端像素与所有选中图层上最顶端的像素对齐，如图 4-20 所示。

图4-20　顶边对齐

03 按 Ctrl+Z 组合键撤销上一步操作。执行“图层”→“对齐”→“垂直居中”命令，可以将每个选中图层上的垂直像素与所有选中的垂直中心像素对齐，如图 4-21 所示。

图4-21　垂直居中

04 按 Ctrl+Z 组合键撤销上一步操作。执行“图层”→“对齐”→“水平居中”命令，可以将选中图层上的水平中心像素与所有选中图层的水平中心像素对齐，如图 4-22 所示。

图4-22　水平居中

05 按 Ctrl+Z 组合键撤销上一步操作。取消对齐，随意打散图层的分布，如图 4-23 所示。

图4-23　打散图层分布

06 选中除“背景”图层以外的所有图层。执行“图层”→“分布”→“左边”命令，可以从每个图层的左端像素开始，间隔均匀地分布选中图层，如图 4-24 所示。

图4-24　左边对齐

4.2.6 合并图层

尽管Photoshop 2020对图层的数量没有限制，用户可以新建任意数量的图层，但图像的图层越多，打开和处理项目时所占用的内存，以及保存时所占用的磁盘空间也会越大。因此需要及时合并一些不需要修改的图层，来减少图层数量。

合并图层

如果需要合并两个及两个以上的图层，可在“图层”面板中选中图层，执行“图层”→“合并图层”命令，合并后的图层会使用上方图层的名称，如图4-25所示。

图4-25　合并图层

向下合并可见图层

如果需要将一个图层与它下面的图层合并，则可以选中该图层，执行“图层”→“向下合并”命令，或者按Ctrl +E组合键，均可快速完成合并，如图4-26所示。向下合并后，显示的名称为下方图层的名称。

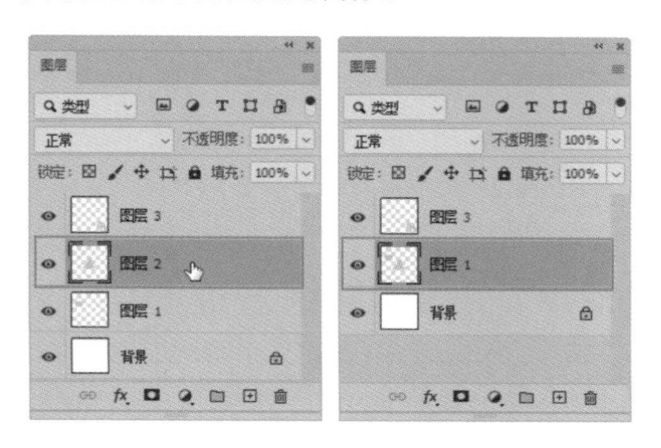

图4-26　向下合并可见图层

合并可见图层

如果需要合并“图层”面板中可见的图层，不需要选中图层，直接执行“图层”→“合并可见图层”命令，或按Ctrl+Shift+E组合键，便可将它们合并到“背景”图层上，隐藏的图层不能被合并进去，如图4-27所示。

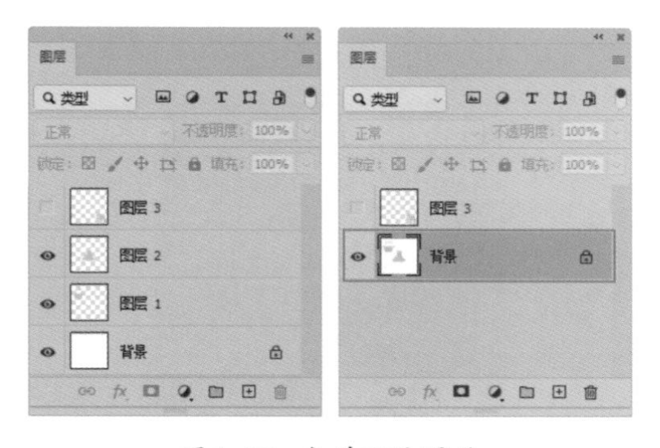

图4-27　合并可见图层

拼合图层

如果要将所有图层都拼合到“背景”图层中，可以执行“图层”→“拼合图像”命令。如果合并时图层中有隐藏的图层，系统将弹出一个提示对话框，单击“确定”按钮，隐藏图层将被删除，单击“取消”按钮则会取消合并操作。

4.2.7 盖印图层

使用Photoshop 2020的盖印功能，可以将多个图层的内容合并到一个新的图层中，同时使源图层保持完好。Photoshop 2020没有提供盖印图层的相关命令，用户只能按组合键进行操作。

具体操作方法介绍如下。

- **向下盖印：**选中一个图层，按Ctrl+Alt+E组合键，可以将该图层中的图像盖印到下面的图层中，原有图层中的内容保持不变，如图4-28所示。

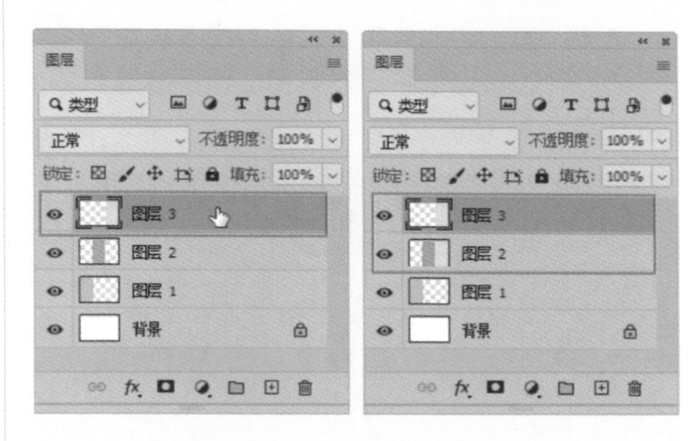

图4-28　向下盖印

- **盖印多个图层：**选中多个图层，按Ctrl+Alt+E组合键，可以将它们盖印到一个新的图层中，原有图层中的内容保持不变，如图4-29所示。

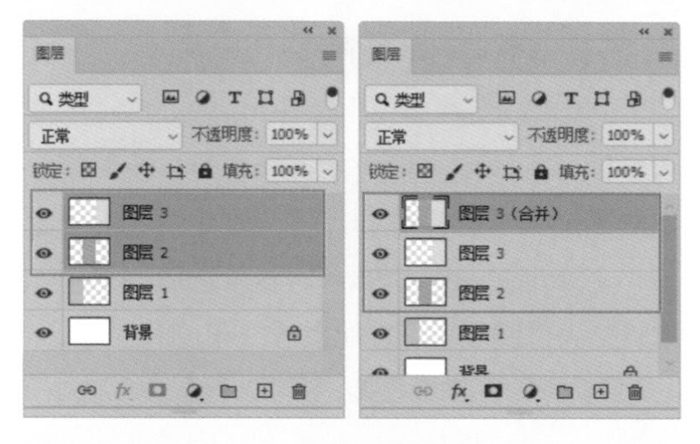

图4-29　盖印多个图层

- **盖印可见图层：**按Shift+Ctrl+Alt+E组合键，可以将所有可见图层中的图像盖印到一个新的图层中，原有图层中的内容保持不变，如图4-30所示。

图4-30 盖印可见图层

- **盖印图层组：**选中图层组，按Ctrl+Alt+E组合键，可以将图层组中的所有图层内容盖印到一个新的图层中，原有图层组保持不变，如图4-31所示。

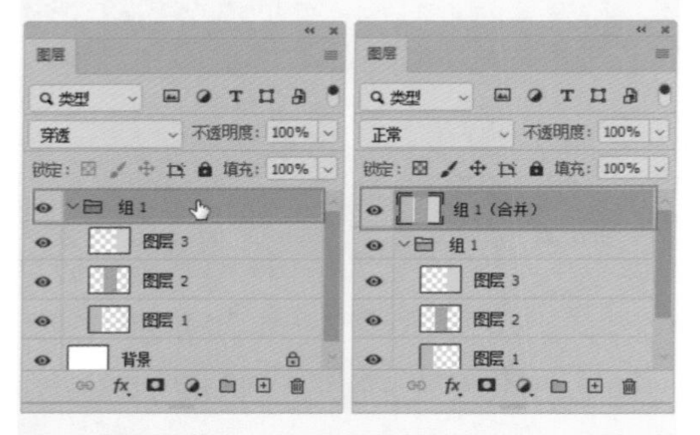

图4-31 盖印图层组

4.2.8 栅格化图层

Photoshop 2020是一个主要处理位图图像的软件。绘图工具或滤镜命令对包含矢量数据的图层是不起作用的，当遇到文字、矢量蒙版、形状等矢量图层时，需要将它们栅格化，以转化为位图图层，才能进行处理。

选中一个需要栅格化的矢量图层，执行“图层”→“栅格化”命令，然后在其子菜单中执行相应的栅格化命令即可。图层栅格化后的缩略图将发生变化，文字图层栅格化前后效果对比如图4-32所示。

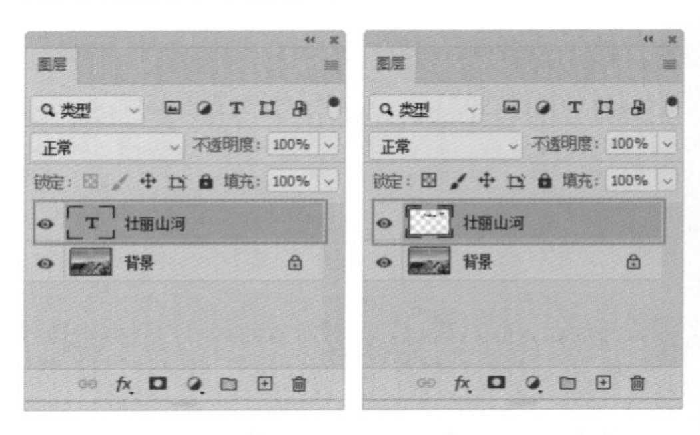

图4-32 文字图层栅格化前后效果对比

4.2.9 使用图层组管理图层

Photoshop 2020提供了图层组的功能，以方便图层的管理。图层与图层组的关系类似于Windows系统中的文件与文件夹的关系。图层组可以展开或折叠，也可以像图层一样设置“不透明度”、混合模式，以及添加图层蒙版，还可以进行整体选择、复制或移动等操作。

在“图层”面板中单击“创建新组”按钮 ，或执行“图层”→“新建”→“组”命令，均可在当前图层的上方创建一个图层组，如图4-33所示。双击图层组名称，可以在出现的文本框中输入新的图层组名称。

图4-33 创建图层组

通过上述方式创建的图层组中不包含任何图层，需要通过拖动的方法将图层移动至图层组中。在需要移动的图层上按住鼠标左键，将其拖动至图层组名称上即可，如图4-34所示。

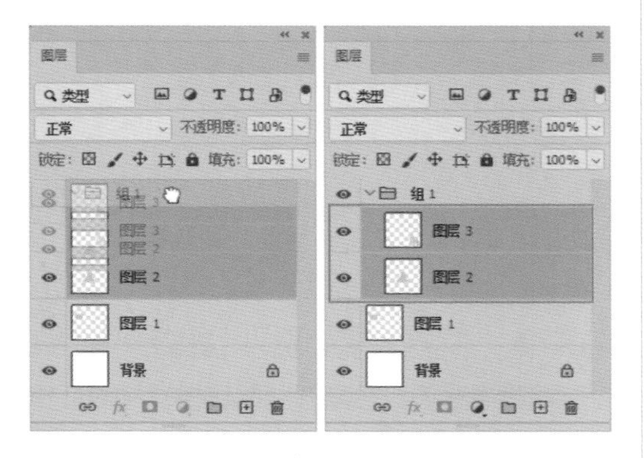

图4-34　移动图层至组内

若要将图层移出图层组，则将该图层拖动至图层组的上方或下方，或者直接将该图层拖出图层组区域。

当图层组中的图层比较多时，可以折叠图层组以节省“图层”面板空间。折叠只需单击图层组的下栏按钮 即可，如图4-35所示。当需要查看图层组中的图层时，再次单击该下拉按钮 即可展开图层组中的各图层。

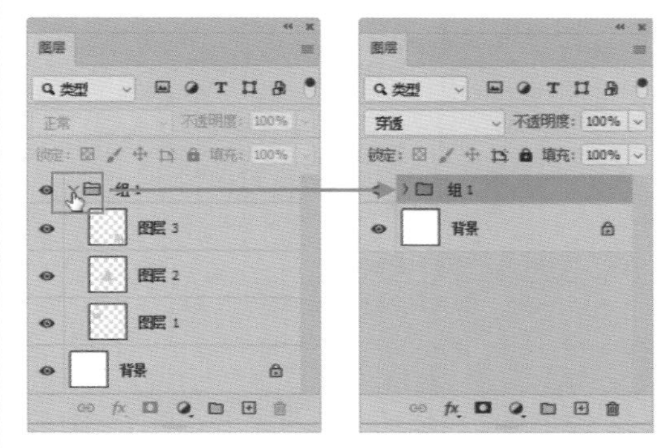

图4-35　折叠图层组

选中图层组后单击 按钮，会弹出图4-36所示的对话框。单击“组和内容”按钮，将删除图层组和图层组中的所有图层；单击“仅组”按钮，将只删除图层组，图层组中的图层将被移出图层组。

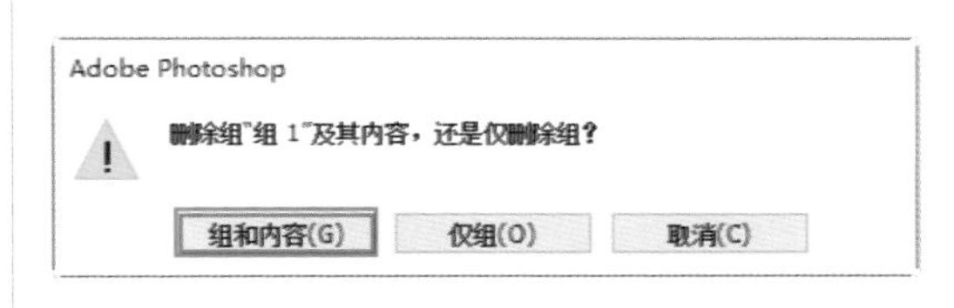

图4-36　删除图层组的对话框

4.3 图层样式

所谓的图层样式，实际上就是由投影、内阴影、外发光、内发光、斜面和浮雕、光泽、颜色叠加、图案叠加、渐变叠加、描边等图层效果组成的集合，它能够将平面图形转化为具有材质和光影效果的立体图像。

4.3.1 添加图层样式

要为图层添加图层样式，可以选中图层，然后使用以下任意一种方式打开“图层样式”对话框。

执行“图层”→“图层样式”“样式”命令，可打开“图层样式”对话框，并进入相应样式的设置面板。

在“图层”面板中单击“添加图层样式”按钮 ，在弹出的快捷菜单中选择一个样式选项，如图4-37所示，可打开“图层样式”对话框，并进入相应样式的设置面板。

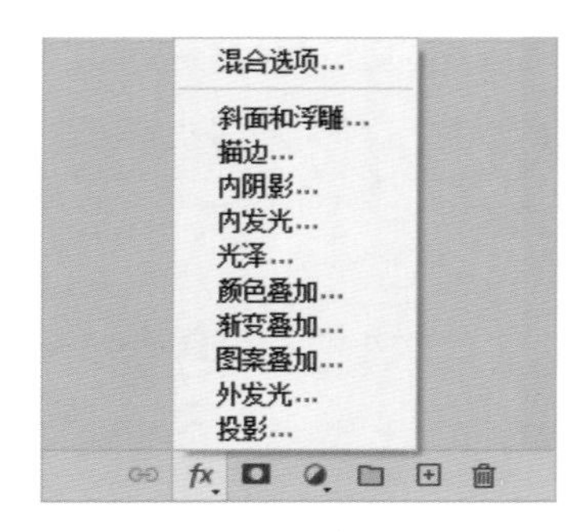

图4-37 图层样式菜单

双击需要添加样式的图层，可打开“图层样式”对话框，可以在对话框左侧选择不同的图层样式选项，如图4-38所示。

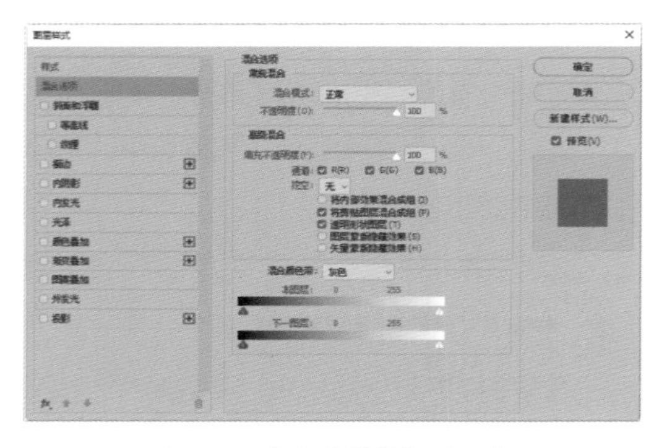

图4-38 “图层样式”对话框

技巧

图层样式不能用于“背景”图层上，但是可以按住Alt键双击“背景”图层，将其转换为普通图层，然后为其添加图层样式。

4.3.2 “图层样式”对话框

执行“图层”→“图层样式”→“混合选项”命令，弹出“图层样式”对话框。“图层样式”对话框的左侧列出了10种样式，样式名称前面的复选框被勾选了的，表示在图层中应用了该样式，如图4-39所示。取消勾选某个样式的复选框，则可以停用该样式，但保留其参数设置。

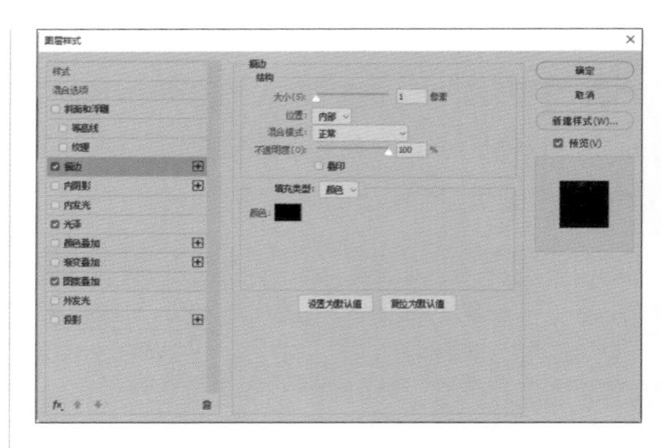

图4-39 “图层样式”对话框

4.3.3 “混合选项”面板 难点

默认情况下，在打开“图层样式”对话框后，都将切换到“混合选项”面板中，如图4-40所示。可在该面板中对一些相对常见的选项，如“混合模式”“不透明度”“混合颜色带”等参数进行设置。

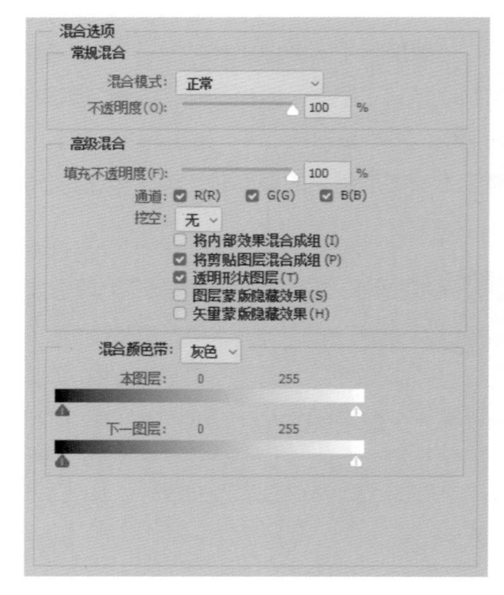

图4-40 “混合选项”面板

练习4-4 抠取烟花图像

难度：☆☆

素材位置：第 4 章 \ 练习 4-4\ 烟花场景 .psd

效果位置：第 4 章 \ 练习 4-4\ 抠取烟花图像 .psd

在线视频：第 4 章 \ 练习 4-4 抠取烟花图像 .mp4

使用“图层样式”对话框中的“混合选项”面板可以制作出烟花效果，下面介绍具体操作。

01 执行“文件”→“打开”命令，打开“烟花场景.psd”素材文件，效果如图4-41所示。

图4-41 打开“烟花场景.psd”素材文件

02 在“图层”面板中恢复“烟花”图层的显示，如图4-42所示。

图4-42 显示“烟花”图层

03 选中“烟花”图层，按Ctrl+T组合键显示定界框，将图像调整到合适的位置及大小，如图4-43所示。

图4-43 调整图像的大小和位置

04 双击“烟花”图层，打开“图层样式”对话框，按住Alt键单击“本图层”中的黑色滑块，分开两个滑块，将右半边滑块向右拖至靠近白色滑块，使烟花周围的灰色能够很好地融合到背景图像中，如图4-44所示，完成后单击“确定”按钮。

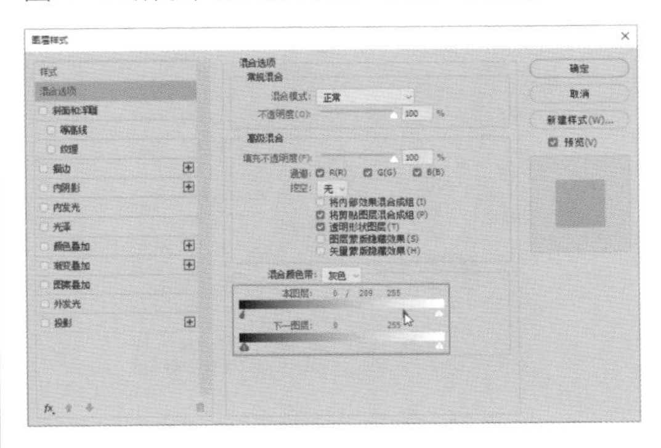

图4-44 分开滑块

05 按Ctrl++组合键放大图像。单击“图层”面板底部的“添加图层蒙版”按钮，为“烟花”图层添加蒙版，如图4-45所示。

图4-45 添加蒙版

06 选择工具箱中的“画笔工具”，设置前景色为黑色，然后用柔边笔刷在烟花周围涂抹，使烟花融入夜空，如图4-46所示。

图4-46 烟花效果

07 在“图层”面板中恢复“烟花 2”图层的显示，选中该图层，调整图像的位置和大小，如图 4-47 所示。

图4-47 调整图像的大小和位置

08 用同样的方法，在画面中添加其他烟花效果。最终完成效果如图 4-48 所示。

图4-48 最终效果

4.3.4 “样式”面板

“样式”面板中包含Photoshop 2020提供的各种预设的图层样式，单击选择“图层样式”对话框中左侧样式列表中的“样式”选项，即可切换至“样式”面板，如图4-49所示。在“样式”面板中显示了当前可应用的图层样式，单击样式图标即可应用该样式。也可以执行“窗口”→“样式”命令，单独打开“样式”面板，如图4-50所示。

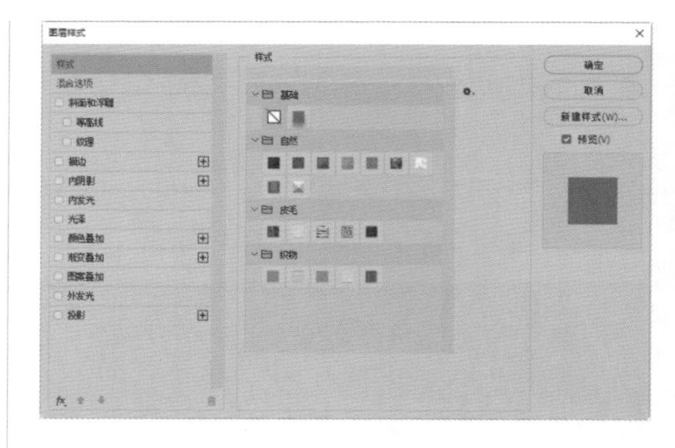

图4-49 切换至“样式”面板

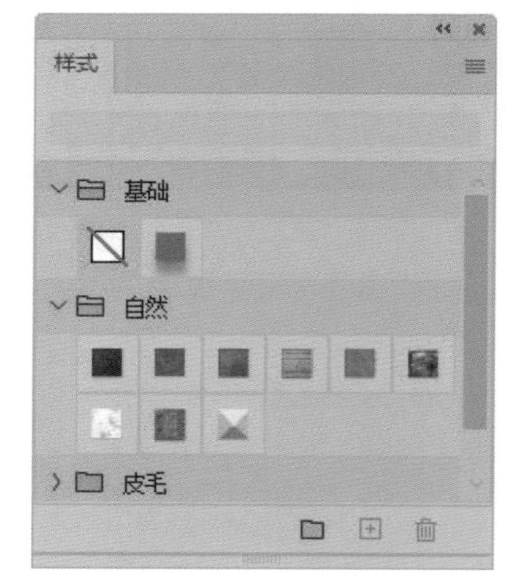

图4-50 “样式”面板

4.3.5 删除图层样式

当创建的图层样式不需要时，可以将其删除。删除图层样式时，可以删除单一的图层样式，也可以从图层中删除整个图层样式。

删除单一图层样式

要删除单一的图层样式，首先需要在“图层”面板中展开图层样式列表，将需要删除的某个图层样式，拖动到“图层”面板底部的“删除图层”按钮 上，即可将单一的图层样式删除。删除单一图层样式的操作如图4-51所示。

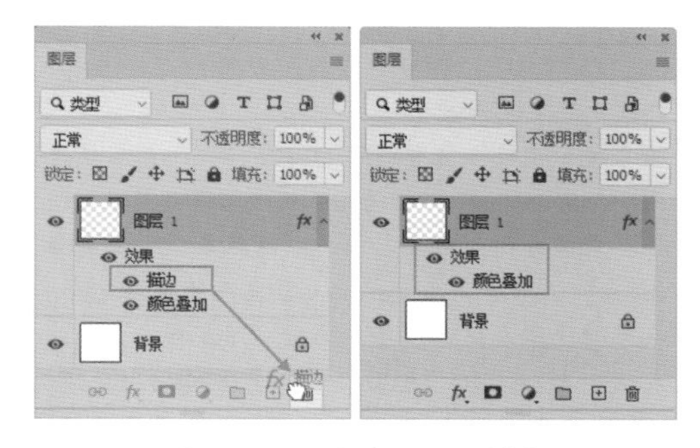

图4-51　删除单一图层样式

删除整个图层样式

在“图层”面板中将“效果”拖动到“删除图层”按钮上，即可将整个图层样式删除。删除整个图层样式操作如图4-52所示。

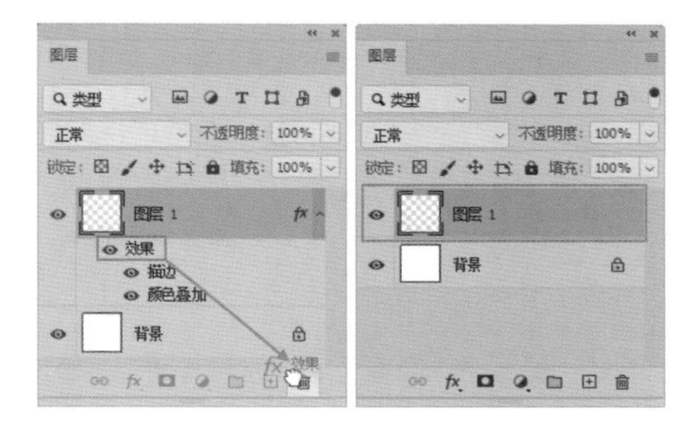

图4-52　删除整个图层样式

技巧

执行“图层”→“图层样式”→“清除图层样式”命令，可以快速清除选中图层的所有图层样式。

4.3.6 移动与复制图层样式

快速复制图层样式，有鼠标操作和菜单命令两种方法可供选用。

鼠标操作

展开“图层”面板中的图层样式列表，拖动某一图层样式或图标至另一图层上方，即可移动图层样式至另一个图层中，此时鼠标指针显示为形状，同时会在鼠标指针上方显示fx图标，如图4-53所示。

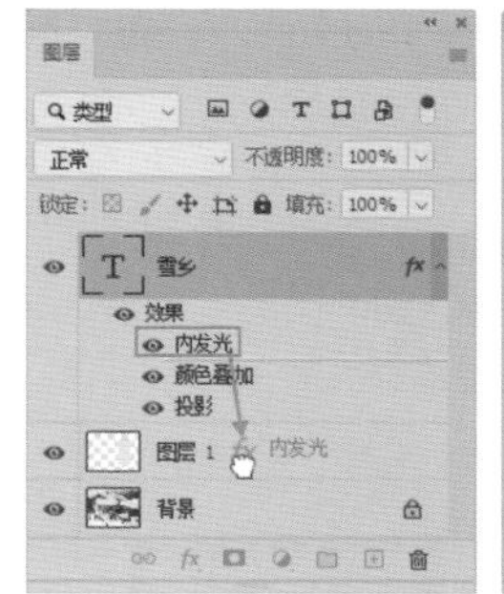
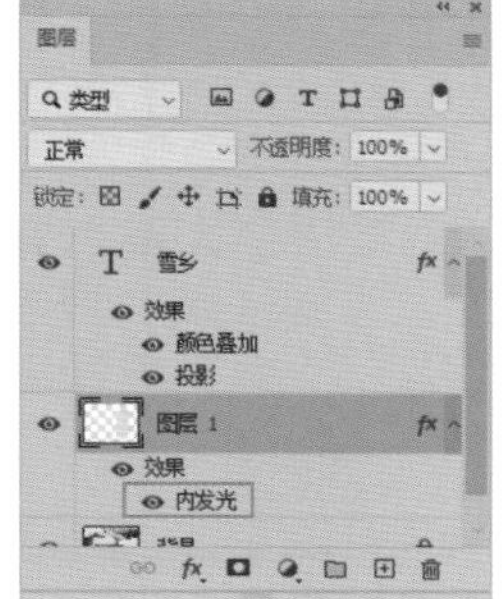

图4-53　移动图层样式

如果在拖动图层样式时按住Alt键，则可以复制该图层样式至另一图层中，此时鼠标指针显示为形状，如图4-54所示。

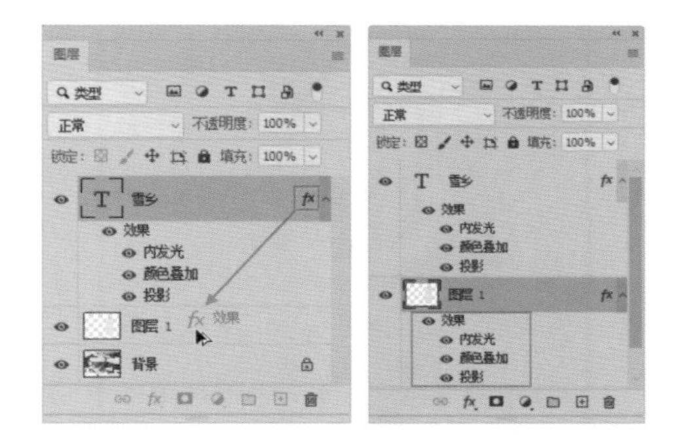

图4-54　复制图层样式

菜单命令

在具有图层样式的图层上右击，在弹出的快捷菜单中执行“拷贝图层样式”命令，然后在需要粘贴样式的图层上右击，在弹出的快捷菜单中执行“粘贴图层样式”命令即可。

4.3.7 缩放图层样式

执行“缩放效果”命令，可以对图层的样式效果进行缩放，而不会对应用图层样式的图像进行缩放。

在“图层”面板中，选中一个应用了样式的图层，然后执行“图层”→“图层样式”→“缩放效果”命令，打开“缩放图层效果”对话框，如图4-55所示。在“缩放”下拉列表框中可以选择缩放比例，也可直接在文本框中输入缩放数值。图4-56所示为设置“缩放”分别为50%和200%时的效果。

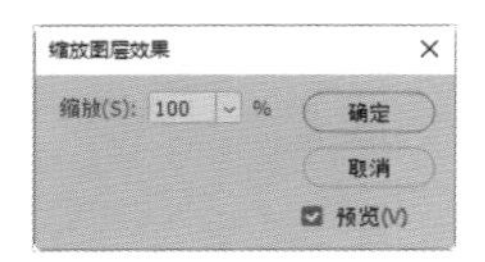

图4-55 “缩放图层效果”对话框

图4-56 “缩放”分别为50%和200%的效果

技术看板

隐藏与显示图层样式

为了便于设计人员查看添加图层样式的前后效果对比，Photoshop 2020 为用户提供了隐藏或显示图层样式的方法。用户不但可以隐藏或显示所有的图层样式，还可以隐藏或显示指定的图层样式。

如果想隐藏或显示图层中的所有图层样式，可以在该图层样式的“效果”左侧单击 按钮，当 图标显示时，表示显示所有图层样式；当 图标消失时，表示隐藏所有图层样式。

如果想隐藏或显示图层中指定的样式，可以在该图层样式的名称左侧单击 按钮，当 图标显示时，表示显示该图层样式；当 图标消失时，表示隐藏该图层样式。原图、隐藏所有图层样式和隐藏指定图层样式效果对比如图 4-57 所示。

图4-57 隐藏图层样式效果对比

4.4 图层混合模式

在Photoshop 2020中，混合模式应用于很多地方，如画笔、图章和图层等，具有相当重要的作用。混合模式是指当前图层中的像素与下方图像之间像素的颜色混合方式，模式不同得到的效果也不同，利用混合模式，可以制作出许多意想不到的艺术效果。

4.4.1 设置混合模式

想要设置图层的混合模式，需要在“图层”面板中进行操作。当文件中存在两个或两个以上的图层时（只有一个图层时设置混合模式没有效果），才能设置混合模式，如图4-58所示。

图4-58　文件中不同图层的图像效果

选择图层（“背景”图层及全部锁定的图层无法设置混合模式），然后单击“图层”面板顶部的 正常 按钮，如图4-59所示，展开下拉列表框即可选择混合模式，在下拉列表框中移动鼠标指针可以预览混合模式的应用效果，如图4-60所示。

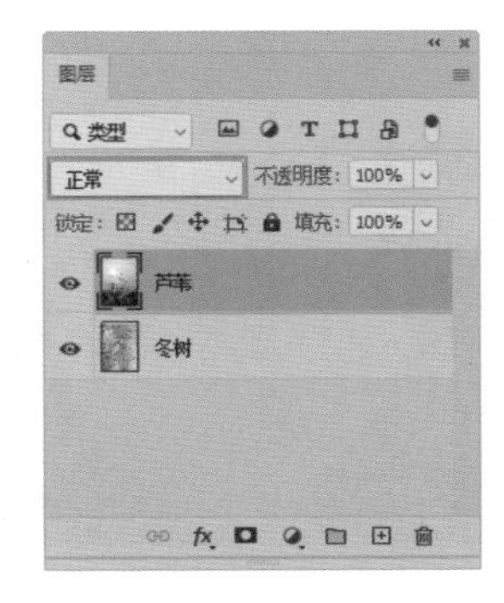

图4-59　单击“正常”按钮

图4-60　选择混合模式

技巧

如果所选图层被顶部图层完全遮住，那么此时设置该图层的混合模式是不会看到效果的，需要将顶部遮挡图层隐藏后，才能观察到应用效果。另外，某些特定色彩的图像即使设置了混合模式也不会产生效果。

4.4.2 混合模式的使用 重点

在“图层”面板中选择一个图层，单击面板顶部的 正常 按钮，可以在展开下拉列表框中选择任意一种混合模式。这些混合模式按功能进行了分组，如图4-61所示。

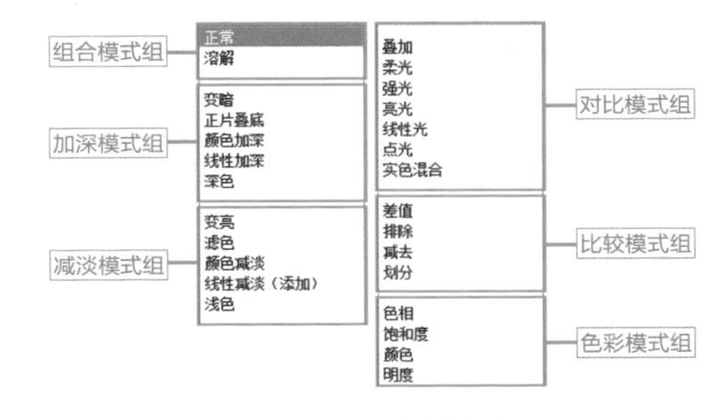

图4-61　混合模式组

下面将为图像添加一个渐变填充图层，然后分别应用不同的混合模式，来演示它与下方的“背景”图层是如何混合的，同时介绍各混合模式的含义。

- **“正常”模式：** 默认的混合模式，图层的“不透明度”为100%时，完全遮盖下面的图像，如图4-62所示。降低不透明度可以使其与下面的图层混合。

图4-62 “正常”模式

- **“溶解”模式：** 选择该模式并降低图层的不透明度时，可以使半透明区域上的像素离散，产生点状颗粒，如图4-63所示。

图4-63 “溶解”模式

- **“变暗”模式：** 比较两个图层，当前图层中较亮的像素会被底层较暗的像素替换，亮度值比底层像素低的像素保持不变，如图4-64所示。
- **“正片叠底”模式：** 当前图层中的像素与底层的白色混合时保持不变，与底层的黑色混合时被替换，混合结果通常是使图像变暗，如图4-65所示。

图4-64 “变暗”模式

图4-65 “正片叠底”模式

- **“颜色加深”模式：** 增加对比度来加强深色区域，底层图像的白色保持不变，如图4-66所示。

图4-66 “颜色加深”模式

- **“线性加深”模式：**该模式可以使图像变暗，与“颜色加深”模式有些类似。不同的是，该模式是降低各通道颜色的亮度来加深图像的，而“颜色加深”模式是增加各通道颜色的对比度来加深图像的。在该模式下，白色的描绘操作不会对图像产生任何作用，如图4-67所示。

图4-67 “线性加深”模式

- **“深色”模式：**比较混合色与当前图像的所有通道值的总和，并显示值较小的颜色。“深色”模式不会生成第3种颜色，因为它将从当前图像和混合色中选择最小的通道值来创建结果颜色，如图4-68所示。

图4-68 “深色”模式

- **“变亮”模式：**与“变暗”模式的效果相反，当前图层中较亮的像素会替换底层较暗的像素，而较暗的像素则被底层较亮的像素替换，如图4-69所示。
- **“滤色”模式：**与“正片叠底”模式相反，它可以使图像产生漂白的效果，类似于多个摄影幻灯片在彼此之上的投影，如图4-70所示。

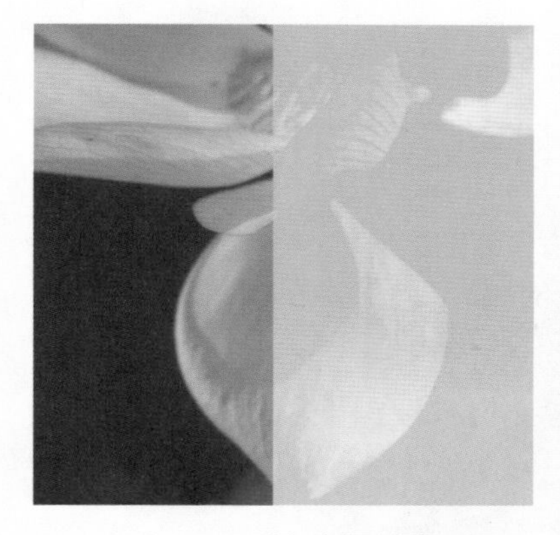

图4-69 “变亮”模式

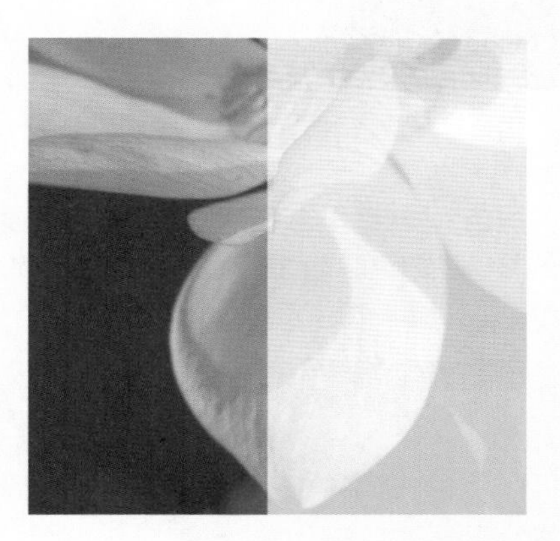

图4-70 “滤色”模式

- **“颜色减淡”模式：**与“颜色加深”模式的效果相反，它减小对比度来加亮底层的图像，并使其颜色变得更加饱和，如图4-71所示。

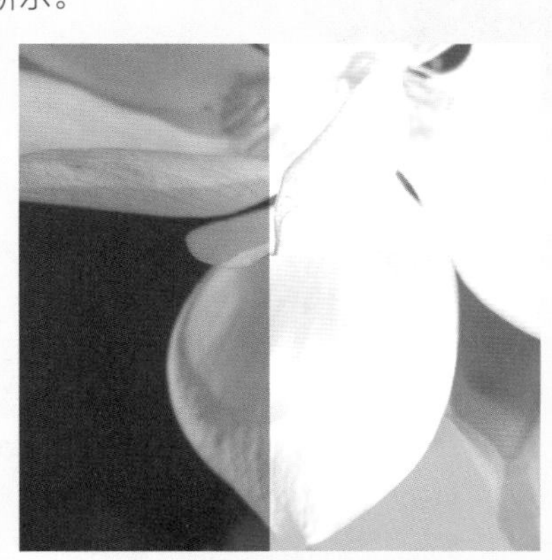

图4-71 “颜色减淡”模式

- **“线性减淡（添加）”模式：**与“线性加深”模式的效果相反，该模式增加亮度来减淡颜色，亮化效果比“滤色”和“颜色减淡”模式都强烈，如图4-72所示。

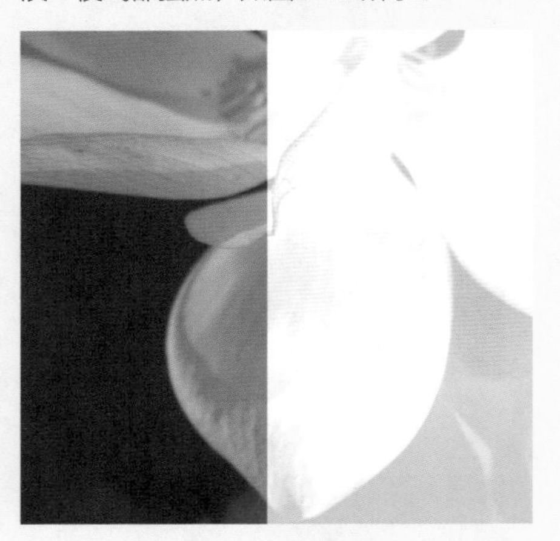

图4-72 “线性减淡（添加）”模式

- **“浅色”模式：**比较两个图层中所有通道值的总和并显示值较大的颜色，不会生成第3种颜色，如图4-73所示。

图4-73 “浅色”模式

- **“叠加”模式：**可增强图像的颜色，并保持底层图像的高光和暗调不变，如图4-74所示。
- **“柔光”模式：**当前图层中的颜色决定了图像是变亮还是变暗。如果当前图层中的像素比50%灰色亮，则图像变暗；如果像素比50%灰色暗，则图像变亮。产生的效果与发散的聚光灯照在图像上的效果相似，如图4-75所示。

图4-74 “叠加”模式

图4-75 “柔光”模式

- **“强光”模式：**如果当前图层中的像素比50%灰色亮，则图像变亮；如果像素比50%灰色暗，则图像变暗。产生的效果与耀眼的聚光灯照在图像上的效果相似，如图4-76所示。

图4-76 “强光”模式

- **“亮光”模式：**如果当前图层中的像素比

50%灰色亮，则会减小对比度以使图像变亮；如果当前图层中的像素比50%灰色暗，则会增加对比度以使图像变暗。可以使混合后的颜色更加饱和，如图4-77所示。

图4-77 “亮光”模式

- **“线性光”模式：**如果当前图层中的像素比50%灰色亮，则会减小对比度以使图像变亮；如果当前图层中的像素比50%灰色暗，则会增加对比度以使图像变暗。“线性光”模式可以使图像产生更高的对比度，如图4-78所示。

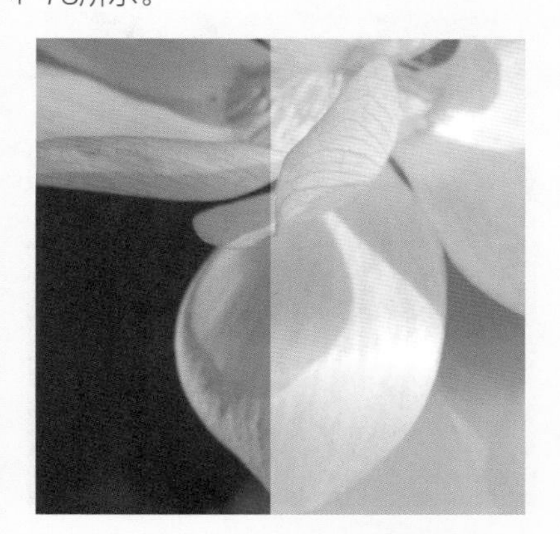

图4-78 “线性光”模式

- **“点光”模式：**如果当前图层中的像素比50%灰色亮，则替换暗的像素；如果当前图层中的像素比50%灰色暗，则替换亮的像素，如图4-79所示。
- **“实色混合”模式：**如果当前图层中的像素比50%灰色亮，则使底层图像变亮；如果当前图层中的像素比50%灰色暗，则使底层图像变暗，该模式通常会使图像产生色调分离的效果，如图4-80所示。

图4-79 “点光”模式

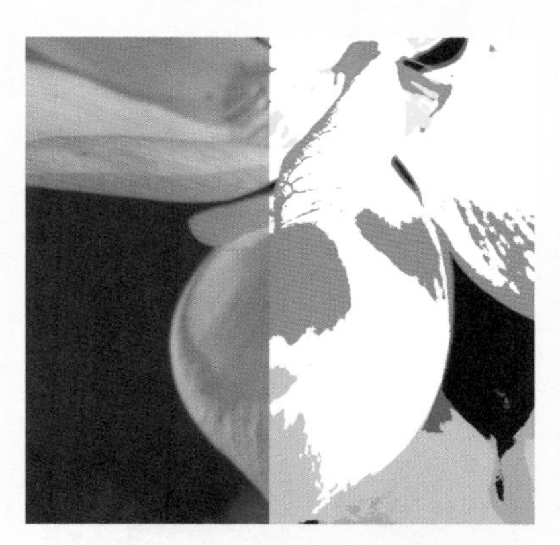

图4-80 “实色混合”模式

- **“差值”模式：**当前图层的白色区域会使底层图像产生反相效果，而黑色区域不会对底层图像产生影响，如图4-81所示。

图4-81 “差值”模式

- **“排除”模式：**与“差值”模式的原理基本相同，但该模式可以创建对比度更低的混合效果，如图4-82所示。

图4-82 “排除”模式

- **“减去”模式：**可以从目标通道中相应的像素上减去源通道中的像素值，如图4-83所示。

图4-83 “减去”模式

- **“划分”模式：**查看每个通道中的颜色信息，从基色中划分出混合色，如图4-84所示。

图4-84 “划分”模式

- **“色相”模式：**将当前图层的色相应用到底层图像的亮度和饱和度中，可以改变底层图像的色相，但不会影响其亮度和饱和度。对于黑色、白色和灰色区域，该模式不起作用，如图4-85所示。

图4-85 “色相”模式

- **“饱和度”模式：**将当前图层的饱和度应用到底层图像的亮度和色相中，可以改变底层图像的饱和度，但不会影响其亮度和色相，如图4-86所示。

图4-86 “饱和度”模式

- **“颜色”模式：**将当前图层的色相与饱和度应用到底层图像中，但保持底层图像的亮度不变，如图4-87所示。
- **“明度”模式：**将当前图层的亮度应用于底层图像的色相和饱和度中，可以改变底层图像的亮度，但不会影响其色相与饱和度，如图4-88所示。

图4-87 “颜色”模式

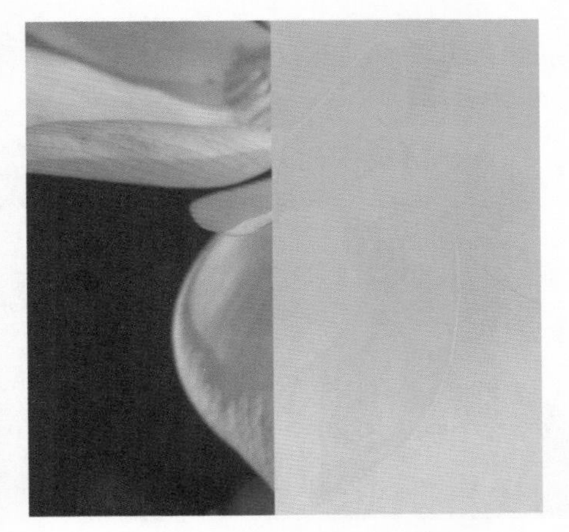

图4-88 “明度”模式

练习4-5 制作双重曝光效果

难度：☆☆

素材位置：第 4 章 \ 练习 4-5\ 素材

效果位置：第 4 章 \ 练习 4-5\ 双重曝光效果 .psd

在线视频：第 4 章 \ 练习 4-5 制作双重曝光效果 .mp4

一幅图像中的各个图层虽然由上到下叠加在一起，但并不是简单的图像堆叠，设置各个图层的混合模式，可控制各个图层图像之间的相互影响和作用效果，从而将多个图像完美地融合在一起。下面讲解如何运用图层混合模式并结合其他工具来制作双重曝光效果。

01 执行“文件”→“打开”命令，打开“人像 .jpg”素材文件，如图 4-89 所示。

图4-89 打开“人像.jpg”素材文件

02 选择工具箱中的“快速选择工具”，选取人像区域，按住 Shift 键单击可加选，选区如图 4-90 所示。

图4-90 创建选区

03 单击工具选项栏中的“选择并遮住”按钮，开始调整头发的边缘。选择“画笔工具”，在头发边缘涂抹，如图 4-91 所示。

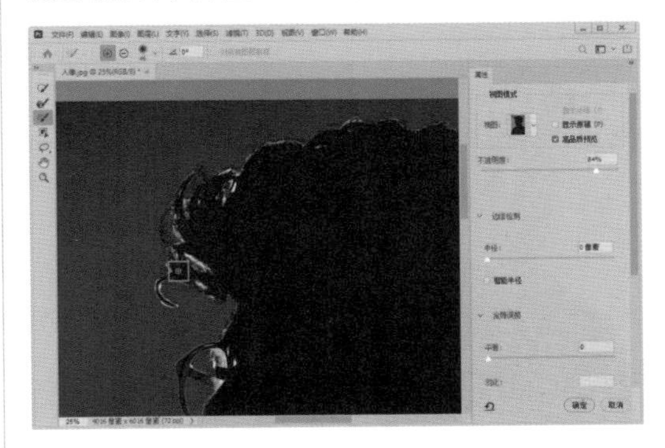

图4-91 涂抹头发边缘

04 涂抹完以后，单击“确定”按钮。单击“图层”面板底部的“添加图层蒙版”按钮 ，为选区添加蒙版，如图 4-92 所示。

图4-92 添加蒙版

05 单击“图层”面板底部的“创建新的填充或调整图层”按钮 ，在“人物”图层的下方创建一个纯色调整图层，将其颜色填充为浅灰色（R:229,G: 229,B:229），如图 4-93 所示。

图4-93 创建纯色调整图层

06 按 Ctrl+O 组合键，打开“城市 1.jpg”素材文件，将其拖动至正在编辑的文件中，调整其大小和位置，并按 Ctrl+Alt+G 组合键创建剪贴蒙版，如图 4-94 所示。

图4-94 创建剪贴蒙版

07 为“图层 1”添加图层蒙版，使用黑色画笔在素材下方涂抹，使其过渡更自然，如图 4-95 所示。

图4-95 涂抹蒙版

08 按 Ctrl+O 组合键，打开“城市 2.jpg”素材文件，将图像垂直翻转，使用同样的方法制作其效果，如图 4-96 所示。

图4-96 制作另一素材的效果

09 将“图层 1”和“图层 2”的图层混合模式均设置为“明度”，最终效果如图 4-97 所示。

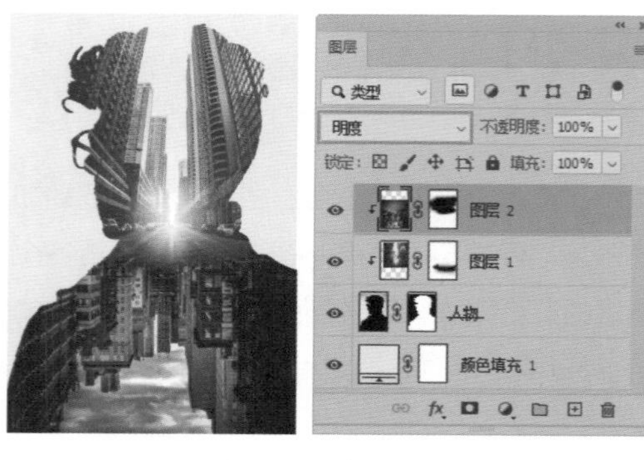

图4-97 最终效果

4.5 知识总结

本章对Photoshop 2020的图层及图层样式进行了详细的讲解，特别要注意不同图层样式的特点与区别。要求读者掌握图层及图层样式的应用技巧，以便在日后的设计工作中能够熟练运用。

4.6 拓展训练

本章通过两个拓展训练，对Photoshop 2020图层的创建、分布、对齐及图层样式的操作进行训练。力求使读者在学习完本章后，能够掌握图层的基础知识及操作技能。

训练4-1 制作创意海报

难度：☆

素材位置：第 4 章 \ 训练 4-1\ 素材

效果位置：第 4 章 \ 训练 4-1\ 创意海报 .psd

在线视频：第 4 章 \ 训练 4-1 制作创意海报 .mp4

◆训练分析

本训练主要练习使用图层混合模式，并配合“魔棒工具”、图层蒙版及调整图层，制作出双重曝光创意海报，效果如图4-98所示。

图4-98 创意海报最终效果

◆训练知识点

1．魔棒工具
2．横排文字工具
3．图层混合模式
4．图层蒙版
5．“颜色填充”调整图层

训练4-2 制作霓虹灯效果

难度：☆

素材位置：第 4 章 \ 训练 4-2\ 背景 .jpg

效果位置：第 4 章 \ 训练 4-2\ 霓虹灯效果 .psd

在线视频：第 4 章 \ 训练 4-2 制作霓虹灯效果 .mp4

◆训练分析

本训练主要练习使用图层样式和图层混合模式，并结合调整图层制作霓虹灯效果，如图4-99所示。

图4-99 霓虹灯最终效果

◆训练知识点

1．图层样式
2．图层混合模式

第 5 章

绘图及照片修饰功能

本章详细介绍Photoshop 2020强大的绘图及照片修饰功能。本章不仅讲解常用绘图及修饰工具的使用技巧，还详细讲解相关参数的设置方法，让读者在掌握相关工具使用方法的同时，还能掌握更多深层次的使用技巧。

本章重点

掌握绘图工具的使用方法 | 掌握照片修复工具的使用方法

掌握复制图像的方法 | 学习图像局部修饰的方法

5.1 绘图工具

绘图工具是Photoshop中十分重要的一类工具，主要包括“画笔工具” 、“铅笔工具” 和“橡皮擦工具” 等，它们都具备强大的绘图功能。使用这些绘图工具，同时配合“画笔”面板、混合模式、图层等其他功能，可以模拟出各式各样的笔触，从而绘制出丰富多彩的图像效果。

5.1.1 画笔工具

“画笔工具” 是以前景色作为“颜料”在画面中进行绘制的。它的绘制方法很简单，在画面中单击即可绘制出一个圆点（默认“画笔工具”的笔尖为圆形），如图5-1所示，在画面中拖动鼠标指针，可绘制出线条，如图5-2所示。

图5-1 绘制圆点

图5-2 绘制线条

绘图工具的工具选项栏中有很多选项是相同的，下面以“画笔工具”的工具选项栏为例进行介绍，如图5-3所示。

图5-3 “画笔工具”的工具选项栏

工具选项栏中各选项的含义如下。

- **点按可打开“画笔预设”选取器** ：单击该区域，将打开“画笔预设”选取器，如图5-4所示，用来设置笔触的大小、硬度或选择不同的笔触。
- **切换“画笔设置”面板** ：单击该按钮，可以打开“画笔设置”面板，如图5-5所示。

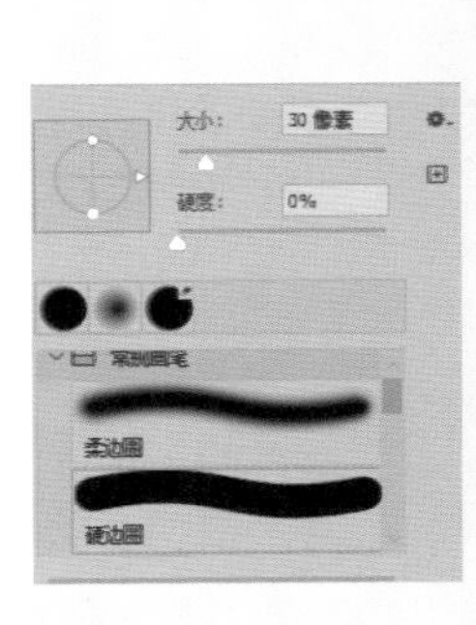

图5-4 “画笔预设”选取器

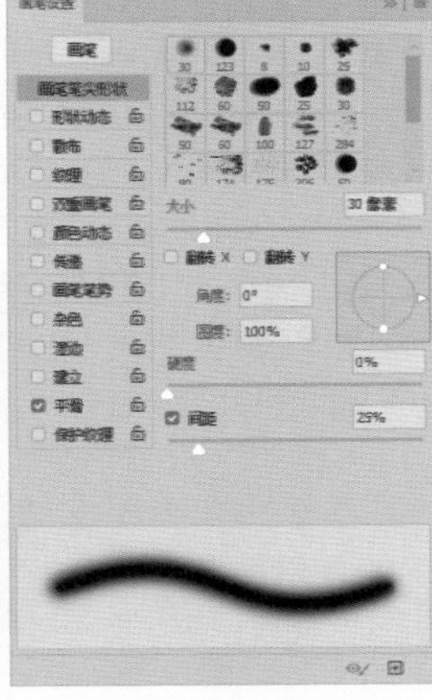

图5-5 “画笔设置”面板

- **模式**：在下拉列表框中可以选择画笔笔迹颜色与下面的像素的混合模式。
- **不透明度**：用来设置画笔的不透明度，该值越低，线条越透明。不同“不透明度”值的绘图效果如图5-6所示。

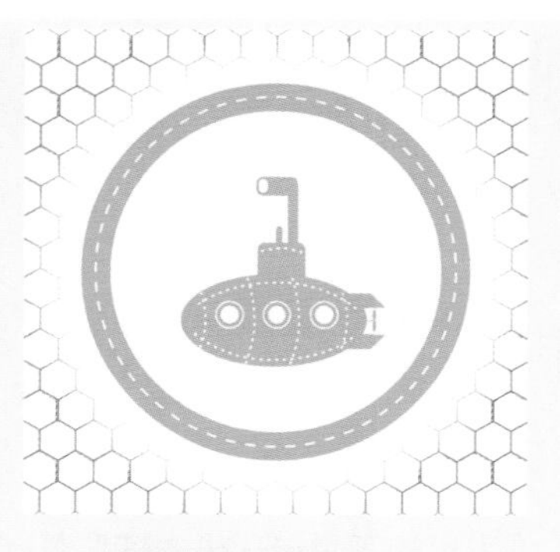

（a）“不透明度”值为100%

（b）“不透明度”值为50%

图5-6　不同“不透明度”值的绘图效果

- **流量：** 表示笔触颜色的流出量，值越大，颜色越深，流量可以控制画笔颜色的深浅。拖动上面的滑块可以修改笔触流量，也可以直接在文本框中输入数值来修改笔触流量。“流量”值为100%时，绘制的颜色最深最浓；当“流量”值小于100%时，绘制的颜色将变浅，值越小，颜色越淡。不同“流量”值所绘制的效果如图5-7所示。

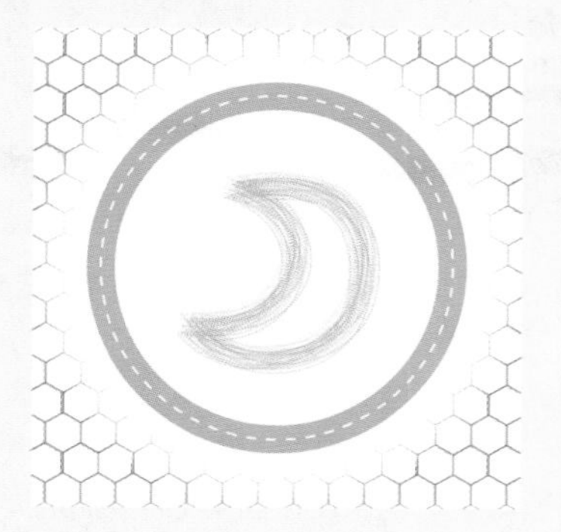

（a）“流量”值为100%

图5-7　不同“流量”值所绘制的效果

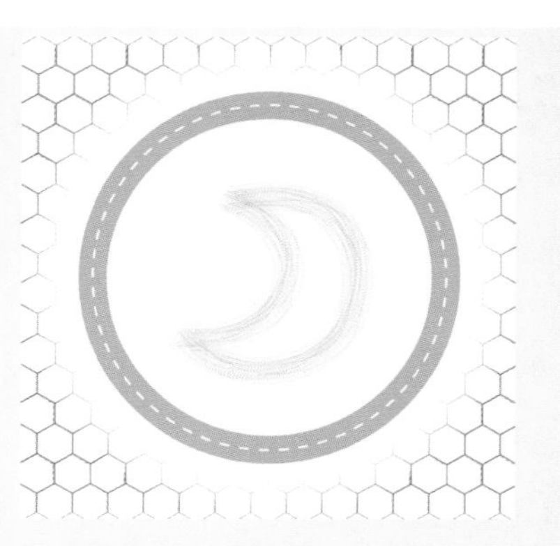

（b）“流量”值为50%

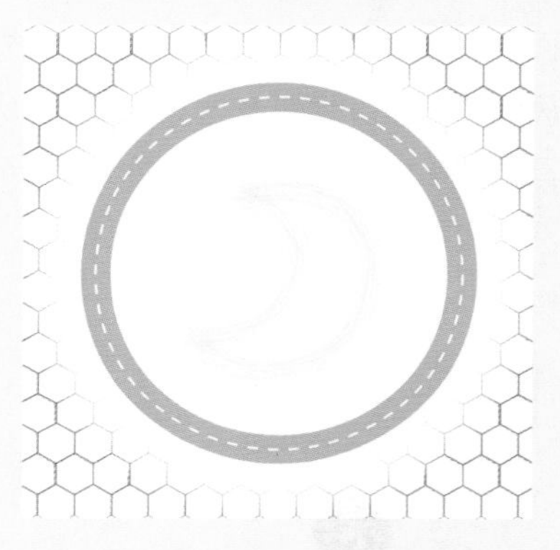

（c）“流量”值为20%

图5-7　不同“流量”值所绘制的效果（续）

- **喷枪：** 单击该按钮，将启用喷枪模式。喷枪模式在硬度值小于100%时，按住鼠标左键不动，喷枪可以连续喷出颜料，扩充柔和的边缘。
- **平滑：** 设置描边的平滑程度。使用较大的值可以减少描边的抖动。单击右侧的按钮，可以设置平滑选项，包括“拉绳模式”“描边补齐”“补齐描边末端”“调整缩放”4个选项，并可通过“平滑”百分比来控制平滑程度。
- **始终对“大小”使用“压力”：** 单击该按钮，使用绘图板绘图时，可以通过压力大小来控制笔触大小；如果关闭它，将使用“画笔预设”来控制压力。
- **设置绘画的对称方式：** 单击该按钮，可以设置对称的方式，如“垂直对称”“水平对称”“双轴对称”等，设置完成后，可绘制出对称图形，如图5-8所示。

图5-8　对称图形

技术看板

画笔设置的快捷方式

在“画笔工具” 的选取状态下，在画布空白处右击，也可以打开“画笔预设”选取器。在该面板中可以设置画笔样式，包括画笔的“大小”和“硬度”，如图 5-9 所示。

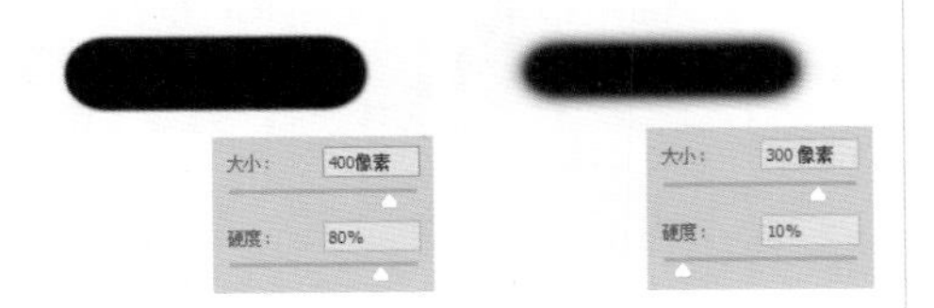

图5-9　画笔设置效果

技巧

在画布中单击起点，然后按住Shift键并单击终点，可以直接绘制直线。

5.1.2 铅笔工具（重点）

“铅笔工具” 的使用方法与“画笔工具” 非常相似，都是在工具选项栏中单击下拉按钮打开“画笔预设”选取器，接着选择一个笔尖样式并设置画笔大小（对于“铅笔工具” ，“硬度”为0%或100%都是一样的效果），可以在工具选项栏中设置“模式”和“不透明度”，最后在画面中进行绘制。

无论使用哪种笔尖，绘制出的线条边缘都非常硬，很有风格，因此“铅笔工具” 常用于制作像素化图像、像素风格图标等。“铅笔工具” 的工具选项栏除“自动抹除”功能外，其他选项基本与“画笔工具” 的相同，如图5-10所示。

图5-10　“铅笔工具”的工具选项栏

选项介绍如下。

- **自动抹除：**勾选该复选框后，开始拖动鼠标指针时，如果鼠标指针的中心在包含前景色的区域上，则可将该区域涂抹成背景色，如图5-11所示。如果鼠标指针的中心在不包含前景色的区域上，则可将该区域涂抹成前景色，如图5-12所示。

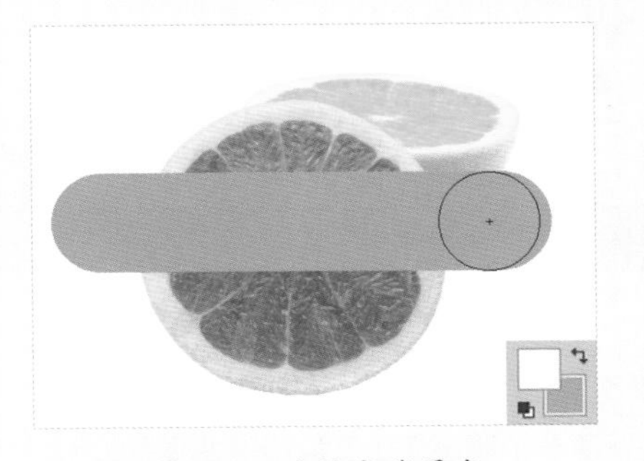

图5-11　涂抹成背景色

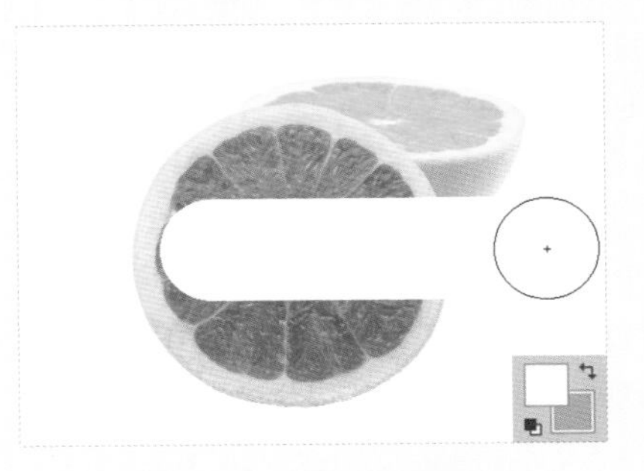

图5-12　涂抹成前景色

练习5-1 绘制像素图形

难度：☆☆

素材位置：无

效果位置：第 5 章 \ 练习 5-1\ 像素图形 .psd

在线视频：第 5 章 \ 练习 5-1 绘制像素图形 .mp4

使用“铅笔工具” 可以绘制出像素图形，下面介绍具体操作。

01 执行“文件”→“新建”命令，新建一个 20 像素 ×20 像素的空白文件。

02 将“背景”图层暂时隐藏。按住 Alt 键的同时滚动鼠标滚轮（或使用“缩放工具” ）将画布放大。放大后可以看到画布上的像素网格，这里将以画布上的像素网格为参考进行绘制，如图 5-13 所示。

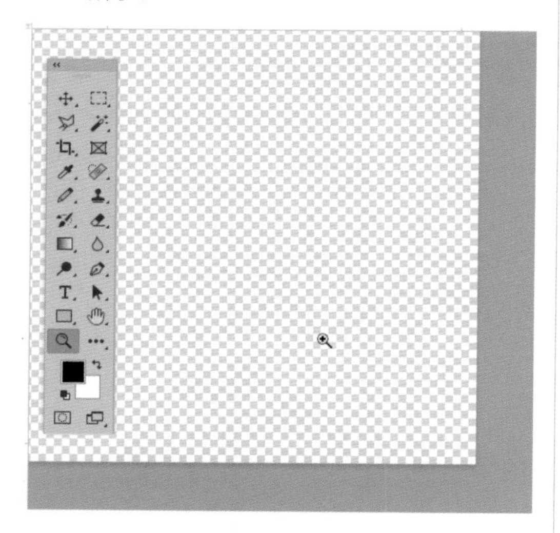

图5-13 放大画布

03 将前景色设置为粉色（R:255,G:213,B:206），并新建一个图层。在工具箱中选择“铅笔工具” ，在“画笔预设”面板中设置“大小”为 1 像素，设置“硬度”为 100%，然后在画布中按住 Shift 键拖动绘制一段直线，效果如图 5-14 所示。

04 在绘制时要考虑所绘制图形的位置，此时绘制出的内容均为一个一个的小方块，如图 5-15 所示。

05 以同样的方法，在绘制出的图形周围绘制边框，并恢复“背景”图层的显示，最终效果如图 5-16 所示。

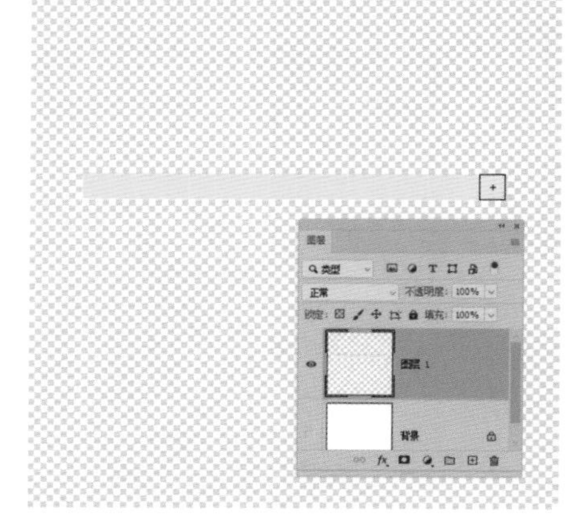

图5-14 绘制直线

图5-15 绘制图形

图5-16 最终效果

5.1.3 颜色替换工具

“颜色替换工具” 能够以涂抹的形式更改画面中的部分颜色，但该工具不能用于位图、索引或多通道颜色模式下的图像颜色更改。

更改颜色之前首先需要设置合适的前景色。在不考虑工具选项栏中其他参数的情况下，进行涂抹，可以看到鼠标指针经过的位置颜色发生了变化，颜色替换前后对比效果如图5-17所示。

图5-17 颜色替换前后对比效果

图5-18所示为“颜色替换工具”的工具选项栏。

图5-18 “颜色替换工具”的工具选项栏

工具选项栏中各选项的含义如下。

- **模式**：用来设置可以替换的颜色属性，包括“色相”“饱和度”“颜色”“明度”。默认为“颜色”，表示可以同时替换色相、饱和度和明度。
- **取样**：用来设置颜色取样的方式。单击“取样：连续”按钮，拖动鼠标指针时可连续对颜色取样；单击“取样：一次”按钮，只替换第一次单击的颜色区域中的目标颜色；单击“取样：背景色板”按钮，只替换包含当前背景色的区域。
- **限制**：选择“不连续”选项，可替换出现在鼠标指针下任何位置的样本颜色；选择“连续”选项，只替换与鼠标指针下的颜色邻近的颜色；选择“查找边缘”选项，可替换包含样本颜色的连续区域，同时保留形状边缘的锐化程度。
- **容差**：用来设置工具的容差。“颜色替换工具”只替换单击点颜色容差范围内的颜色，因此，该值越高，包含的颜色范围越广。
- **消除锯齿**：勾选该复选框，可以为校正的区域定义平滑的边缘，从而消除锯齿。

5.1.4 混合器画笔工具

“混合器画笔工具”可以混合像素，能模拟出真实的绘画技术，如混合画布上的颜色、组合画笔上的颜色，还能在描边过程中使用不同的绘图湿度。混合器画笔有两个绘图色管（一个储槽和一个拾取器）。储槽存储最终应用于画布的颜色，并且具有较多的油彩容量；拾取器接收来自画布的油彩，其内容与画布颜色是连续混合的。

图5-19所示为“混合器画笔工具”的工具选项栏。

图5-19 “混合器画笔工具”的工具选项栏

工具选项栏中各选项的含义如下。

- **当前画笔载入弹出式菜单**：单击按钮可以弹出一个快捷菜单，如图5-20所示。使用“混合器画笔工具”时，按住Alt键单击图像，可以将鼠标指针下方的颜色（油彩）载入储槽。如果选择“载入画笔”选项，则可以拾取鼠标指针下方的图像，如图5-21所示，此时画笔笔尖可以反映出取样区域中的任何颜色变化；如果选择“只载入纯色”选项，则可拾取单色，如图5-22所示，此时画笔笔尖的颜色比较均匀；如果要清除画笔中的油彩，则可以选择“清理画笔”选项。

图5-20 当前画笔载入弹出式菜单

图5-21 载入画笔

图5-22 只载入纯色

- **预设：** 提供了“干燥”“潮湿”等预设的画笔组合，如图5-23所示。图5-24所示为原图像，图5-25和图5-26所示为选择不同预设选项时的涂抹效果。

图5-23　预设的画笔组合 　　图5-24　原图

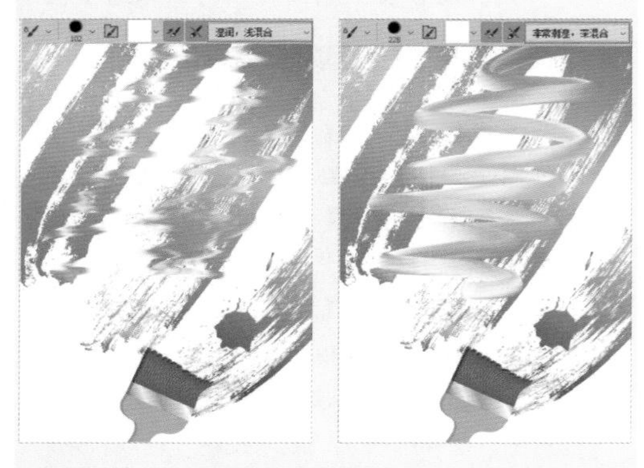

图5-25　湿润，浅混合 图5-26　非常潮湿，深混合

- **每次描边后载入画笔、每次描边后清理画笔：** 按按钮，可以使鼠标指针下的颜色与前景色混合，如图5-27所示；按按钮，可以清理油彩，如图5-28所示。要在每次清理描边后执行这些任务，可以按这两个按钮。

图5-27　与前景色混合 　　图5-28　清理油彩

- **潮湿：** 可以控制画笔从画布拾取的油彩量。设置较大的值会产生较长的条痕。
- **载入：** 用来指定储槽中载入的油彩量。载入速率较低时，绘图描边干燥的速度会更快。
- **混合：** 用来控制画布油彩量同储槽油彩量的比例。比例为100%时，所有油彩将从画布中拾取；比例为0%时，所有油彩都来自储槽。
- **对所有图层取样：** 拾取所有可见图层中的画布颜色。

5.1.5 历史记录艺术画笔工具

“历史记录艺术画笔工具”可以使用指定历史记录状态或快照中的源数据，以风格化笔触进行绘图。尝试使用不同的绘图样式、区域和容差，可以用不同的色彩和艺术风格模拟绘图的纹理，以产生各种不同的艺术效果。

与“历史记录画笔工具”相似，“历史记录艺术画笔工具”也可以用指定的历史记录源或快照作为源数据。但是，“历史记录画笔工具”通过重新创建指定的源数据来绘图，而“历史记录艺术画笔工具”在使用这些数据的同时，还加入了为创建不同的色彩和艺术风格而设置的效果。其工具选项栏如图5-29所示。

图5-29　“历史记录艺术画笔工具”的工具选项栏

工具选项栏中各选项的含义如下。

- **样式：** 设置使用历史记录艺术画笔绘图时的样式，包括“绷紧短”“绷紧中”“绷紧长”“松散中等”“松散长”“轻涂”“绷紧卷曲”“绷紧卷曲长”“松散卷曲”“松散卷曲长”10种样式。图5-30所示为使用不同的样式绘图所产生的不同艺术效果。

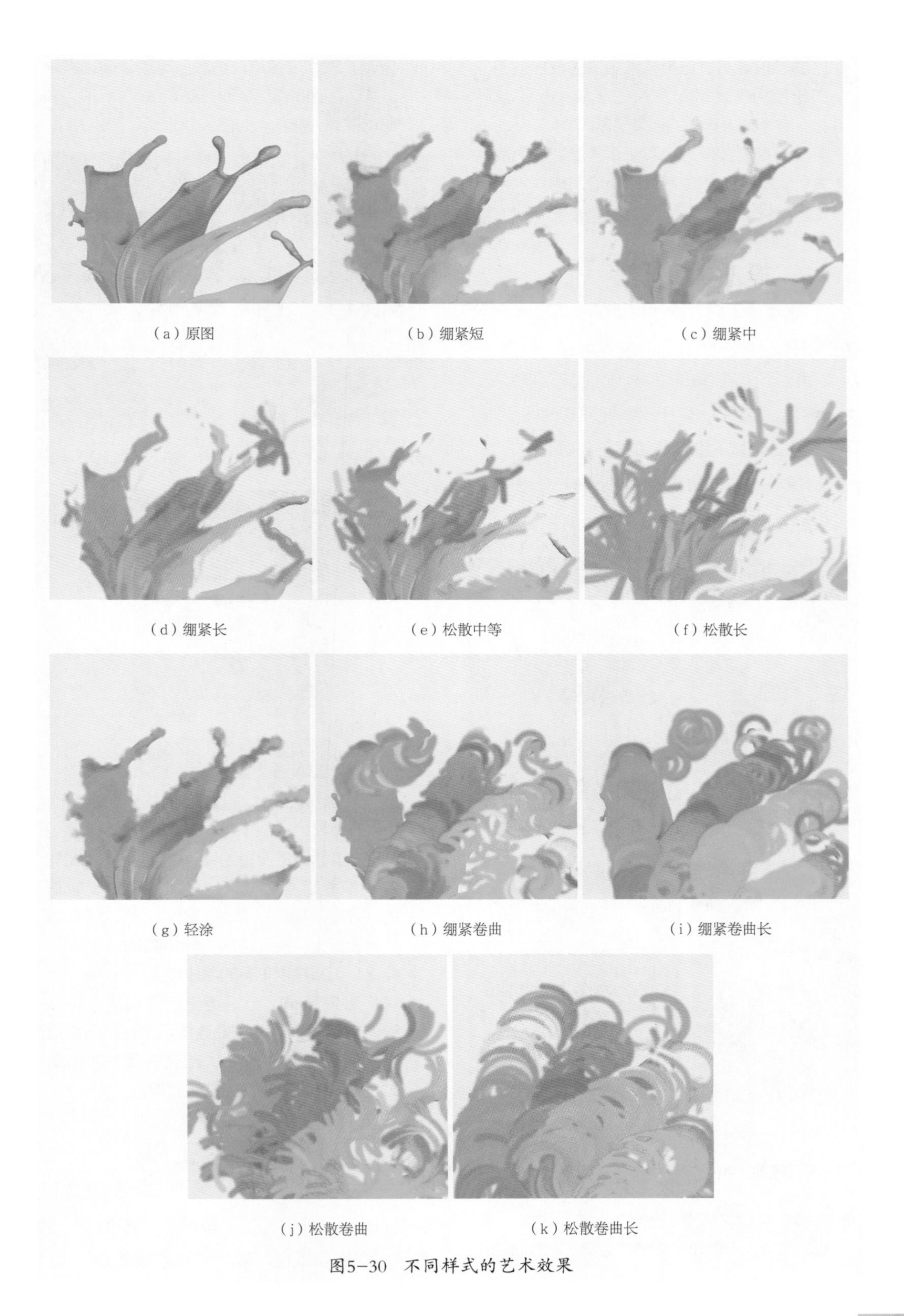
(a) 原图
(b) 绷紧短
(c) 绷紧中
(d) 绷紧长
(e) 松散中等
(f) 松散长
(g) 轻涂
(h) 绷紧卷曲
(i) 绷紧卷曲长
(j) 松散卷曲
(k) 松散卷曲长

图5-30 不同样式的艺术效果

- **区域：** 设置历史记录艺术画笔的感应范围，即绘图时艺术效果产生的区域大小。值越大，艺术效果产生的区域也越大。
- **容差：** 控制图像的色彩变化程度，取值范围为0%~100%。值越大，所产生的效果与原图像越接近。

5.1.6 橡皮擦工具

“橡皮擦工具” 可以擦除图像。图5-31所示为其工具选项栏。如果处理的是“背景”图层或锁定了透明区域的图层，则涂抹区域会显示为背景色，如图5-32所示；处理其他图层时，可擦除涂抹区域的像素，如图5-33所示。

图5-31 “橡皮擦工具”的工具选项栏

图5-32 涂抹“背景”图层

图5-33 涂擦其他图层

工具选项栏中各选项的含义如下。

- **模式：** 可以选择橡皮擦的种类。选择“画笔”选项，可创建柔边擦除效果，如图5-34所示；选择“铅笔”选项，可创建硬边擦除效果，如图5-35所示；选择“块”选项，擦除的效果为块状，如图5-36所示。

图5-34 画笔擦除效果 图5-35 铅笔擦除效果

图5-36 块擦除效果

- **不透明度：** 用来设置工具的擦除强度，100%的“不透明度”可以完全擦除像素，较低的“不透明度”将部分擦除像素。将“模式”设置为“块”时，不能设置该选项。
- **流量：** 用来控制工具的涂抹速度。
- **抹到历史记录：** 与“历史记录画笔工具”的作用相同。勾选该复选框后，在“历史记录”面板中选择一个状态或快照，在擦除时，可以将图像恢复为指定状态。

5.1.7 背景橡皮擦工具

“背景橡皮擦工具” 的工具选项栏如图5-37所示，其中包括“取样”“限制”“容差”“保护前景色”等。“背景橡皮擦”工具无论是在“背景”图层还是普通图层上擦除，都将直接擦除透明效果，可以选择不同的取样和“容差”选项，来精确控制擦除的区域。

图5-37 “背景橡皮擦工具”的工具选项栏

工具选项栏中各选项的含义如下。

- **“取样：连续”**：用法等同于“橡皮擦工具”，在擦除过程中，随着拖动连续取色样，可以擦除鼠标指针经过的所有像素。
- **“取样：一次”**：擦除前先进行颜色取样，鼠标指针单击的即为取样颜色，然后拖动鼠标指针，可以在图像上擦除与取样颜色相同或相近的颜色。而且每次单击取样的颜色只能进行一次连续的擦除，如果释放鼠标后想继续擦除，那么需要再次单击，重新取样。
- **“取样：背景色板”**：在擦除前先设置好背景色，即设置好取样颜色，然后可以擦除与背景色相同或相近的颜色。
- **限制：**控制“背景橡皮擦工具”擦除的颜色界限。包括3个选项，分别为“不连续”“连续”“查找边缘”。选择“不连续”选项，在图像上拖动鼠标指针可以擦除所有包含取样点颜色的区域；选择“连续”选项，在图像上拖动鼠标指针只擦除相互连接的包含取样点颜色的区域；选择“查找边缘”选项，将擦除包含取样点颜色的相互连接区域，可以更好地保留形状边缘的锐化程度。
- **容差：**控制擦除相近颜色的范围。输入值或拖动滑块，都可以修改图像颜色的精度。值越大，擦除相近颜色的范围就越大；值越小，擦除相近颜色的范围就越小。
- **保护前景色：**勾选该复选框，在擦除图像时，可防止擦除与工具箱中的前景色相匹配的颜色区域。选择“背景橡皮擦工具”并单击“取样：连续”按钮进行擦除。图5-38所示为设置粉色为前景色的原始图像效果；图5-39所示为取消勾选“保护前景色”复选框的擦除效果；图5-40所示为勾选“保护前景色”复选框的擦除效果。

图5-38 原图

图5-39 取消勾选“保护前景色”复选框

图5-40 勾选“保护前景色”复选框

5.1.8 魔术橡皮擦工具

“魔术橡皮擦工具”的用法与“魔棒工具”的用法相似，使用“魔术橡皮擦工具”在图像中单击，可以擦除图像中与单击处颜色相近的像素。在锁定了透明像素的图层中擦除图像时，被擦除的像素会更改为背景色；在“背景”图层或普通图层中擦除图像时，被擦除的像素会显示为透明效果。原图与不锁定透明像素和锁定透明像素的不同擦除效果如图5-41所示。

（a）原图

（b）不锁定透明像素的擦除效果

（c）锁定透明像素的擦除效果

图5-41　不同擦除效果

“魔术橡皮擦工具” 工具选项栏中主要包括“容差”“消除锯齿”“连续”“对所有图层取样”“不透明度”几个选项，如图5-42所示。

容差：32　消除锯齿　连续　对所有图层取样　不透明度：100%

图5-42　“魔术橡皮擦工具”的工具选项栏

工具选项栏中各选项的含义如下。

- **容差**：控制擦除的颜色范围。在其右侧的文本框中输入“容差”数值，值越大，擦除相近颜色的范围就越大；值越小，擦除相近颜色的范围就越小。其取值范围为0~255之间的整数。不同“容差”值的擦除效果如图5-43所示。

（a）原图

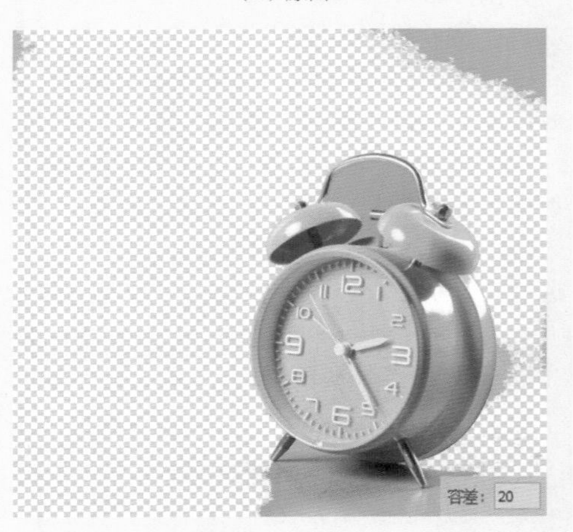

（b）“容差”值为20

图5-43　不同“容差”值的擦除效果

（c）“容差”值为100

图5-43　不同“容差”值的擦除效果（续）

- **消除锯齿：** 勾选该复选框，可使擦除区域的边缘与其他像素的边缘产生平滑的过渡效果。
- **连续：** 勾选该复选框，将擦除与单击处颜色相似并相连接的颜色像素；取消勾选该复选框，将擦除与单击处颜色相似的所有颜色像素。勾选与取消勾选“连续”复选框的擦除效果，如图5-44和图5-45所示。

图5-44　勾选“连续”复选框的擦除效果

图5-45　取消勾选“连续”复选框的擦除效果

- **对所有图层取样：** 勾选该复选框，在擦除图像时，将对所有图层的图像进行擦除；取消勾选该复选框，在擦除图像时，只擦除当前图层中的图像像素。
- **不透明度：** 指定被擦除图像的透明程度。100%的“不透明度”将完全擦除图像像素；较小的“不透明度”数值，擦除的区域将显示为半透明状态。不同“不透明度”擦除图像的效果如图5-46所示。

图5-46　不同“不透明度”擦除图像的效果

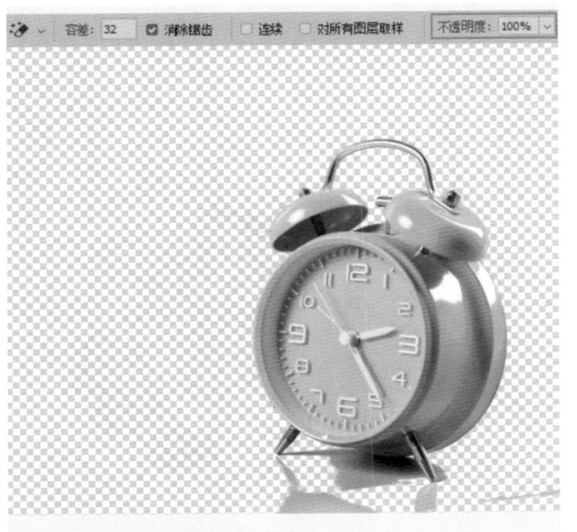

图5-46 不同“不透明度”擦除图像的效果（续）

技术看板

调整绘图画笔的大小和硬度

在图像中拖动，可以调整绘图画笔的大小或更改绘图画笔的硬度。要调整绘图画笔的大小，在按住Alt键的同时，按住鼠标右键左右拖动即可；要调整绘图画笔的硬度，按住鼠标右键上下拖动即可。

5.2 照片修复工具

在日常生活中，拍摄的数码照片因为自然条件或人为因素的限制，难免会存在一些瑕疵。使用Photoshop 2020的照片修复工具可以轻松地对带有缺陷的照片进行修复，同时还可以基于设计需求将普通的图像处理为具有特定的艺术效果的图像。

5.2.1 污点修复画笔工具（重点）

“污点修复画笔工具”主要用来修复图像中的污点，多用于对小污点的修复。该工具的神奇之处在于，它可以根据污点周围图像的像素值来自动进行分析处理，将污点去除，并且将污点位置的图像自动换成与周围图像相似的像素，以达到修复污点的目的。

选择“污点修复画笔工具”后，工具选项栏中的选项如图5-47所示。

图5-47 “污点修复画笔工具”的工具选项栏

工具选项栏中各选项含义如下。

- **画笔**：设置污点修复画笔的笔触，如大小、硬度、笔触形式等，与“画笔工具”的应用相同。
- **模式**：设置用“污点修复画笔”绘制时的像素与原来像素之间的混合模式。
- **内容识别**：单击该按钮，当对图像的某一区域进行污点修复时，Photoshop 2020自动分析其周围图像的特点，对图像进行拼接组合，然后填充该区域并进行智能融合，从而达到快速无缝的修复效果。
- **创建纹理**：单击该按钮，在使用污点修复画笔修复图像时，将在修复污点的同时使图像的对比度增加，以显示出纹理效果。
- **近似匹配**：单击该按钮，在使用污点修复画笔修复图像时，将根据图像周围像素的相似度进行匹配，以达到修复污点的效果。
- **对所有图层取样**：勾选该复选框，将对所有图层进行取样操作。如果取消勾选该复选框，将只对当前图层取样。
- **始终对“大小”使用“压力”**：单击该按钮可以根据绘图板压力控制修复。

技巧

用户可以根据待处理图像的大小来调整画笔的大小。如果画笔设置得太大，则容易擦除要保留的图像区域；如果设置得太小，则会降低工作的效率。

练习5-2 去除小狗身上的斑点

难度：☆☆

素材位置：第 5 章 \ 练习 5-2\ 斑点狗 .jpg

效果位置：第 5 章 \ 练习 5-2\ 去除小狗身上的斑点 .psd

在线视频：第 5 章 \ 练习 5-2 去除小狗身上的斑点 .mp4

使用“污点修复画笔工具”可以消除图像中的小面积瑕疵，或者去除画面中看起来比较特殊的对象。例如去除动物身上的斑点，或者去除画面中细小的杂物等。下面介绍具体操作。

01 执行“文件”→“打开”命令，打开“斑点狗 .jpg”素材文件，效果如图 5-48 所示。

图5-48 打开“斑点狗.jpg”素材文件

02 按 Ctrl+J 组合键复制一个图层，然后选择工具箱中的“污点修复画笔工具”，并在工具选项栏中设置柔边圆笔触，如图 5-49 所示。

图5-49 设置柔边圆笔触

03 将鼠标指针移动至斑点位置进行涂抹，如图 5-50 所示。

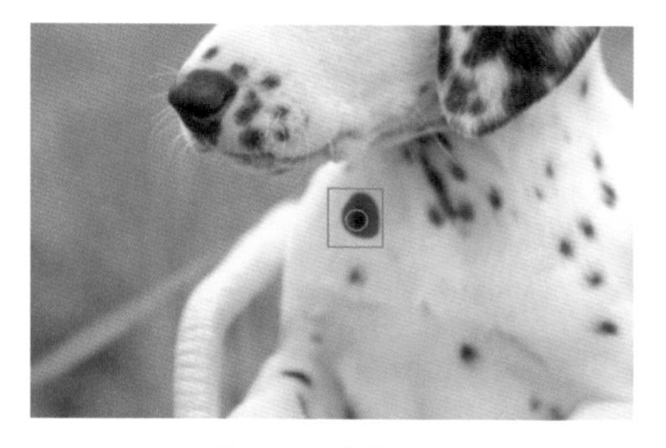

图5-50 涂抹斑点

04 释放鼠标，即可看到斑点被清除，如图 5-51 所示。

图5-51 斑点清除效果

05 用同样的方法清除图像中的其他斑点，最终效果如图 5-52 所示。

图5-52 最终效果

5.2.2 修复画笔工具

“修复画笔工具”可以用图像中的像素作为样本进行绘制，以修复画面中的瑕疵。其工具选项栏如图5-53所示。

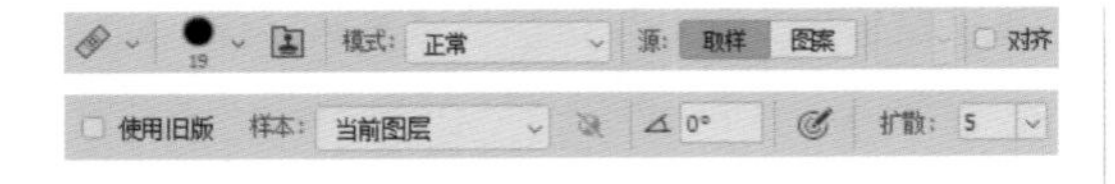

图5-53 “修复画笔工具”的工具选项栏

工具选项栏中各选项的含义如下。

- **模式：** 设置绘制时的像素与原来像素之间的混合模式。
- **源：** 设置用来修复图像的源。单击“取样”按钮，表示使用当前图像中定义的像素来修复图像；单击“图案”按钮，则可以从右侧的“图案”拾色器中选择一个图案来修复图像。
- **对齐：** 勾选该复选框，每次单击或拖动鼠标指针来修复图像时，都将与第一次单击的点进行对齐操作；如果取消勾选该复选框，则每次单击或拖动的起点都将是取样时单击的位置。
- **样本：** 设置当前取样作用的图层，在右侧的下拉列表框中，可以选择“当前图层”“当前和下方图层”“所有图层”3个选项。单击右侧的“打开以在修复时忽略调整图层”按钮，可以忽略调整的图层。
- **扩散：** 调整扩散程度，值越大，扩散程度越强。

选择“修复画笔工具”，接着设置合适的笔尖大小，并在工具选项栏中设置“源”为“取样”，在没有瑕疵的位置按住Alt键单击取样，如图5-54所示。取样完成后，在缺陷位置单击或进行涂抹，将去除画面中多余的内容，效果如图5-55所示。

图5-54 单击取样

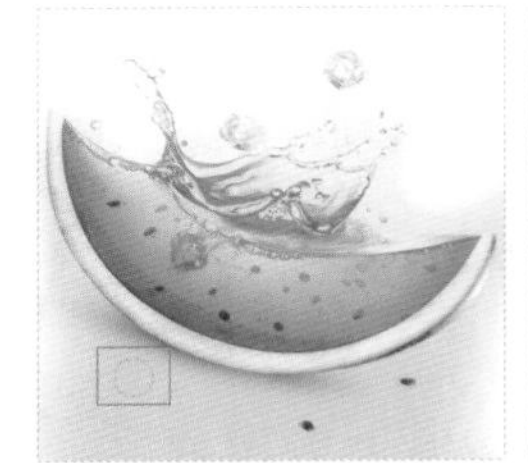

图5-55 去除多余的内容

5.2.3 修补工具

“修补工具”可以用画面中的部分内容作为样本，以修复所选图像区域中不理想的部分，通常用来去除画面中的部分内容。其工具选项栏如图5-56所示。

图5-56 “修补工具”的工具选项栏

工具选项栏中各选项的含义如下。

- **选区创建方式：** 单击“新选区”按钮，可以创建一个新的选区，如果图像中包含选区，则新选区会替换原有选区；单击“添加到选区”按钮，可以在当前选区的基础上添加新的选区；单击“从选区中减去”按钮，可以在原选区中减去当前绘制的选区；单击“与选区交叉”按钮，可得到原选区与当前创建的选区相交的部分。
- **修补：** 设置修补区域时选区所表示的内容。单击“源”按钮，表示将选区定义为想要修复的区域；单击“目标”按钮，表示将选区定义为取样区域。
- **透明：** 勾选该复选框后，可以使修补的图像与原图像产生透明的叠加效果。
- **使用图案：** 该选项只有在使用“修补工具”选择了图像后才可以使用。单击该按钮，可以从“图案”拾色器中选择图案来对选区进行填充，以填充图案的形式进行修补。
- **扩散：** 调整扩散程度，值越大，扩散程度越强。

选择“修补工具”，在工具选项栏中选择“源”选项，其他参数保持默认值。将鼠标指针移动至缺陷的位置，沿着缺陷边缘进行绘制，如图5-57所示。将选区拖动到目标位置后释放鼠标，稍等片刻就可以看到修补后的效果，如图5-58所示。

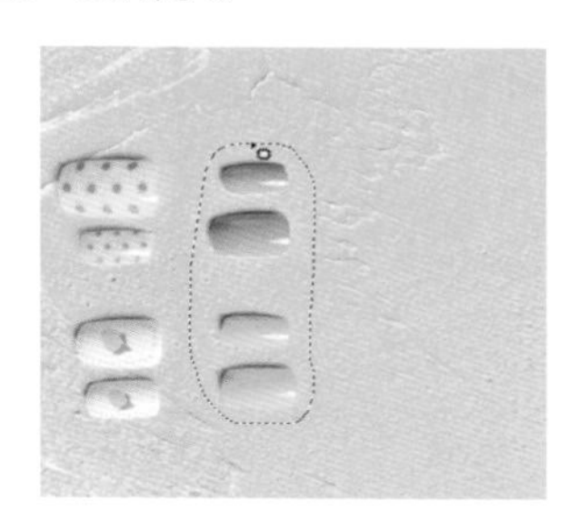

图5-57　沿边缘绘制

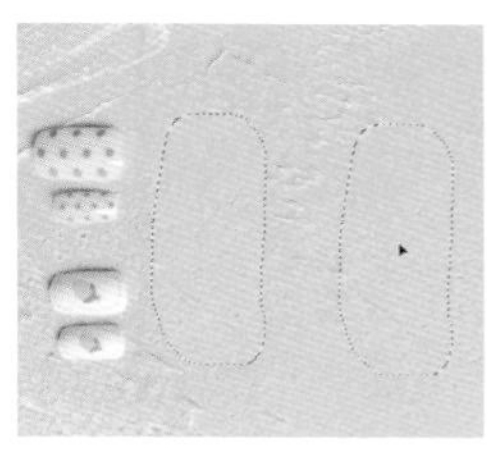
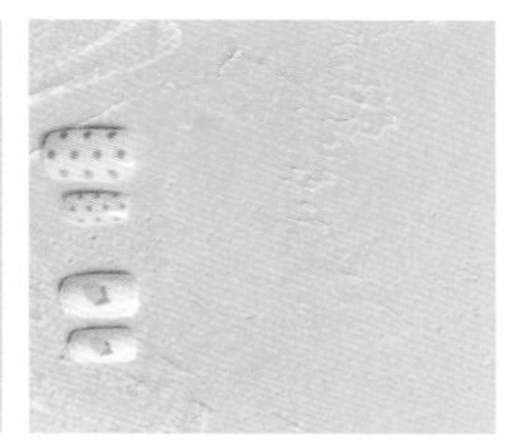

图5-58　修补后的效果

5.2.4 内容感知移动工具 重点

使用“内容感知移动工具”移动选区中的对象，被移动的对象将会自动与四周的景物融合，并会对原始区域进行智能填充。在需要改变画面中某一对象的位置时，可以尝试使用该工具。其工具选项栏如图5-59所示。

图5-59　“内容感知移动工具”的工具选项栏

工具选项栏中各选项的含义如下。

- **模式：** 用来选择图像移动方式，包括“移动”和“扩展”。
- **结构：** 用来调整源结构的保留严格程度。
- **颜色：** 用来调整修改源色彩的程度。
- **对所有图层取样：** 如果要处理的文件中包含多个图层，勾选该复选框，可以对所有图层进行取样修复。
- **投影时变换：** 勾选该复选框，表示允许旋转和缩放选区。

练习5-3 在场景中复制物体

难度：☆☆
素材位置：第 5 章 \ 练习 5-3\ 胶水 .jpg
效果位置：第 5 章 \ 练习 5-3\ 在场景中复制物体 .psd
在线视频：第 5 章 \ 练习 5-3 在场景中复制物体 .mp4

可以利用“内容感知移动工具”来复制物体，下面介绍具体操作。

01 执行“文件”→“打开”命令，打开“胶水 .jpg”素材文件，效果如图 5-60所示。

图5-60　打开“胶水.jpg”素材文件

02 按 Ctrl+J 组合键复制一个图层，然后选择工具箱中的“内容感知移动工具”，并在工具选项栏中设置“模式”为“移动”，如图 5-61所示。

图5-61　设置模式

03 在画面中绘制选区，将物体和影子框选，如图 5-62 所示。

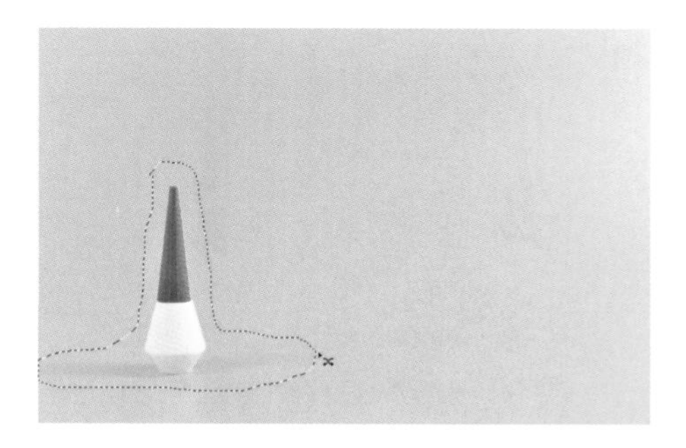

图5-62　框选物体

04 将鼠标指针放在选区内，往右拖动，按 Enter 键即可将选区移动到新的位置，并自动对原来位置的图像进行融合补充，如图 5-63 所示。

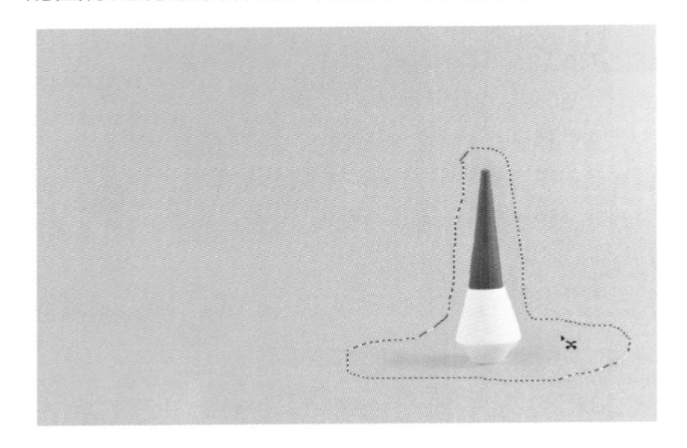

图5-63 移动选区

05 在工具选项栏中将“模式”设置为“扩展”，然后将鼠标指针放在选区内，往左拖动，即可复制选区并将其移动到新位置，同时自动对新位置的图像进行融合补充，如图 5-64 所示。按 Ctrl+D 组合键取消选区。

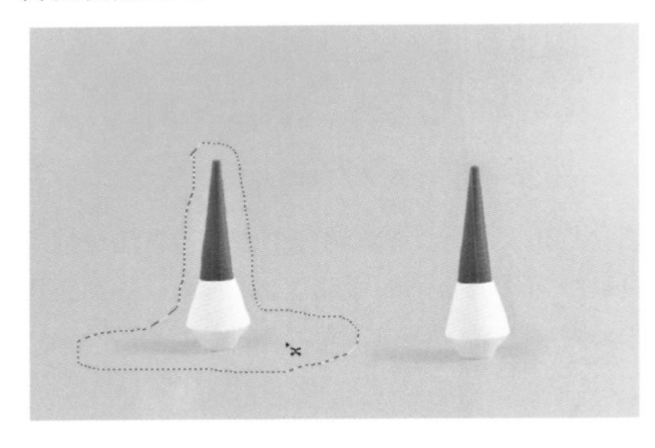

图5-64 复制选区

06 使用“仿制图章工具” 对复制后的图像进行处理，让效果更加完美，如图 5-65 所示。

图5-65 最终效果

5.2.5 红眼工具 难点

在较暗环境下拍摄人物或动物时，其瞳孔会放大以便让更多的光线通过，此时若开有闪光灯，瞳孔将出现泛红的现象。

打开带有红眼问题的图片，在修复工具组上右击，在工具列表中选择“红眼工具” ，接着将鼠标指针移动至眼睛上方并单击，即可消除红眼。其工具选项栏如图5-66所示。

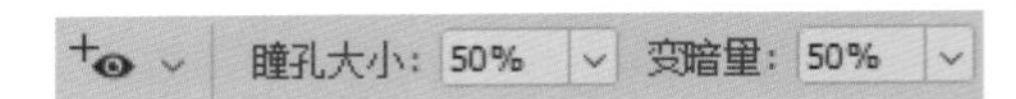

图5-66 “红眼工具”的工具选项栏

工具选项栏中各选项的含义如下。

- **瞳孔大小：** 设置目标瞳孔的大小。
- **变暗量：** 设置去除红眼后的颜色变暗程度。值越大，颜色变得越深、越暗。

练习5-4 消除人物红眼

难度：☆☆

素材位置：第 5 章 \ 练习 5-4\ 人物 .jpg

效果位置：第 5 章 \ 练习 5-4\ 消除人物红眼 .psd

在线视频：第 5 章 \ 练习 5-4 消除人物红眼 .mp4

下面介绍利用“红眼工具” 消除人物红眼的具体操作。

01 执行“文件”→“打开”命令，打开“人物 .jpg”素材文件，效果如图 5-67 所示。

图5-67 打开“人物.jpg”素材文件

02 选择工具箱中的“红眼工具” ，并在工具选项栏中设置“瞳孔大小”为 50%，设置“变暗量”为 50%，如图 5-68 所示。

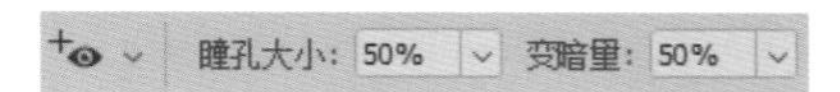

图5-68 设置瞳孔参数

03 设置完成后，将鼠标指针停放在眼球上并单击，即可去除红眼，如图 5-69 所示。

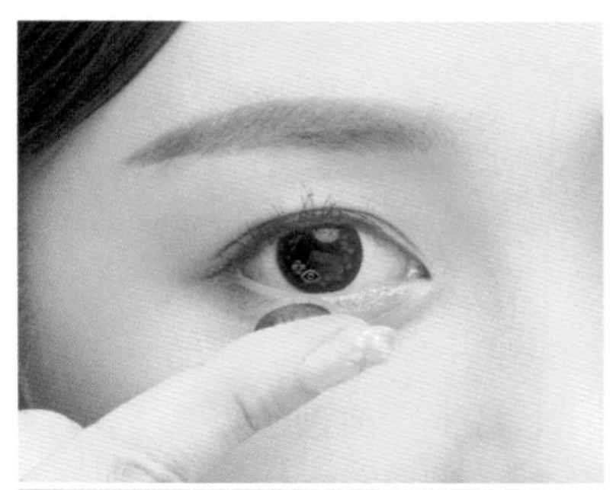

图5-69 去除红眼

04 除了可以使用上述方法，还可以在选择“红眼工具”后，在红眼处拖出一个矩形框，来去除框内红眼，如图 5-70 所示。

图5-70 去除红眼

5.3 复制图像

图章工具可以选择图像的不同部分，并将它们复制到同一个文件或其他文件中。这与复制和粘贴功能不同，在复制过程中，Photoshop 2020会对原区域进行取样，并将其复制到目标区域中。在文件窗口的目标区域里拖动鼠标指针时，取样文件区域的内容会逐渐显示出来，这个过程能将旧像素图像和新像素图像混合得“天衣无缝”。

5.3.1 图案图章工具

“图案图章工具”可以利用Photoshop 2020提供的图案或自定义的图案进行绘图。在工具选项栏中设置合适的画笔大小，并选择一个合适的图案，如图5-71所示。在画面中涂抹，即可看到绘制效果，如图5-72所示。

图5-71 选择图案

图5-72 绘制效果

“图案图章工具”的工具选项栏如图5-73所示。

图5-73 “图案图章工具”的工具选项栏

在“图案图章工具”的工具选项栏中，“模式”“不透明度”“流量”和喷枪与“画笔工具”的基本相同，其他工具选项含义如下。

- **对齐：** 勾选该复选框后，可以保持图案与原始起点的连续性，即使多次单击也不例外，如图5-74所示；取消勾选时，每次单击都会重新应用图案，如图5-75所示。

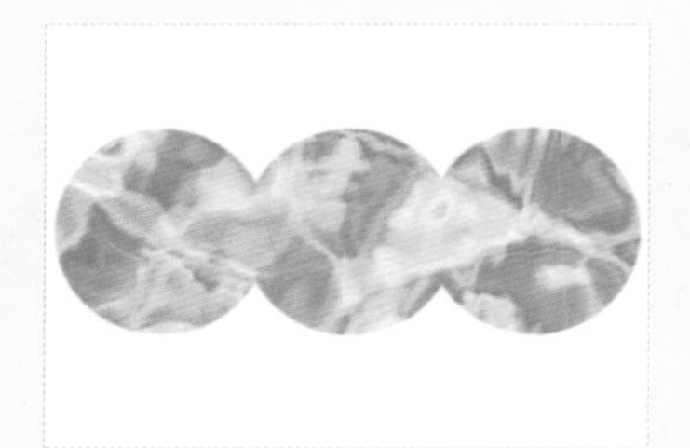

图5-74 勾选“对齐”复选框

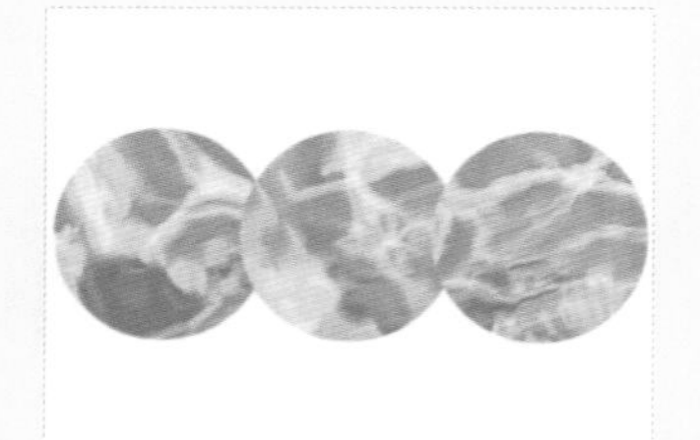

图5-75 取消勾选“对齐”复选框

- **印象派效果：** 勾选该复选框，可以绘制出印象派效果的图案，如图5-76所示。

图5-76 印象派效果

5.3.2 仿制图章工具

“仿制图章工具”可以将图像的一部分通过涂抹“复制”到图像的另一个位置上。“仿制图章工具”常用于去除图片水印、消除人物面部的斑点和皱纹、去除背景中不相干的杂物、填补图片空缺等。其用法和“修复画笔工具”类似，按住Alt键进行取样，然后在其他位置拖动鼠标指针，即可从取样点开始将图像复制到新的位置。

“仿制图章工具”的工具选项栏除“切换仿制源面板”和“样本”外，其他选项均与“画笔工具”和“图案图章工具”的相同，如图5-77所示。

图5-77 “仿制图章工具”的工具选项栏

选项介绍如下。

- **切换仿制源面板：** 单击该按钮，可以打开“仿制源”面板。
- **样本：** 用来选择从指定的图层中进行数据取样。如果要从到当前图层及其下方的可见图层中取样，可选择“当前和下方图层”选项；如果仅从当前图层中取样，可选择“当前图层”选项；如果要从所有可见图层中取样，可选择“所有图层”选项；如果要从调整图层以外的所有可见图层中取样，可选择“所有图层”选项，然后单击选项右侧的“忽略调整图层在”按钮。

5.4 图像的局部修饰

模糊、锐化、涂抹、减淡、加深和海绵等工具可以对照片进行修饰，改善图像的细节、色调、曝光，以及色彩的饱和度。

5.4.1 模糊工具

使用“模糊工具”可以柔化图像中因过度锐化而产生的生硬边界，也可以柔化图像的高亮区或阴影区。其工具选项栏如图5-78所示。

模式: 正常 强度: 50% 0° 对所有图层取样

图5-78 “模糊工具”的工具选项栏

工具选项栏中各选项的含义如下。

- **画笔**：可以选择一个笔尖大小，模糊区域的大小取决于画笔的大小。单击按钮，可以打开“画笔设置”面板。
- **模式**：用来设置工具的混合模式。
- **强度**：可以设置模糊的强度。数值越大，拖动时图像的模糊强度越大。
- **对所有图层取样**：勾选该复选框，将对所有图层进行取样操作；如果取消勾选该复选框，则只能对当前图层取样。
- **始终对“大小”使用“压力”**：单击该按钮可以根据绘图压力控制模糊。

使用“模糊工具”在图像中拖动，可以对图像进行模糊处理。反复在图像上某处拖动，可以加强模糊的程度。模糊图像前后效果对比如图5-79所示。

图5-79 模糊图像前后效果对比

5.4.2 锐化工具

开始锐化图像前，可以在工具选项栏中设置锐化工具的笔触尺寸，并设置“强度”和“模式”等参数。它与“模糊工具”的工具选项栏相同，这里不再细讲。“锐化工具”可以加强图像的颜色，提高清晰度，以增加对比度的形式来增强图像的锐化程度。

选择“锐化工具”后，在图像中拖动鼠标指针进行锐化，锐化图像前后效果对比如图5-80所示。

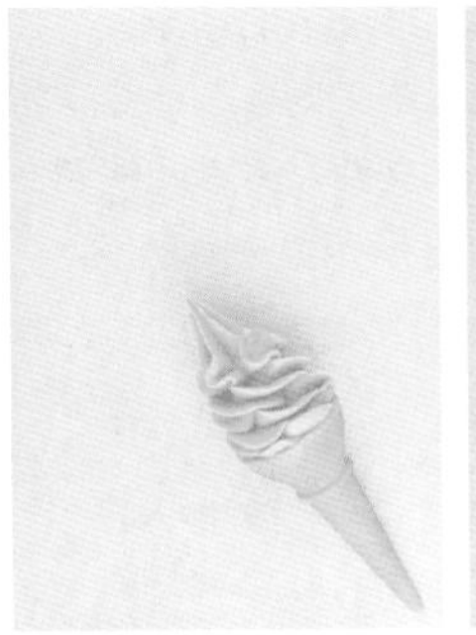
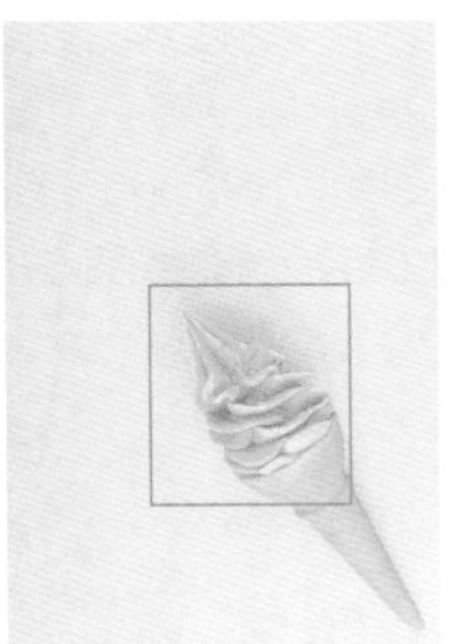

图5-80 锐化图像前后效果对比

5.4.3 涂抹工具 重点

“涂抹工具”就像使用手指搅拌颜料桶一样，可以将颜色混合。使用“涂抹工具”时，由单击处的颜色开始，将其与鼠标指针拖动过的颜色进行混合。除了用于混合颜色外，“涂抹工具”还可以用于在图像中实现水彩般的图像效果。如果图像颜色与颜色之间的边界生硬，或颜色与颜色之间过渡得不好，就可以使用“涂抹工具”，将过渡颜色柔和化。其工具选项栏如图5-81所示，除“手指绘画”外，其他选项均与“模糊工具”相同。

图5-81 “涂抹工具”的工具选项栏

“手指绘画”的介绍如下。

- **手指绘画**：勾选该复选框，会产生一种类似于用手指蘸着颜料在图像中进行涂抹的效果，其颜色与当前工具箱中前景色有关；如果取消勾选此复选框，则只使用起点处的颜色进行涂抹。

练习5-5 为小熊添加毛发效果

难度：☆☆

素材位置：第 5 章 \ 练习 5-5\ 素材

效果位置：第 5 章 \ 练习 5-5\ 为小熊添加毛发效果 .psd

在线视频：第 5 章 \ 练习 5-5 为小熊添加毛发效果 .mp4

“涂抹工具” 可以制造出动物身上的毛发效果，下面介绍添加毛发效果的具体操作。

01 执行“文件”→“打开”命令，打开“背景 .jpg”素材文件，效果如图 5-82 所示。

02 执行“文件”→“置入嵌入对象”命令，将素材文件“小熊 .png”置入文件，将其调整到合适的位置及大小，如图 5-83 所示。

图5-82 打开“背景.jpg”素材文件

图5-83 置入“小熊.png”文件

03 在“图层”面板中选中“小熊”图层，右击并在弹出的快捷菜单中执行“栅格化图层”命令，将该图层栅格化，如图 5-84 所示。

04 在工具箱中选择“涂抹工具” ，在工具选项栏中选择一个柔边笔刷，并设置笔触“大小”为 6 像素，设置“强度”为 50%，取消勾选“对所有图层进行取样”复选框，然后在小熊的边缘处进行涂抹，如图 5-85 所示。

图5-84 栅格化图层

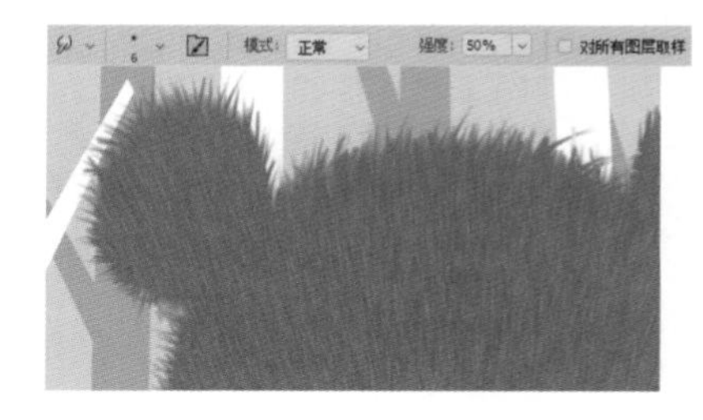

图5-85 涂抹小熊边缘

05 耐心涂抹所有图像边缘，使小熊产生毛茸茸的效果，如图 5-86 所示。

图5-86 最终效果

5.4.4 减淡工具

“减淡工具” 可以改善图像的曝光效果，对图像的阴影、中间色或高光部分进行提亮和加光处理，从而达到强调突出的目的。选择“减淡工具” ，在图像中拖动鼠标指针，可以减淡图像色彩、提高图像亮度，多次拖动可以加倍减淡图像色彩、提高图像亮度。其工具选项栏如图5-87所示。

图5-87 “减淡工具”的工具选项栏

工具选项栏中各选项的介绍如下。

- **范围：** 可以选择要修改的色调。选择“阴影”选项，可以处理图像中的暗色调；选择“中间调”选项，可以处理图像的中间调（灰色的中间范围色调）；选择“高光”选项，可以处理图像的亮部色调。不同的色调设置效果如图5-88所示。

（a）原图

（b）减淡“阴影”

（c）减淡“中间调”

（d）减淡“高光”

图5-88 不同的色调设置效果

- **曝光度：** 可以为“减淡工具”指定曝光值。该值越高，效果越明显。
- **喷枪：** 单击该按钮，可以在拖动时模拟传统的喷枪手法，按住鼠标左键不动时，可以扩展淡化区域。
- **保护色调：** 可以保护图像的色调不受影响。

5.4.5 加深工具

“加深工具”与“减淡工具”在应用效果上正好相反，它可以使图像变暗来加深图像的颜色，对图像的阴影、中间调和高光部分进行变暗处理，多用于对图像中阴影过重和曝光过度的图像进行加深处理。“加深工具”的工具选项栏与“减淡工具”的相同，这里不再赘述。

使用“加深工具”对图像进行不同加深处理的前后效果对比如图5-89所示。

（a）加深“阴影”

（b）加深“中间调”

（c）加深“高光”

图5-89 不同加深处理的效果对比

5.4.6 海绵工具

“海绵工具”可以增加或降低彩色图像的饱和度。如果是灰度图像，使用该工具则可以增加或降低对比度。

选择“海绵工具”后，在工具选项栏中展开“模式”下拉列表框，可选择“加色”或“去色”两个模式。当要降低颜色饱和度时选择“去色”模式，当需要增加颜色饱和度时选择“加色”模式。调整“流量”参数时，流量数值越大，加色或者去色效果越明显。其工具选项栏如图5-90所示。

图5-90 “海绵工具”的工具选项栏

工具选项栏中各选项的含义如下。

- **模式：** 包含“去色”和“加色”这两种模式。选择“去色”模式，涂抹图像后将降低图像饱和度；选择“加色”模式，涂抹图像后将增加图像饱和度，如图5-91所示。

（a）原图

（b）去色模式

图5-91 “去色”和“加色”模式效果

（c）加色模式

图5-91 “去色”和“加色”模式效果（续）

- **流量：** 用来指定流量，数值越高，修改的强度越大。
- **自然饱和度：** 勾选该复选框后，在进行增加饱和度的操作时，可避免因饱和度过高而出现溢色。

5.5 知识总结

本章主要对绘图及修饰功能进行了详细的讲解，Photoshop 2020拥有强大的绘图及修饰照片功能，本章对其都进行了阐述，读者应重点掌握绘图工具和照片修复工具的使用方法。

5.6 拓展训练

本章通过两个拓展训练，对Photoshop 2020的修饰功能进行讲解。这些工具在使用上虽然很简单，但功能却非常强大，掌握这些工具的使用技巧，可以令作品更加完美。

训练5-1 增加图像的饱和度

难度：☆

素材位置：第 5 章 \ 训练 5-1\ 山 .jpg

效果位置：第 5 章 \ 训练 5-1\ 增加图像的饱和度 .psd

在线视频：第 5 章 \ 训练 5-1 增加图像的饱和度 .mp4

◆训练分析

本训练主要巩固使用“海绵工具” 增加图像饱和度的方法，效果如图5-92所示。

图5-92 增加图像饱和度最终效果

◆训练知识点

海绵工具

训练5-2 使用“魔术橡皮擦工具”抠图

难度：☆

素材位置：第 5 章 \ 训练 5-2\ 素材

效果位置： 第 5 章 \ 训练 5-2\ 使用“魔术橡皮擦工具”抠图 .psd

在线视频： 第 5 章 \ 训练 5-2 使用“魔术橡皮擦工具”抠图 .mp4

◆训练分析

本训练主要巩固使用“魔术橡皮擦工具” 进行抠图的方法和技巧，效果如图5-93所示。

图5-93 抠图最终效果

◆训练知识点

魔术橡皮擦工具

第 **6** 章

选区的选择艺术

在图形设计过程中，经常需要确定一个工作区域，以便处理图形中的不同位置，这个区域就是选框或用套索工具所确定的选区。

本章对Photoshop 2020中选框和套索工具的各种变化操作及选取范围的高级操作技巧进行较为详尽的讲解，如选区的羽化设置、变换应用等。

教学目标

掌握选区工具的应用方法

掌握细化选区的技巧 | 学习选区的编辑操作

6.1 选区工具

选区主要用于选择图像中的一个或多个区域。选择指定区域，可以编辑指定区域或对指定区域应用滤镜效果，同时保护未选择区域不被改动。选区可以理解为一个限定处理范围的虚线框，当画面中包含选区时，选区边缘显示为闪烁的颜色为黑白相间的虚线框。

6.1.1 选框工具

选框工具主要包括“矩形选框工具”、“椭圆选框工具”、“单行选框工具”和“单列选框工具”。

选择任意一个选框工具，在工具选项栏中将显示该工具的属性。相关选框工具的选项内容是相同的，主要有“羽化”“消除锯齿”“样式”等选项。下面以“矩形选框工具”的工具选项栏为例，如图6-1所示，讲解各选项的含义及用法。

图6-1 “矩形选框工具”的工具选项栏

工具选项栏中各选项的含义如下。

- **新选区**：单击该按钮，将激活新选区属性，使用选框工具在图形中创建选区时，新创建的选区将替代原有的选区。
- **添加到选区**：单击该按钮，将激活添加到选区属性。使用选框工具在画布中创建选区时，如果当前画布中存在选区，鼠标指针将变成 形状，表示添加到选区。此时绘制的新选区将与原来的选区合并成为新的选区，如图6-2所示。

图6-2 添加到选区

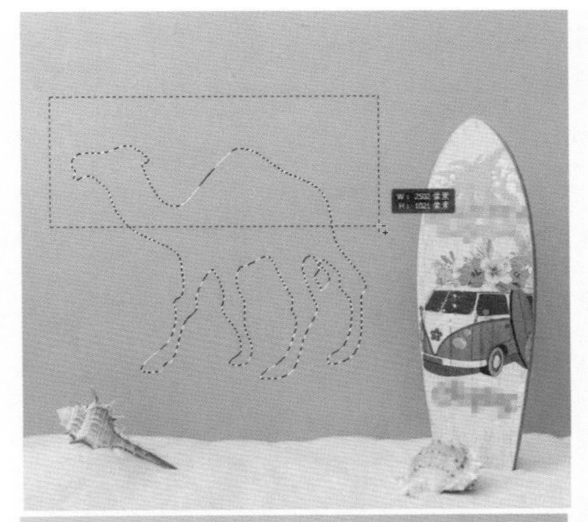

图6-2 添加到选区（续）

- **从选区中减去**：单击该按钮，将激活从选区减去属性。使用选框工具在图形中创建选区时，如果当前画布中存在选区，鼠标指针将变成 形状。如果新创建的选区与原来的选区有相交部分，将从原来的选区中减去相交的部分，余下的选区作为新的选区，如图6-3所示。

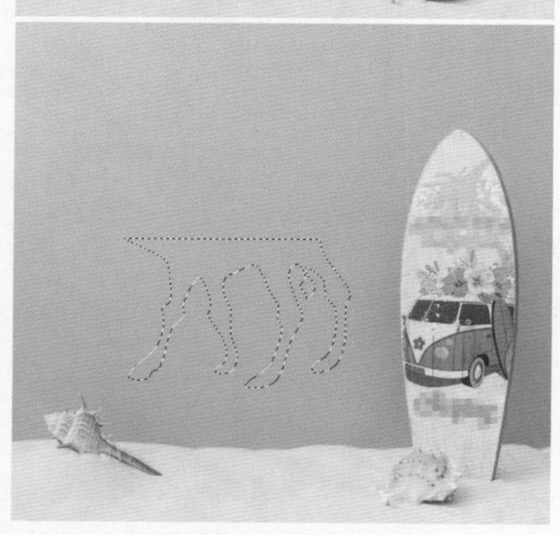

图6-3　从选区中减去

- **与选区交叉**：单击该按钮，将激活与选区交叉属性。使用选框工具在图形中创建选区时，如果当前画布中存在选区，鼠标指针将变成 形状。如果新创建的选区与原来的选区有相交部分，相交的部分会作为新的选区，如图6-4所示。

图6-4　与选区交叉

- **羽化**：用来设置选区的羽化范围。被羽化的选区在填充了颜色或图案后，选区内外的颜色柔和过渡，数值越大，柔和效果越明显。
- **消除锯齿**：图像由像素构成，而像素是方形的，所以在编辑和修改圆形或弧形图形时，其边缘会出现锯齿效果。勾选该复选框，可以消除选区锯齿，平滑选区边缘。

- **样式：** 用来设置选区的创建方法。选择“正常”选项，可拖动鼠标指针创建任意大小的选区；选择“固定比例”选项，可在右侧的“宽度”和“高度”文本框中输入数值，创建固定比例的选区。单击⇄按钮，可以切换“宽度”值与“高度”值。
- **选择并遮住：** 单击该按钮，可以打开“选择并遮住”编辑界面，在该界面中可以对选区进行平滑、羽化等处理。

使用“矩形选框工具”或“椭圆选框工具”在图像中合适的位置按住鼠标左键，在不释放鼠标的情况下拖动鼠标指针到合适的位置后，释放鼠标即可创建一个矩形或椭圆形选区，如图6-5所示。

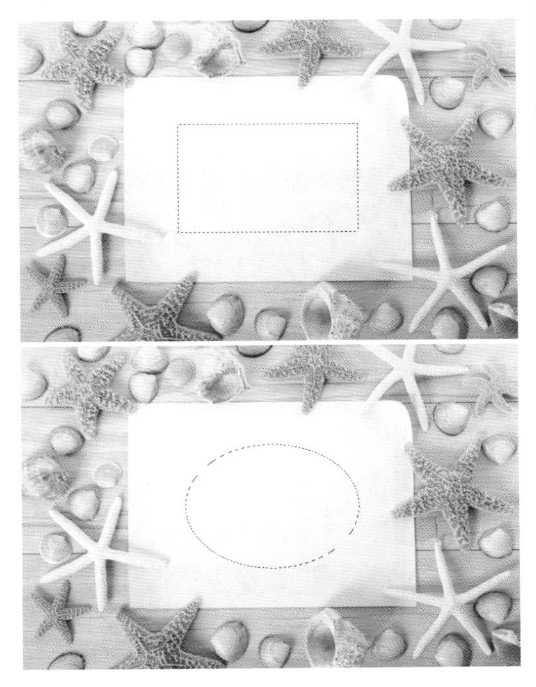

图6-5 创建矩形或椭圆形选区

使用“单行选框工具”或“单列选框工具”在图像中直接单击，即可创建宽度为1像素的行或列选区，如图6-6所示。如果看不见选区，可能是由于画布视图太小，将图像放大即可。

图6-6 创建行或列选区

技术看板

绘制圆形和正方形

使用“矩形选框工具”或“椭圆选框工具”绘制选区时，按住Shift键可以绘制正方形或圆形；按住Alt+Shift组合键会以单击点为中心绘制正方形或圆形选区。

6.1.2 套索工具

“套索工具”能够创建出任意形状的选区，其使用方法与“画笔工具”相似，需要徒手绘制。“套索工具”的工具选项栏与“矩形选框工具”基本相同，这里不进行详细讲解，如图6-7所示。

图6-7 “套索工具”的工具选项栏

在工具箱中选择“套索工具”，将鼠标指针移至图像窗口，拖动鼠标指针，绘制自由选区或选取需要的范围，当鼠标指针拖回到起点位置时，释放鼠标，即可绘制选区或将图像选中，绘制选区的过程如图6-8所示。

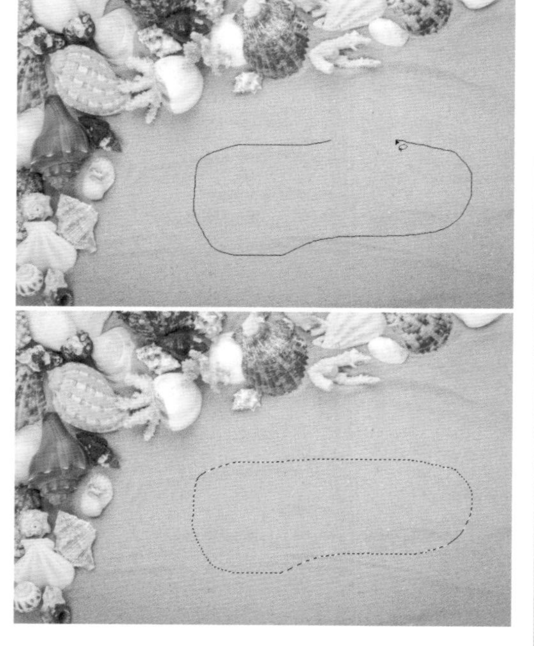

图6-8 绘制选区

6.1.3 多边形套索工具(重点)

“多边形套索工具”常用来创建形状不规则的多边形选区，如三角形、四边形、梯形和五角星形等。需要注意的是，“多边形套索工具”需要起始点与结束点在同一个位置。虽然“多边形套索工具”和“套索工具”工具选项栏完全相同，但其使用方法却有很大的区别。

在工具箱中选择“多边形套索工具”，将鼠标指针移动到文件窗口中，单击以确定起点，移动鼠标指针到下一个位置，再次单击。以相同的方法操作，直到选中所有的范围并回到起点，当“多边形套索工具”鼠标指针的右下角出现一个小圆圈时单击，即可封闭并选中该区域，操作效果如图6-9所示。

图6-9 创建选区

技巧

按住 Shift 键单击可以绘制一条角度为 45° 倍数的直线；按住 Alt 键并拖动鼠标指针，可以手绘选区；按 Delete 键可以删除最近绘制的直线段。在绘制过程中，随时可以双击，系统将从起点到双击点创建一条直线，并封闭该选区。

练习6-1 更换窗外风景

难度：☆☆

素材位置：第 6 章 \ 练习 6-1\ 素材

效果位置：第 6 章 \ 练习 6-1\ 更换窗外风景 .psd

在线视频：第 6 章 \ 练习 6-1 更换窗外风景 .mp4

下面介绍使用“多边形套索工具”抠取图像，并更换窗外风景的具体操作方法。

01 执行“文件”→“打开”命令，打开“窗户 .jpg”素材文件，效果如图 6-10 所示。

02 在工具箱中选择“多边形套索工具”，在工具选项栏中单击“添加到选区”按钮，在左侧窗口内的一个边角上单击，然后沿着它边缘的转折处继续单击，以自定义选区范围。将鼠标指针移到起点处，待鼠标指针变为状，再次单击即可封闭选区，如图 6-11 所示。

图6-10 打开“窗户.jpg” 素材文件

图6-11 创建选区

03 以同样的方法，使用“多边形套索工具”将中间窗口和两侧窗口内的图像选中，如图 6-12 所示。

图6-12 创建窗口选区

04 双击“图层”面板中的“背景”图层，将其转化成可编辑图层，然后按 Delete 键，即可将选区内的图像删除得到窗框，如图 6-13 所示。

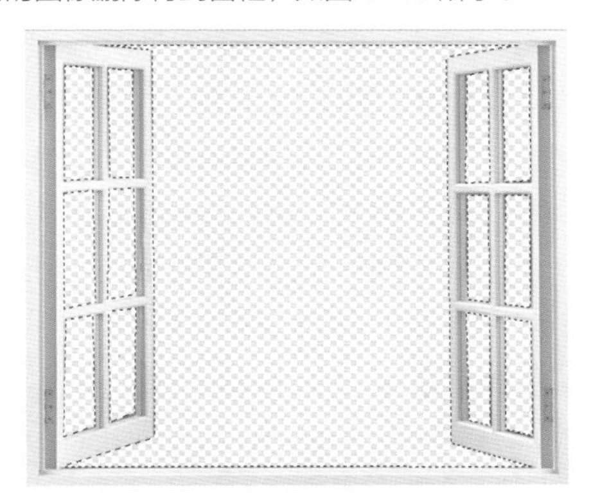

图6-13 删除选区内容

05 执行“文件”→“置入嵌入对象”命令，将“夜色 .jpg”素材置入文件，如图 6-14 所示。

图6-14 置入“夜色.jpg”素材文件

06 调整图像至合适大小，并将其放置在“窗户”

图层下方，得到的最终效果如图 6-15 所示。

图6-15　最终效果

6.1.4 磁性套索工具

“磁性套索工具”可以自动识别对象的边界。如果对象的边缘较为清晰，并且与背景对比明显，可以使用该工具快速选择对象。其工具选项栏中包含影响该工具的几个重要选项，如图6-16所示，其中部分选项本章前面的内容已经讲解过，其他选项所代表的具体含义如下。

图6-16　“磁性套索工具”的工具选项栏

- **宽度：** 该值决定了以鼠标指针中心为基准，其周围有多少个像素能够被工具检测到。如果对象的边界清晰，可使用一个较大的“宽度”值；如果边界不是特别清晰，则需要使用一个较小的“宽度”值。
- **对比度：** 用来设置工具感应图像边缘的灵敏度。较高的数值只检测与它们的环境对比鲜明的边缘；较低的数值则检测与环境对比不那么鲜明的边缘。如果图像的边缘清晰，可将该值设置得高一些；如果边缘不是特别清晰，则设置得低一些。
- **频率：** 在使用“磁性套索工具”创建选区的过程中会生成许多锚点，“频率”决定了锚点的数量。该值越高，生成的锚点越多，捕捉到的选区越准确，但是过多的锚点会造成选区的边缘不够光滑。
- **使用绘图板压力以更改钢笔宽度：** 在使用绘图板和压感笔绘图时，Photoshop 2020会根据压感笔的压力自动调整工具的检测范围，如增大压力会使边缘宽度减小。

6.1.5 对象选择工具

“对象选择工具”可以在定义的区域内查找并自动选择一个对象。使用该工具，只需要绘制出一个大致的区域，Photoshop 2020会自动根据区域内的物体创建选区，如图6-17所示。

图6-17　创建选区

“对象选择工具”的工具选项栏如图6-18所示，其中一些选项可以参考本章前面相关的介绍内容，其他选项所代表的具体含义如下。

图6-18　“对象选择工具”的工具选项栏

- **模式：** 用来设置创建选区的方式，有“矩形”和“套索”两个选项。
- **自动增强：** 勾选该复选框，可以降低选区边界的粗糙度，减少块效应。

- **减去对象：** 勾选该复选框，可以在定义的区域内查找并自动减去对象。
- **选择主体：** 单击该按钮，不需要绘制大致区域，Photoshop 2020会直接从图像中识别最突出的对象来创建选区。

6.1.6 快速选择工具

“快速选择工具”的使用方法与“画笔工具”类似。该工具能够利用可调整的圆形画笔笔尖来快速绘制选区，像绘画一样涂抹出选区，如图6-19所示。在拖动鼠标指针时，选区会向外扩展并自动查找和跟随图像中定义的边缘。

图6-19 绘制选区

“快速选择工具”的工具选项栏如图6-20所示，其中一些选项和“对象选择工具”的相同，其他选项所代表的具体含义如下。

图6-20 “快速选择工具”的工具选项栏

- **新选区：** 单击该按钮，可创建一个新的选区。
- **添加到选区：** 单击该按钮，可在原选区的基础上添加当前绘制的选区。
- **从选区中减去：** 单击该按钮，可在原选区的基础上减去当前绘制的选区。
- **对所有图层取样：** 勾选该复选框，可以基于所有图层创建选区，而不是仅基于当前选定的图层创建选区。

6.1.7 魔棒工具 重点

“魔棒工具”可用于获取与取样点颜色相似部分的选区。它的使用方法非常简单，只需在图像上单击，即可选择与单击点颜色相似的所有像素。当背景颜色变化不大，需要选取的对象轮廓清楚、与背景色之间有一定的差异时，使用“魔棒工具”可以快速选择对象。

“魔棒工具”的工具选项栏如图6-21所示，掌握各选项的设置方法可以更好地控制该工具的选择功能。

图6-21 “魔棒工具”的工具选项栏

下面介绍之前没讲解过的选项。

- **取样大小：** 用来设置“魔棒工具”的取样范围。选择“取样点”选项，可对鼠标指针所在位置3个像素区域内的平均颜色进行取样，其他选项以此类推。
- **容差：** 可以确定“魔棒工具”选取颜色的容差范围。该数值越大，所选取的相邻颜色就越多，如图6-22所示。
- **连续：** 勾选该复选框，只选择颜色连接的区域；取消勾选该复选框，可以选择与单击点颜色相近的所有区域，包括没有连接的区域。

图6-22 不同“容差”值效果

练习6-2 用“魔棒工具”选取对象

难度：☆☆
素材位置：第 6 章\练习 6-2\素材
效果位置：第 6 章\练习 6-2\用“魔棒工具”选取对象.psd
在线视频：第 6 章\练习 6-2 用“魔棒工具”选取对象.mp4

可以利用“魔棒工具” 抠取物体来制作宣传海报，下面介绍具体操作方法。

01 执行“文件”→“打开”命令，打开“西瓜汁.jpg”素材文件，如图 6-23 所示。

图6-23 打开“西瓜汁.jpg”素材文件

02 在“图层”面板中双击“背景”图层，将其转换为可编辑图层，如图 6-24 所示。

图6-24 转换图层

03 在工具箱中选择“魔棒工具” ，在工具选项栏中设置“容差”值为 10，然后在白色背景处单击，将背景创建为选区，如图 6-25 所示。

图6-25 创建选区

04 按 Delete 键删除选区内像素，然后按 Ctrl+D 组合键取消选区，如图 6-26 所示。

图6-26 删除背景

05 按 Ctrl+O 组合键打开“背景 .jpg”素材文件，如图 6-27 所示。

06 将“西瓜汁”文件中的素材拖入“背景”文件，并调整素材的大小及位置，最终效果如图 6-28 所示。

图6-27　打开“背景.jpg”素材文件　　图6-28　最终效果

6.1.8 “色彩范围”命令

“色彩范围”命令也可以创建选区，其选取原理也是以颜色为依据，类似于“魔棒工具”，但其功能比“魔棒工具”更加强大。

执行“选择”→“色彩范围”命令，打开“色彩范围”对话框。在该对话框中部的矩形预览区显示了选择范围或图像，如图6-29所示。

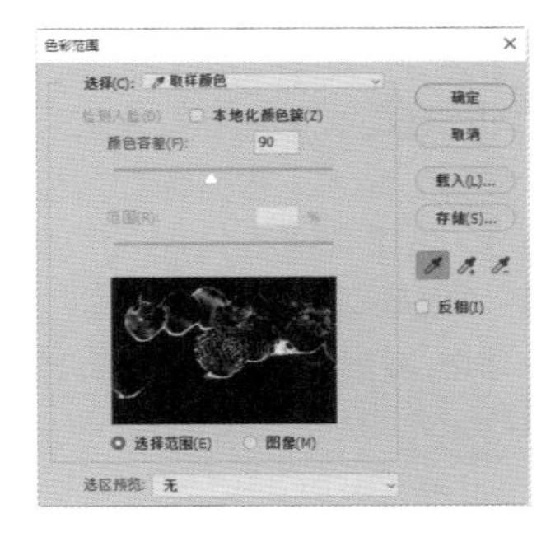

图6-29　“色彩范围”对话框

该对话框中各选项的具体介绍如下。

- **选择：** 用来设置选区的创建方式。选择“取样颜色”选项时，鼠标指针会变为形状，将鼠标指针放置在图像上，或在“色彩范围”对话框中的预览图像上单击，可以对颜色进行取样；选择“红色”“黄色”“绿色”“青色”等选项时，可以选择图像中特定的颜色；选择“高光”“中间调”“阴影”选项时，可以选择图像中特定的色调；选择“肤色”选项时，系统会自动检测皮肤区域；选择“溢色”选项时，可以选择图像中出现的溢色。
- **检测人脸：** 只有当前打开的素材为人像素材，并在“选择”下拉列表框中选择了“肤色”选项，此复选框才可以使用。勾选该复选框，可以启用人脸检测功能，以进行更加准确的肤色选择。
- **本地化颜色簇：** 勾选该复选框后，拖动“范围”滑块，可以控制要包含在蒙版中的颜色与取样点的最大与最小距离。例如，画面中有两朵花，如果只想选择其中的一朵，可以先在它上方单击进行颜色取样，然后调整“范围”值来控制范围，以能够避免选中另一朵花，如图6-30所示。

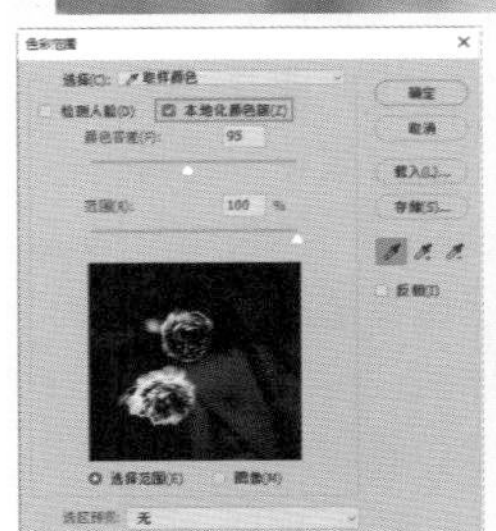

图6-30　控制取样范围

- **颜色容差：**用来控制颜色的选择范围。该值越大，包含的颜色越多；该值越小，包含的颜色就越少。“颜色容差”值分别为50和150的不同选择效果如图6-31所示。

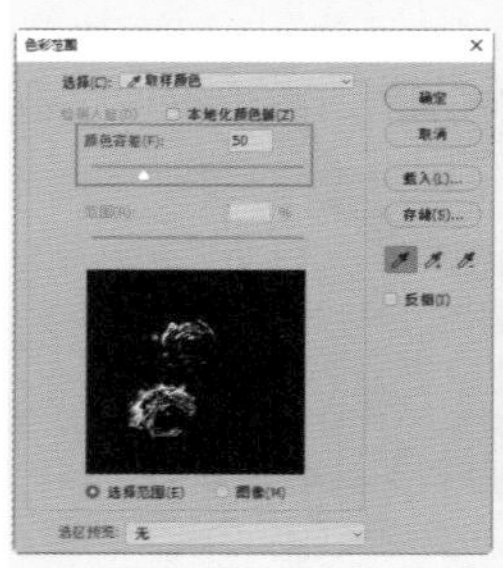

图6-31 不同“颜色容差”值选择效果

- **预览区：**预览区用来显示当前选取的图像范围和对图像进行选取操作。预览区下方包含两个单选按钮：选中“选择范围”单选按钮时，预览区的图像中，白色代表了被选择的区域，黑色代表了未被选择的区域，灰色代表了被部分选择的区域（带有羽化效果的区域）；如果选中“图像”单选按钮，则预览区内会显示彩色图像。图6-32所示为选中不同单选按钮的不同预览效果。

图6-32 不同预览效果

- **选区预览：**用来设置文件窗口中选区的预览方式。选择“无”选项时，表示不在窗口中显示选区；选择“灰度”选项时，可以按照选区在灰度通道中的外观来显示选区；选择“黑色杂边”选项时，可以在未选择的区域上覆盖一层黑色；选择“白色杂边”选项时，可以在未选择的区域上覆盖一层白色；选择“快速蒙版”选项时，可以显示选区在快速蒙版状态下的效果，此时未选择的区域上会覆盖一层宝石红色。图6-33所示为选择不同选项的不同显示方式。

（a）无

（b）灰度

（c）黑色杂边

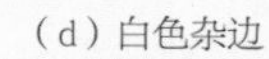

（d）白色杂边

（e）快速蒙版

图6-33 不同显示方式

- **吸管工具：**包含3个吸管，主要用来设置选取的颜色。使用“吸管工具”在图像中单击，即可选择相对应的颜色范围；选择“添加到取样”工具，在图像中单击可以增加选取范围；选择“从取样中减去”工具，在图像中单击可以减少选取范围。
- **反相：**勾选该复选框后，可以在选取范围和非选取范围之间切换，即反转选区。

技巧

对于创建好的选区，单击“色彩范围”对话框中的“存储”按钮，可以将其存储起来；单击“载入”按钮，可以将存储的选区载入使用。

6.2 细化选区

选择毛发等细微的图像细节时，可以先用“魔棒工具”、“快速选择工具”或执行“色彩范围”命令先创建一个大致的选区，再使用“选择并遮住”功能对选区进行细化，从而选中对象。该功能还可以消除选区边缘的背景色、改进蒙版，以及对选区进行扩展、收缩、羽化等处理。

6.2.1 选择并遮住

“选择并遮住”功能可以提高选区边缘的品质，并允许对照不同的背景查看选区，以便轻松编辑选区。

使用任意一种选区工具创建出选区，单击工具选项栏中的“选择并遮住”按钮，或执行的“选择”→“选择并遮住”命令，将切换到编辑界面，如图6-34所示。

图6-34 “选择并遮住”编辑界面

在编辑界面中，左侧默认是工具栏，右侧为“属性”面板。该工具栏中的“快速选择工具”与工具箱中的“快速选择工具”用法相同，可以快速选择图像，并在工具选项栏中设置笔触大小、增加或减少选区。

“调整边缘画笔工具”、“画笔工具”、“对象选择工具”、“套索工具”和“多边形套索工具”都是用来精确调整选区的，特别是边缘区域，都可以增加或减少选区，需要注意的是，都应配合工具选项栏一起使用。

“抓手工具”和“缩放工具”与前面讲解的工具箱中的相应工具用法相同，这里不再进行讲解。

6.2.2 选择视图模式

在“选择并遮住”编辑界面中的“视图”下拉列表框中可以选择视图模式，以便更好地观察选区的调整结果，如图6-35所示。

图6-35 视图模式

具体介绍如下。

- **洋葱皮：** 在透明度为50%的背景上查看选区，如图6-36所示。

图6-36 洋葱皮

- **闪烁虚线：** 可查看具有闪烁边界的标准选区，如图6-37所示。在羽化的边缘选区上，边界将会围绕被选中50%以上的像素。

图6-37　闪烁虚线

- **叠加**：可在快速蒙版状态下查看选区，如图6-38所示。

图6-38　叠加

- **黑底**：在黑色背景上查看选区，如图6-39所示。

图6-39　黑底

- **白底**：在白色背景上查看选区，如图6-40所示。
- **黑白**：可预览用于定义选区的通道蒙版，如图6-41所示。

图6-40　白底

图6-41　黑白

- **图层**：在透明度为100%的背景上查看选区，如图6-42所示。

图6-42　图层

- **显示边缘**：勾选该复选框，可显示调整区域。
- **显示原稿**：勾选该复选框，可查看原始选区。
- **不透明度**：设置选区以外的背景透明度。这个选区位置根据“视图”选择的不同会有变化。

6.2.3　调整选区边缘

在“选择并遮住”编辑界面中，调整“边缘

检测”选项组可以设置选区的半径大小，即选区边界内、外扩展的范围，在边界的半径范围内，将得到羽化的柔和边界效果，如图6-43所示。

图6-43 “边缘检测”选项组

具体介绍如下。

- **半径：**设置“半径”值，可以得到类似“羽化”的效果。与“羽化”效果不同的是，设置“半径”参数时，得到的是选区内侧和外侧同时扩展的柔化效果，如图6-44所示，而“羽化”效果是向内收缩柔化。“半径”值的大小决定选区边界周围的区域大小，将在此区域中进行边缘调整。增加“半径”值可以在包含柔化过渡或细节的区域中创建更加精确的选区边界，如短的毛发中的边界，或模糊边界。对锐边使用较小的半径，对较柔和的边缘使用较大的半径。值越大，选区边界的区域就越大，其取值范围为0~250的数值。

（a）“半径”为50像素

（b）“半径”为150像素

图6-44 不同半径的选区效果

- **智能半径：**勾选该复选框，可以自动调整边界区域中发现的硬边缘和柔化边缘的半径。如果边框一律是硬边缘或柔化边缘，或者要控制半径的设置以更精确地调整画笔，则取消勾选该复选框。

“全局调整”选项组可以对选区进行平滑、羽化、扩展等处理，如图6-45所示。

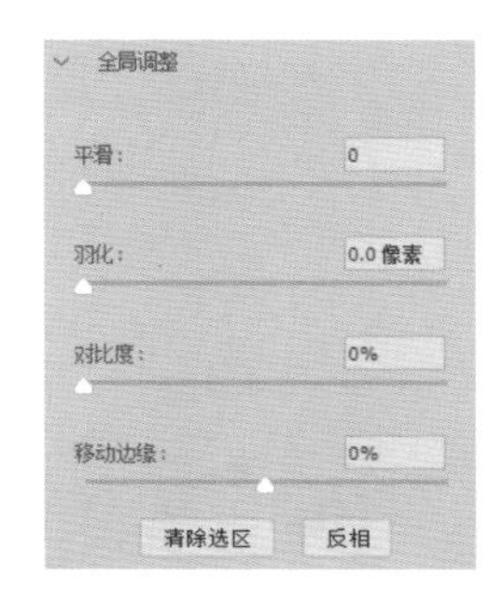

图6-45 “全局调整”选项组

具体介绍如下。

- **平滑：**可以减少选区边界中的不规则区域，创建更加平滑的选区轮廓。值越大，越平滑。对于矩形选区，可使其边角变得圆润，如图6-46所示。

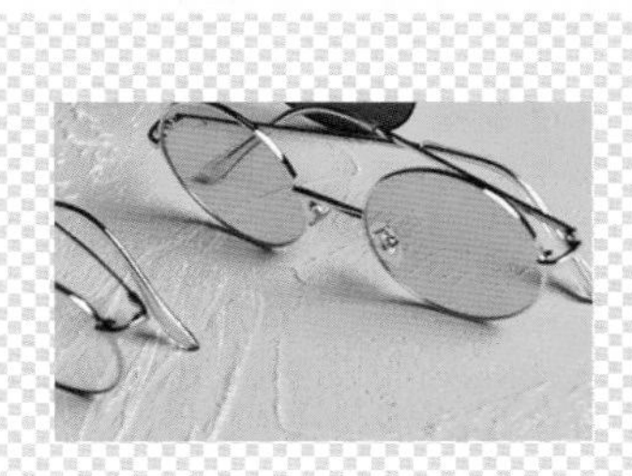

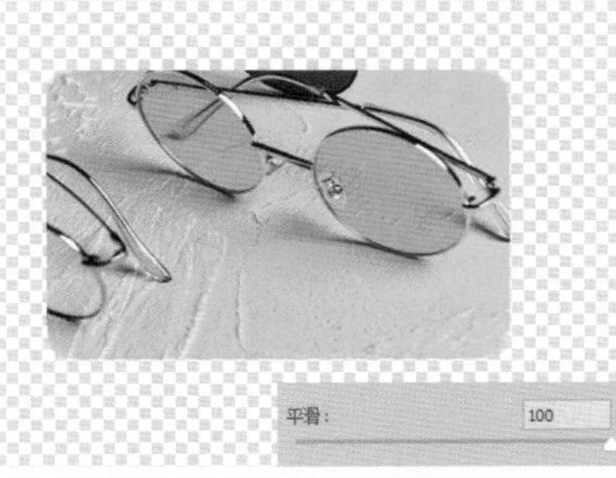

图6-46 “平滑”前后对比效果

- **羽化：**可以在选区及其周围像素之间创建柔

化边缘过渡。值越大，边缘的柔化过渡效果越明显，如图6-47所示。

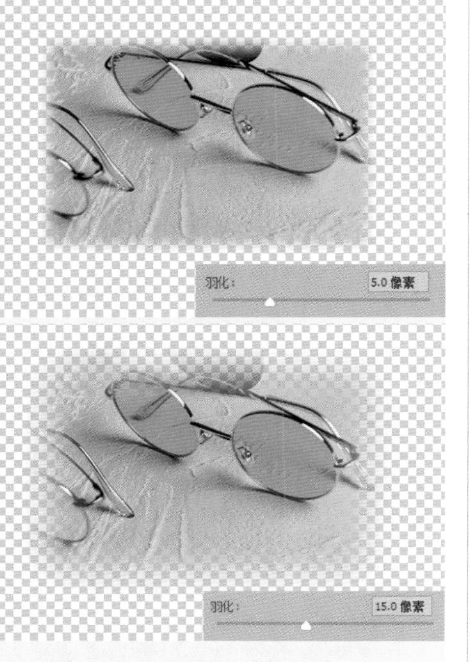

图6-47 不同“羽化”效果

- **对比度：**可以锐化选区边缘并去除模糊的不自然感。“对比度”越高，得到的选区边界越清晰；“对比度”越低，得到的选区边界越柔和。增加“对比度”，可以移去由于“半径”设置过大而导致在选区边缘附近产生的过多杂色。图6-48所示为半径同为30像素，“对比度”分别为0%和50%的选区边缘对比效果。

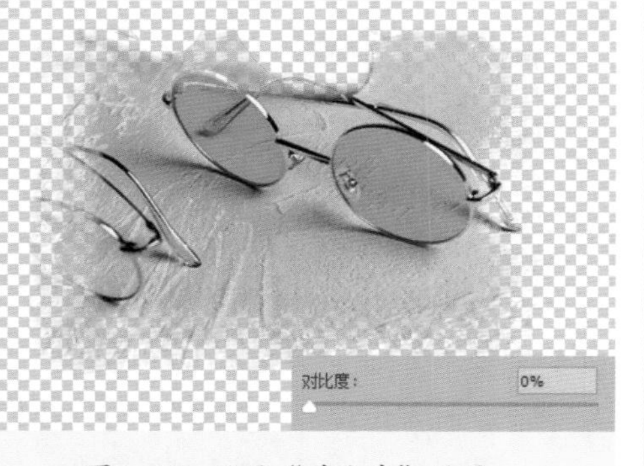

图6-48 不同“对比度”效果

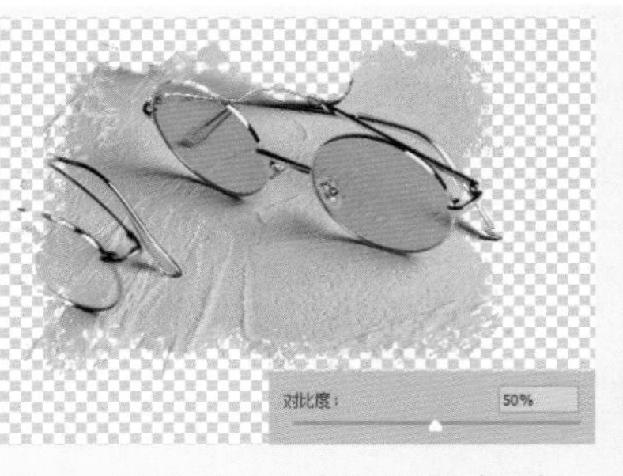

图6-48 不同“对比度”效果（续）

- **移动边缘：**负值表示向内移动柔化边缘的边框，正值表示向外移动这些边框。向内移动这些边框有助于从选区边缘移去不想要的背景颜色。
- **清除选区、反相：**单击“清除选区”按钮，可以将创建的选区清除；单击“反相”按钮，可以将选区反向选择。

6.2.4 指定输出方式

“输出设置”选项组用于消除选区边缘的杂色、设定选区的输出方式，如图6-49所示。

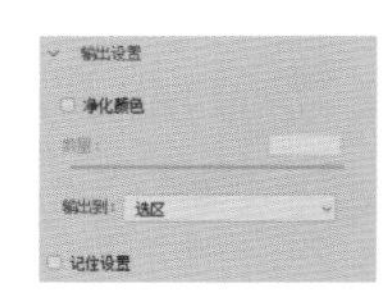

图6-49 “输出设置”选项组

具体介绍如下。

- **净化颜色：**可以将彩色替换为附近完全选中的像素的颜色。颜色替换的强度与选区边缘的软化度是成比例的。勾选该复选框后，拖动“数量”滑块可以去除图像的彩色杂边。“数量”值越大，清除范围越广。
- **输出到：**决定调整后的选区是变为当前图层上的选区或蒙版，还是生成一个新图层或文件。在该选项的下拉列表框中可以选择选区的输出方式，包括“选区”“图层蒙版”“新建图层”“新建带有图层蒙版的图层”“新建文档”“新建带有图层蒙版的文档”等选项。
- **记住设置：**勾选该复选框，可以在下次打开对话框时保持现有的设置。

6.3 选区的编辑操作

如果对所创建的复杂选区不太满意，只需进行简单的调整即可满足要求，此时可以使用Photoshop 2020提供的编辑选区的多种方法。

6.3.1 移动选区

移动选区非常简单，但它和图像不一样，不能使用“移动工具”来移动选区。

在使用了任何一个选框工具或套索工具后，在工具选项栏中单击“新选区”按钮，将鼠标指针置于选区中，此时鼠标指针变为形状，拖动鼠标指针，即可移动选区，如图6-50所示。

图6-50 移动选区的效果

技巧

要将移动方向限制为45°的倍数，先开始移动，再按住Shift键继续移动即可，注意不能先按住Shift键再移动。按键盘上的方向键可以以1个像素的增量移动选区；按住Shift键并按键盘上的方向键，可以以10个像素的增量移动选区。

6.3.2 创建边界选区

边界选区以所在选区的边界为中心向内、向外产生选区，选取一定的像素，形成一个环带轮廓。创建图6-51所示的选区，执行“选择”→“修改”→“边界”命令，弹出“边界选区”对话框，设置“宽度“值，边界效果如图6-52所示。

图6-51 创建边界

图6-52 边界效果

6.3.3 平滑选区

平滑选区可使选区边缘变得连续且平滑。执行“选择”→“修改”→“平滑”命令，弹出图 6-53所示的“平滑选区”对话框，在“取样半径”文本框中输入1～100像素范围内的平滑数值，单击“确定”按钮即可，创建选区并平滑选区后的效果如图 6-54所示。

图6-53 “平滑选区”对话框

图6-54 “取样半径”为50像素效果

技巧

使用“魔棒工具” 或执行“色彩范围”命令选择对象时，选区的边缘往往较为生硬，执行“平滑”命令可以对选区边缘进行平滑处理。

6.3.4 扩展和收缩选区

“扩展选区”命令可以在原有选区的基础上向外扩展选区。创建图 6-55所示的选区，执行“选择”→“修改”→“扩展”命令，弹出“扩展选区”对话框，设置“扩展量”，如图 6-56所示，单击“确定”按钮。图 6-57所示为扩展后的选区。

图6-55 创建选区

图6-56 “扩展选区”对话框

图6-57 “扩展量”为10像素效果

在选区存在的情况下，执行“选择”→“修改”→“收缩”命令，弹出“收缩选区”对话框，其中“收缩量”文本框用来设置选区的收缩范围。在文本框中输入数值，即可将选区向内收缩相应的像素，收缩效果如图 6-58所示。

图6-58 “收缩量”为10像素效果

6.3.5 对选区进行羽化

“羽化”命令用于对选区进行羽化。羽化是建立选区和选区周围像素之间的转换边界来模糊边缘的，这种模糊方式会丢失选区边缘的图像细节。选区的羽化功能常用来制作晕边艺术效果。在工具箱中选择一种选区工具，可在工具选项栏“羽化”文本框中输入羽化值，然后建立有羽化效果的选区，也可以直接建立选区，如图 6-59所示。执行“选择”→“修改”→“羽化”命令，在弹出的对话框中设置“羽化半径”值，对选区进行羽化，如图 6-60

所示。羽化值的大小控制图像晕边的大小，羽化值越大，晕边效果越明显。

图6-59 创建选区

图6-60 “羽化半径”为10像素效果

技巧

如果选区较小而“羽化半径”设置得较大，就会弹出一个警告对话框。单击“确定”按钮，表示确认当前设置的羽化半径，这时选区可能变得非常模糊，甚至在画面中看不到，但选区仍然存在。如果不想出现该警告对话框，应减小“羽化半径”或增大选区的范围。

6.3.6 “扩大选取”和“选取近似”的命令

如果需要选取的区域在颜色方面是比较相似的，可以先选取一小部分区域，然后执行“扩大选取”或“选取相似”命令选择其他部分。

创建图 6-61所示的选区，执行“选择”→“扩大选取”命令可以将原有选区扩大，所扩大的范围是与原有选区相邻且颜色相近的区域。扩大的范围由“魔棒工具” 的工具选项栏中的“容差”值决定，设置“容差”为30，扩大选区效果如图 6-62所示。

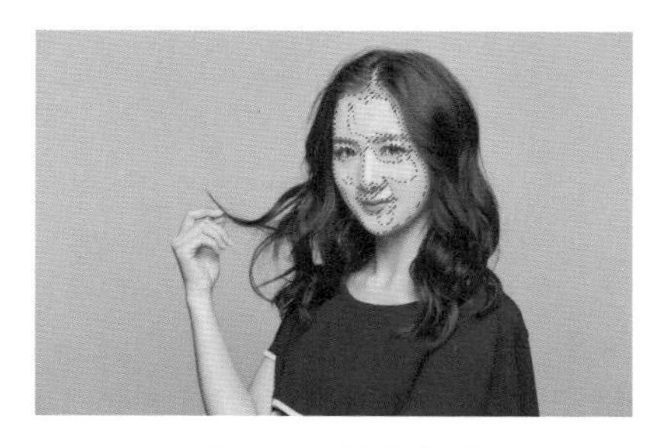

图6-61 创建选区

图6-62 “扩大选取”效果

执行“选择”→“选取相似”命令，也可将选区扩大，效果类似于“扩大选取”命令，但此命令扩展的范围与“扩大选取”命令不同，它是将整个图像中颜色相似的区域全部扩展至选取区域中，如图 6-63所示。

图6-63 “选取相似”效果

6.3.7 对选区应用变换

创建一个选区，执行“选择”→“变换选区”命令，可以在选区上显示定界框。拖动控制点可以对选区进行旋转、缩放等变换操作，选区内的图像不会受到影响，如图6-64所示。如果执行“编辑”→“变换”命令，则会对选区及选中的图像同时应用变换，如图 6-65所示。

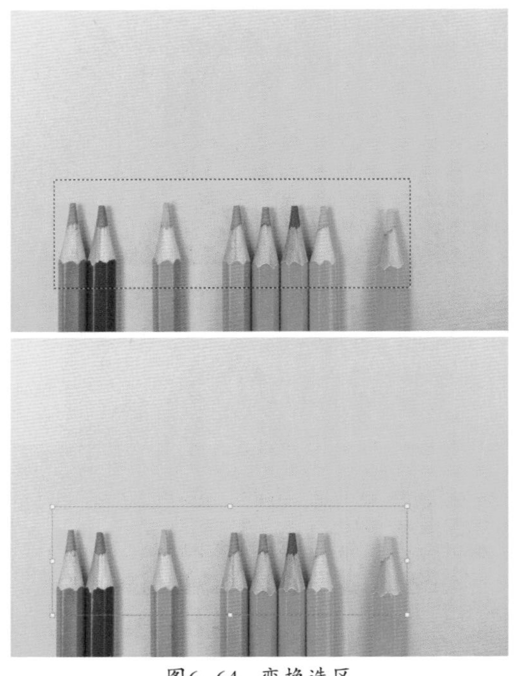

图6-64 变换选区

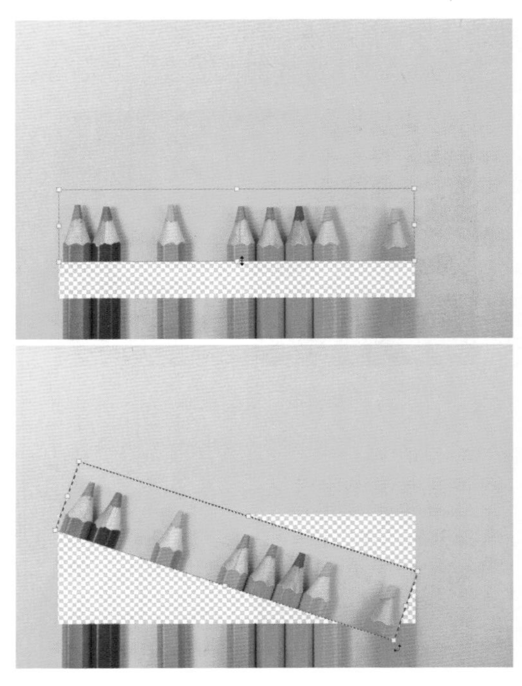

图6-65 对选区中的内容应用变换

6.4 知识总结

本章主要对选区及抠图操作进行了详细的说明，抠图的应用在设计中随处可见。电子商务的流行，使网店美工的需求量变得非常大，而进行网店抠图所要使用的工具在本章中都基本有讲解。读者熟练掌握本章内容，可以使抠图变得非常简单。

6.5 拓展训练

本章通过两个拓展训练，让读者对选区应用及抠图操作有更加深入的了解，巩固前面知识的同时，掌握更深层次的应用技巧。

训练6-1 使用“矩形选框工具”制作艺术效果

难度：☆

素材位置：第 6 章 \ 训练 6-1\ 美女 .jpg

效果位置：第 6 章 \ 训练 6-1\ 使用“矩形选框工具”制作艺术效果 .psd

在线视频：第 6 章 \ 训练 6-1 使用“矩形选框工具”制作艺术效果 .mp4

◆训练分析

本训练巩固使用“矩形选框工具”制作照片的艺术效果的方法和技巧，制作艺术效果前后对比如图6-66所示。

图6-66　制作艺术效果前后对比

◆训练知识点

矩形选框工具

训练6-2 使用"磁性套索工具"对木勺进行抠图

难度：☆
素材位置：第 6 章 \ 训练 6-2\ 木勺 .jpg
效果位置：第 6 章 \ 训练 6-2\ 使用"磁性套索工具"对木勺进行抠图 .psd
在线视频：第 6 章 \ 训练 6-2 使用"磁性套索工具"对木勺进行抠图 .mp4

◆训练分析

本训练巩固使用"磁性套索工具"对木勺抠图的方法。"磁性套索工具"能够非常方便地选择边缘颜色对比度较强的图像。如要选取下图中的木勺，使用其他工具都不能很好地完成，而使用"磁性套索工具"可以轻松完成选取，抠图的前后效果对比如图6-67所示。

图6-67　抠图前后效果对比

◆训练知识点

磁性套索工具

第 7 章

路径和形状工具

路径是Photoshop 2020中的重要工具，形状其实是路径的一种变形存在，其主要用于进行图像选择的辅助抠图，绘制平滑线条，定义画笔等工具的绘制轨迹，输入/输出路径和选择区域之间转换等。

本章详细介绍了路径的创建和编辑方法，包括“钢笔工具”的使用、路径的选择与编辑、路径的填充与描边、路径和选区之间的转换等。掌握了这些操作方法，可以在Photoshop 2020中创建精确的矢量图形。

教学目标

了解绘图模式 | 了解路径与锚点的特征

掌握“钢笔工具”的使用方法 | 掌握编辑路径的方法

学会管理路径 | 学会填充和描边路径

学会路径与选区间的转换 | 掌握形状工具的使用方法

7.1 了解绘图模式

Photoshop 2020中的钢笔和形状等矢量工具可以创建不同类型的对象，包括形状图层、工作路径和像素图形。选择一个矢量工具后，需要先在工具选项栏中选择相应的绘图模式，再进行绘制。

7.1.1 选择绘图模式

使用形状工具或“钢笔工具”时，可以在工具选项栏中选择3种不同的模式进行绘制，如图7-1所示。

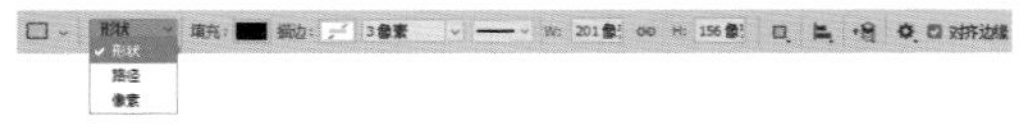

图7-1 选择绘图模式

具体介绍如下。

- **形状：**选择“形状”模式后，可在单独的形状图层中创建形状。形状图层由填充区域和形状两部分组成，填充区域定义了形状的颜色、图案和图层的不透明度，形状是一个矢量图形，它同时也出现在“路径”面板中，如图7-2所示。

图7-2 绘制形状

- **路径：**选择“路径”模式后，可创建工作路径，它出现在“路径”面板中，而不会出现在“图层”面板中，如图7-3所示。路径可以转换为选区或创建矢量蒙版，也可以填充和描边路径从而得到光栅化的图像。

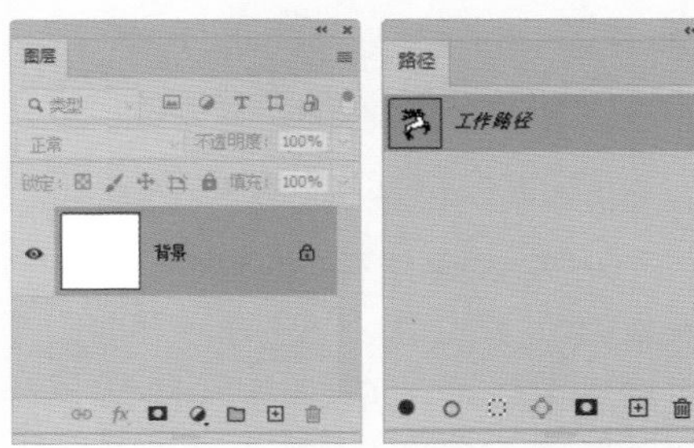

图7-3 绘制路径

- **像素：**选择“像素”模式后，可以在当前图层上绘制栅格化的图形（图形的填充颜色为前景色）。由于该模式不能创建矢量图形，因此“路径”面板中不会有路径，如图7-4所示。该模式不能用于“钢笔工具”。

图7-4 绘制像素

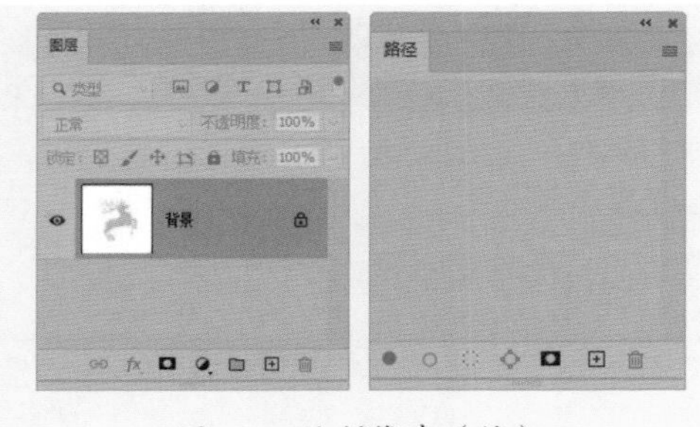

图7-4　绘制像素（续）

7.1.2 形状

选择“形状”模式后，可以在“填充”面板中选择用纯色、渐变和图案对图形进行填充和描边，如图7-5所示。

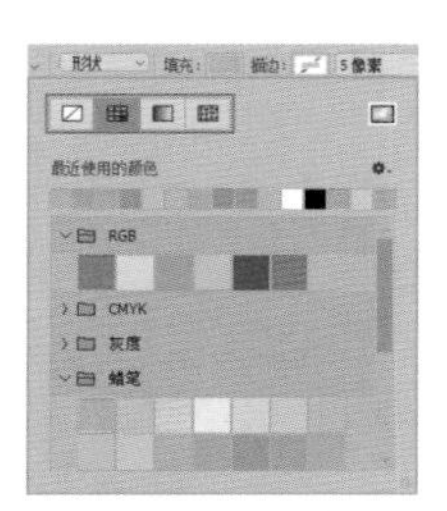

图7-5“填充”面板

图7-6所示为采用不同内容对图形进行填充的效果。

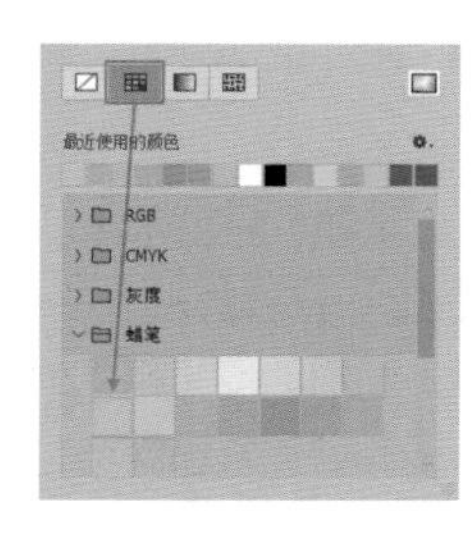

（a）用纯色填充

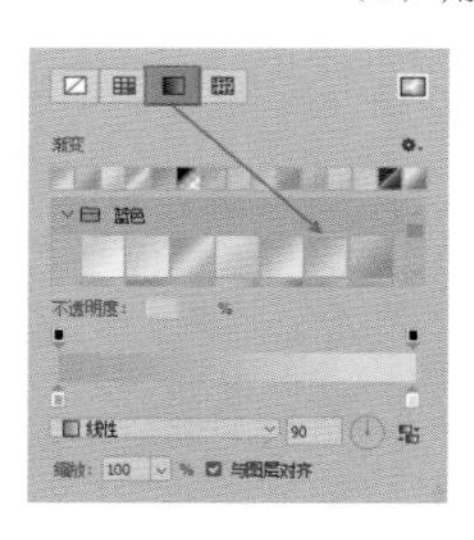

（b）用渐变填充

图7-6　不同填充效果

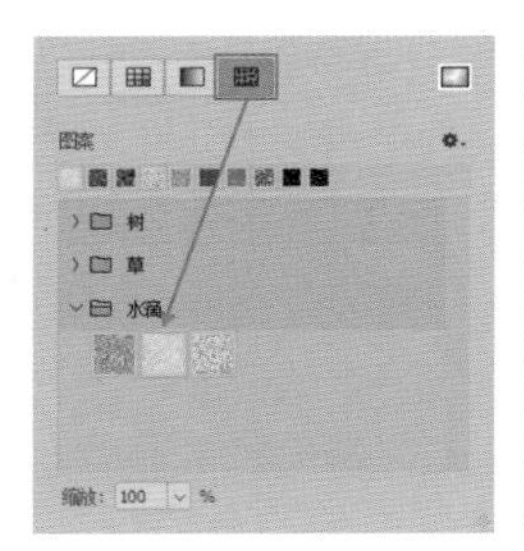

（c）用图案填充

图7-6　不同填充效果（续）

在“描边”面板中，也可以用纯色、渐变和图案对图形进行描边，如图7-7所示。

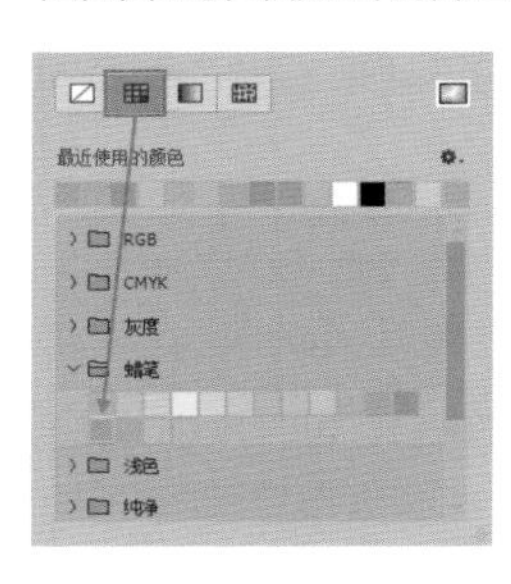

（a）用纯色描边

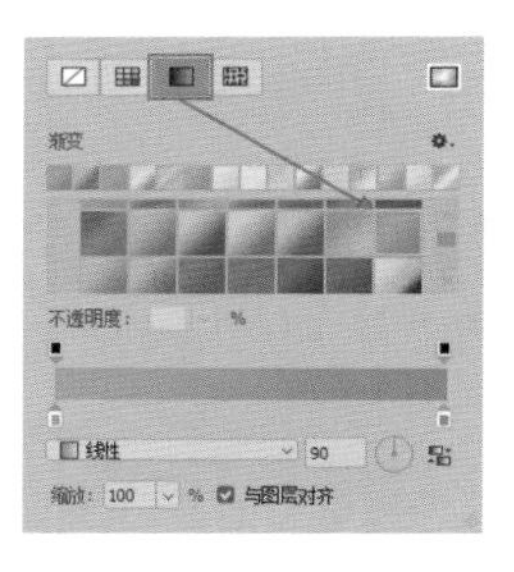

（b）用渐变描边

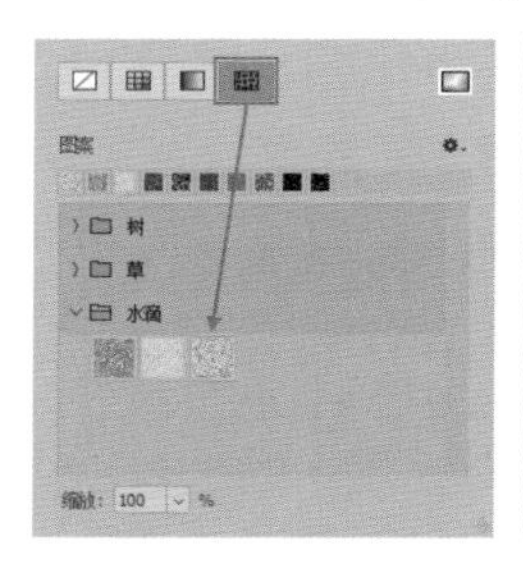

（c）用图案描边

图7-7　不同描边效果

7.1.3 路径

在工具选项栏中选择“路径”模式并绘制路径后，可以单击“选区”“蒙版”“形状”按钮，将路径转换为选区、矢量蒙版或形状图层，如图7-8所示。

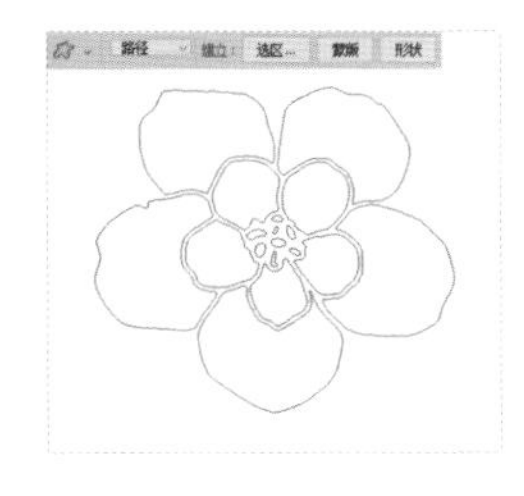

（a）创建路径

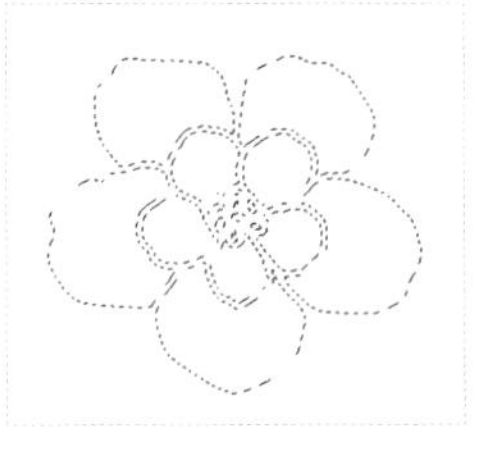

（b）单击“选区”按钮效果

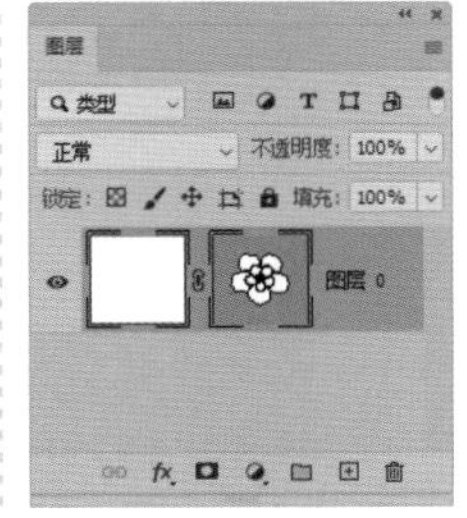

（c）单击“蒙版”按钮

图7-8　转换路径类型

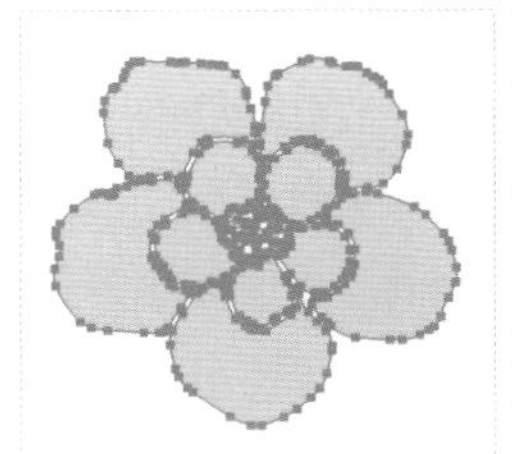

（d）单击“形状”按钮

图7-8　转换路径类型（续）

7.1.4 像素

在工具选项栏中选择“像素”模式后，可以为绘制的图像设置混合“模式”和“不透明度”，如图7-9所示。

图7-9　选择“像素”模式的工具选项栏

具体介绍如下。

- **模式：** 可以设置混合模式，让绘制的图像与下方其他图像产生混合效果。
- **不透明度：** 可以为图像指定不透明度，使其呈现透明效果。
- **消除锯齿：** 可以平滑图像的边缘，消除锯齿。

7.2 了解路径与锚点的特征

矢量图是由数学定义的矢量形状组成的，因此，矢量工具创建的是由锚点和路径组成的图形。下面先了解路径和锚点的特征及关系，为学习矢量工具打下基础。

7.2.1 认识路径

路径是可以转换为选区或可以使用颜色进行填充和描边的轮廓，它包括有起点和终点的开放式路径（见图7-10），以及没有起点和终点的闭合式路径（见图7-11）两种。

图7-10　开放式路径

图7-11　闭合式路径

7.2.2 认识锚点

路径由直线路径段或曲线路径段组成，它们之间用锚点连接。锚点分为两种，一种是平滑点，另外一种是角点。平滑点连接可以形成平滑的曲线；角点连接则形成直线或转角曲线，如图7-12所示。曲线路径段上的锚点有方向线，方向线的端点为方向点，它们用于调整曲线的形状。

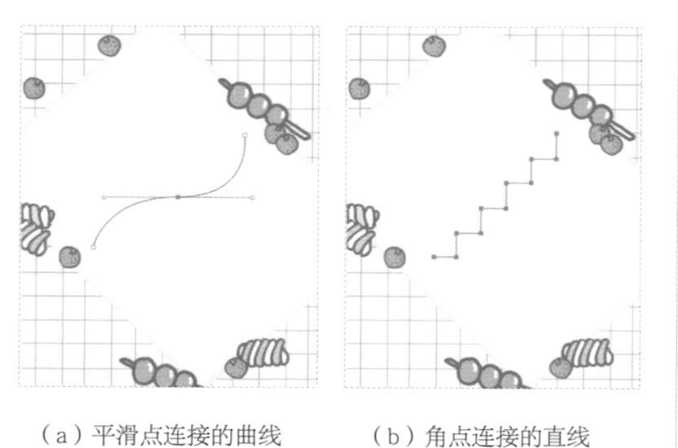

（a）平滑点连接的曲线　（b）角点连接的直线

图7-12　不同锚点类型

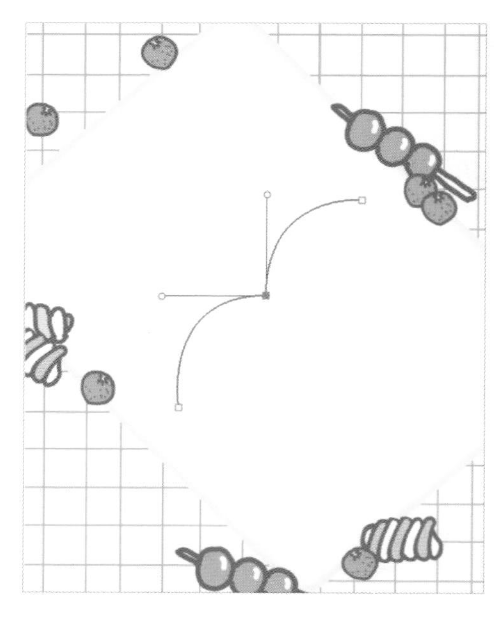

（c）角点连接的转角曲线

图7-12　不同锚点类型（续）

7.3 钢笔工具

“钢笔工具”是Photoshop 2020中较为强大的绘图工具，它主要有两种用途：一是绘制矢量图形，二是用于选取对象。在作为选取工具使用时，“钢笔工具”绘制的轮廓光滑、准确，将路径转换为选区可以准确地选取对象。

7.3.1 钢笔工具 重点

在工具箱中选择“钢笔工具”后，工具选项栏中将显示其相关属性，当选择“路径”模式时，工具选项栏如图7-13所示。

图7-13　“钢笔工具”的工具选项栏

工具选项栏中各选项介绍如下。

- **建立：**在“建立”右侧有3个按钮，分别为“选区”“蒙版”“形状”，这3个按钮只有绘制了路径或形状后才可以单击。单击“选区”按钮，将打开“建立选区”对话框，如图7-14所示，利用该对话框可以在将路径转换为选区的同时进行更多的参数设置，如羽化、新建选区等操作。

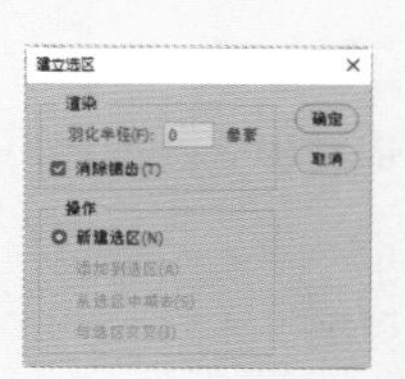

图7-14　“建立选区”对话框

- **路径操作：**该选项主要是用来指定新路径与原来的路径之间的关系，如合并、减去、相交或排除等，如图7-15所示，它与前面讲解过的选区的相加、相减应用相似。“新建图层”表示创建新的形状图层；“合并形状”表示将现有路径或形状合并到原有路径或形状区域中；“减去顶层形状”表示从现有路径或形状区域中减去与新绘制区域的重叠区域；“与形状区域相交”表示将保留原有区域与新绘制区域的交叉区域；“排除重叠形状”表示将原有区域与新绘制的区域相交叉的部分排除，保留没有重叠的区域；“合并形状组件”表示将路径操作过的形状组件合并成一个形状。

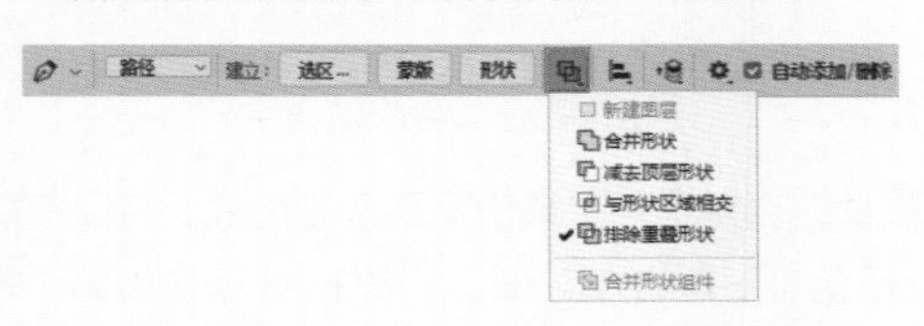

图7-15　路径操作

- **路径对齐方式**：用来设置路径的对齐方式，用法与图层对齐相同。
- **路径排列方式**：调整路径的层级关系，分为“将形状置为顶层”“将形状前移一层”“将形状后移一层”“将形状置为底层”4种。
- **设置其他钢笔或路径选项**：设置路径的其他选项，如“粗细”、“颜色”和绘制方法是否受约束，并可以指定路径粗细和路径颜色。选择“钢笔工具”时，可以勾选“橡皮带”复选框，在绘制路径时，鼠标指针和最后绘制的锚点之间会有一条动态变化的直线或曲线，表明若在鼠标指针处设置锚点则会绘制出什么样的线条，它可以对绘图起辅助作用。
- **自动添加/删除**：勾选该复选框，在使用“钢笔工具”绘制路径时，“钢笔工具”不仅具有绘制路径的功能，还可以添加或删除锚点。
- **对齐边缘**：勾选该复选框，可以将矢量形状的边缘与像素网格对齐。

练习7-1　使用“钢笔工具”绘制爱心

难度：☆
素材位置：第7章\练习7-1\背景.jpg
效果位置：第7章\练习7-1\使用“钢笔工具”绘制爱心.psd
在线视频：第7章\练习7-1使用“钢笔工具”绘制爱心.mp4

下面介绍使用“钢笔工具”绘制爱心图形的方法。

01 执行“文件”→“打开”命令，打开“背景.jpg”素材文件，如图7-16所示。

图7-16　打开“背景.jpg”素材文件

02 执行“视图”→“显示”→“网格”命令，显示网格。选择工具箱中的“钢笔工具”，在工具选项栏设置工具模式为“路径”，在网格角点上单击并向画面右上方拖动鼠标指针，创建一个平滑点，如图7-17所示。

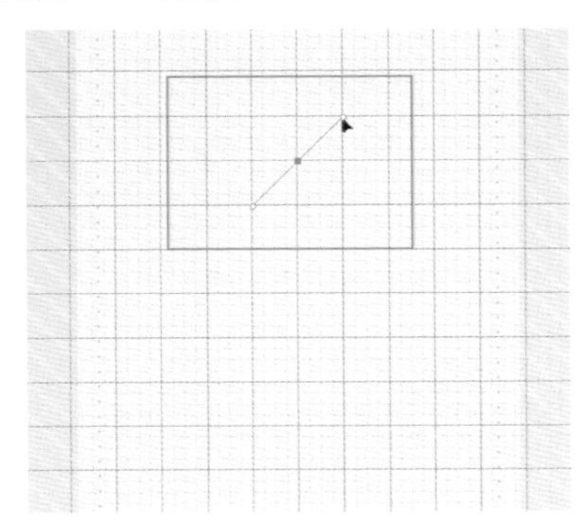

图7-17　创建平滑点

03 将鼠标指针移至下一个锚点处，单击并向下拖动创建曲线，如图7-18所示。将鼠标指针移至下一个锚点处，单击但不要拖动，创建一个角点，如图7-19所示，完成右侧心形的绘制。

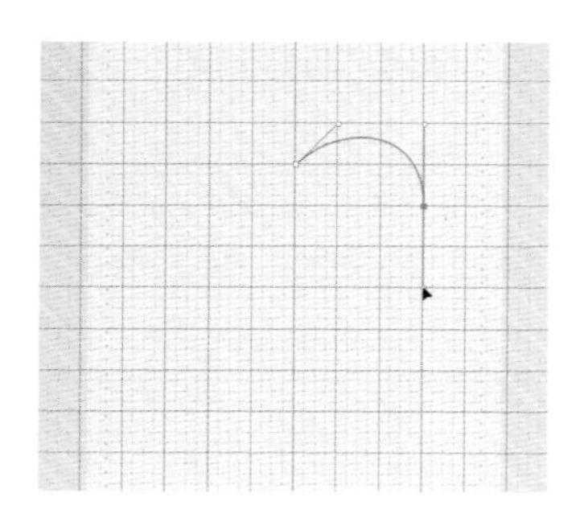

图7-18　创建曲线

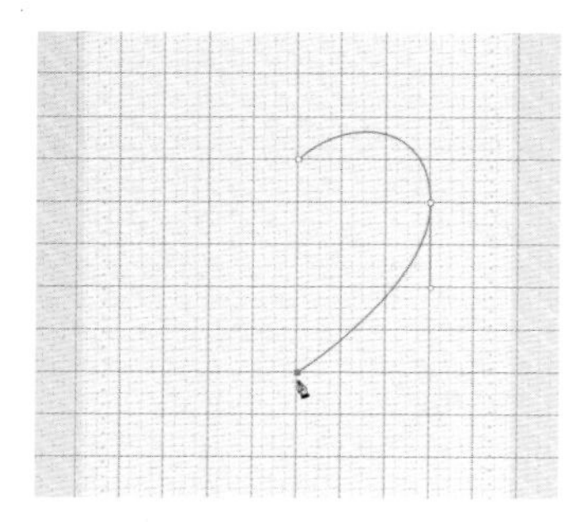

图7-19　创建角点

04 在图 7-20 所示的网格点上单击并向上拖动，创建曲线；将鼠标指针移至路径的起点上，单击即可闭合路径，如图 7-21 所示。

图7-20　创建曲线

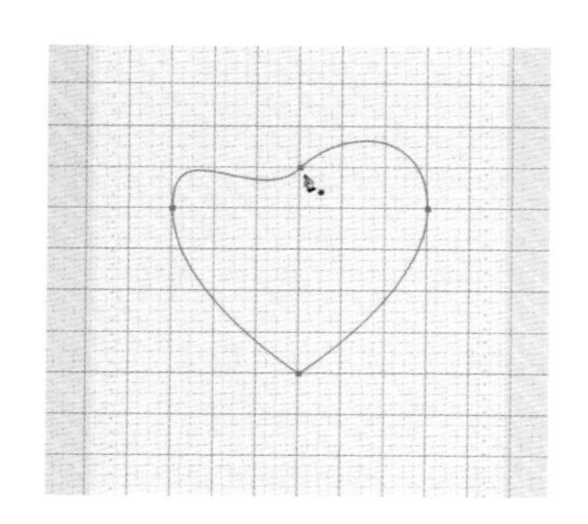

图7-21　闭合路径

05 选择工具箱中的“直接选择工具”，在路径的起始处单击显示锚点，如图 7-22 所示。

图7-22　显示锚点

06 此时当前锚点上会出现两条方向线，将鼠标指针移至左下角的方向线上，按住 Alt 键切换为“转换点工具”，单击并向上拖动该方向线，使之与右侧的方向线对称，如图 7-23 所示。

图7-23　调整方向线

07 隐藏网格，完成绘制，单击“路径”面板底部的“将路径作为选区载入”按钮，将路径转换为选区，如图 7-24 所示。

图7-24　将路径转换为选区

08 新建图层，设置前景色为红色（R:253,

G:136，B:162），按 Alt+Delete 组合键填充前景色，按 Ctrl+D 组合键取消选区，爱心效果如图7-25 所示。

图7-25 爱心效果

7.3.2 自由钢笔工具 难点

与“钢笔工具” 不同，“自由钢笔工具” 以徒手绘制的方式建立路径。在工具箱中选择该工具，移动鼠标指针至图像窗口中并自由拖动，直至到达适当的位置后释放鼠标，鼠标指针所移动的轨迹即为路径。在绘制路径的过程中，系统会自动根据曲线的走向添加适当的锚点和设置曲线的平滑度。

选择“自由钢笔工具” 后，勾选工具选项栏中的“磁性的”复选框，“自由钢笔工具” 也具有了和“磁性套索工具” 一样的磁性功能。在单击确定了路径起始点后，沿着图像边缘移动指针，系统会自动根据颜色反差建立路径。

选择“自由钢笔工具” ，在工具选项栏中单击 按钮，如图7-26所示。

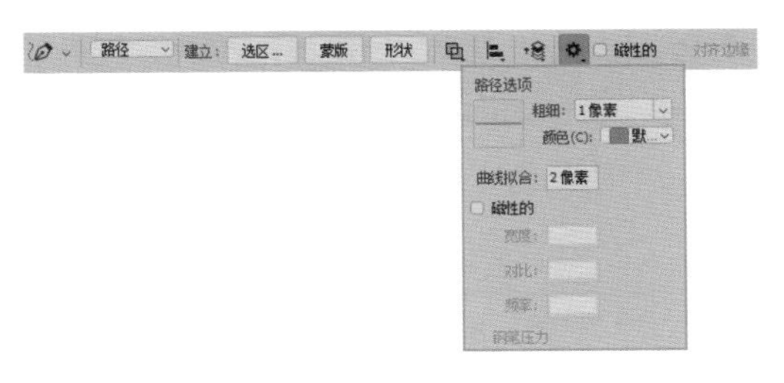

图7-26 “自由钢笔工具”的工具选项栏

相关选项介绍如下。

- **曲线拟合：**沿路径按拟合贝塞尔曲线时允许的错误容差。其值越小，允许的错误容差越小，创建的路径越精细。
- **磁性的：**勾选工具选项栏中的“磁性的”复选框，其中“宽度”用于检测“自由钢笔工具”从鼠标指针开始指定距离以内的边缘；“对比”用于指定该区域看作边缘所需的像素对比度，值越大，图像的对比度越低；“频率”用于设置锚点添加到路径中的频率。
- **钢笔压力：**根据绘图压力来更改钢笔的宽度。

7.3.3 弯度钢笔工具 难点

“弯度钢笔工具” 是较新的一个工具，在以前的版本中，很多初学者在使用“钢笔工具” 绘制曲线时往往感觉力不从心，而这个工具的出现很好地解决了这一问题。特别是在工具选项栏中勾选了“橡皮带”复选框后，绘制的曲线更加直观，图7-27所示为使用“弯度钢笔工具” 绘制的曲线。

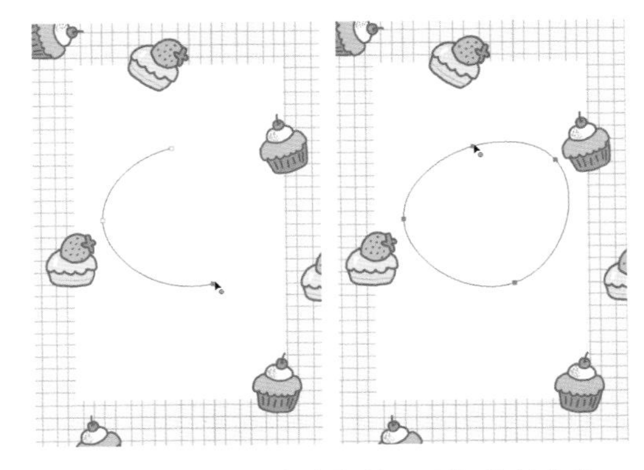

图7-27 使用“弯度钢笔工具”绘制曲线

7.4 编辑路径

要想使用“钢笔工具” 准确地绘制对象的轮廓，必须熟练掌握锚点和路径的编辑方法，下面介绍如何对锚点和路径进行编辑。

7.4.1 选择与移动路径

Photoshop 2020提供了“路径选择工具” 和“直接选择工具” 这两个路径选择工具。

“路径选择工具” 用于选择整条路径。移动鼠标指针至路径区域内任意位置单击，路径的所有锚点即被全部选择（以黑色实心显示），此时在路径内拖动鼠标指针可移动整个路径，如图7-28所示。如果要取消选择路径，可在画面空白处单击。

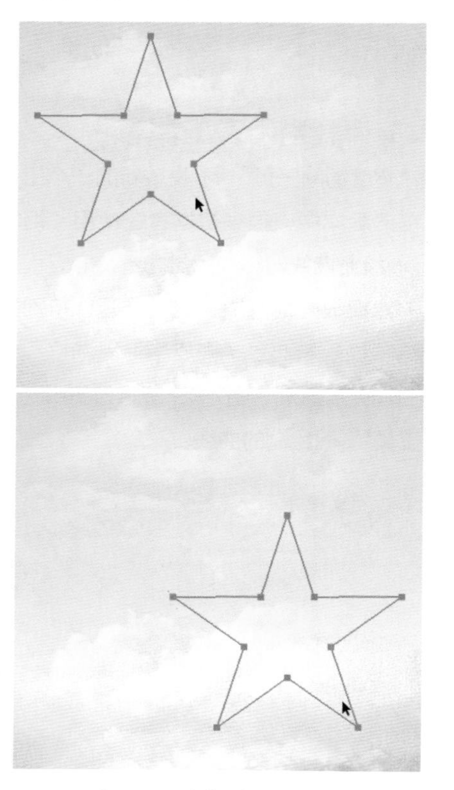

图7-28 选择并移动路径

选择“直接选择工具” ，单击一个锚点即可选择该锚点，选择的锚点为黑色实心，未选择的锚点为空心方块，如图7-29所示。单击一个路径段，可以选择该路径段，如图7-30所示。

图7-29 选择锚点

图7-30 选择路径段

技巧

按住Alt键单击一个路径段，可以选择该路径段及路径段上的所有锚点；按住Alt键移动路径，可在当前路径内复制出子路径。如果当前选择的是“直接选择工具” ，按住Ctrl键，可切换为“路径选择工具” 。

7.4.2 调整方向点

使用“直接选择工具” 选择了锚点之后，该锚点及相邻锚点的方向线和方向点就会显示在图像窗口中，方向线和方向点的位置确定了曲线段的曲率，移动这些元素将改变路径的形状。

移动方向点与移动锚点的方法类似，移动鼠标指针至方向点上然后拖动，即可改变方向线的长度和角度。图7-31所示为原图，使用“直接选择工具” 拖动平滑点上的方向线时，方向线始终为一条直线，锚点两侧的路径段都会发生改变，如图7-32所示。使用“转换点工具” 拖动方向时，可以单独调整平滑点任意一侧的方向线，而不会影响到另外一侧的方向线和同侧的路径段，如图7-33所示。

图7-31 原图

图7-32 改变方向线

图7-33 单独调整方向线

7.4.3 添加锚点

使用“添加锚点工具” 和“删除锚点工具” ，可添加和删除锚点。

选择“添加锚点工具” 后，移动鼠标指针至路径上，如图7-34所示，当鼠标指针变为 形状时，单击即可添加一个锚点，如图7-35所示。如果拖动鼠标指针，可以添加一个平滑点，如图7-36所示。

图7-34 鼠标指针显示

图7-35 添加锚点

图7-36 添加平滑锚点

7.4.4 删除锚点

选择“删除锚点工具” 后，将鼠标指针放在锚点上，如图7-37所示。当鼠标指针变为 形状时，单击即可删除该锚点，如图7-38所示。使用“直接选择工具” 选择锚点后，按Delete键也可以将其删除，但该锚点两侧的路径段也会同时被删除；如果路径为闭合路径，则会变为开放式路径，如图7-39所示。

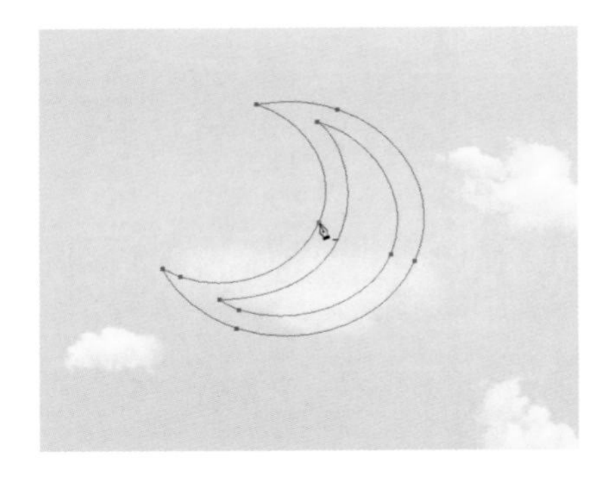

图7-37 鼠标指针显示

图7-38 删除锚点

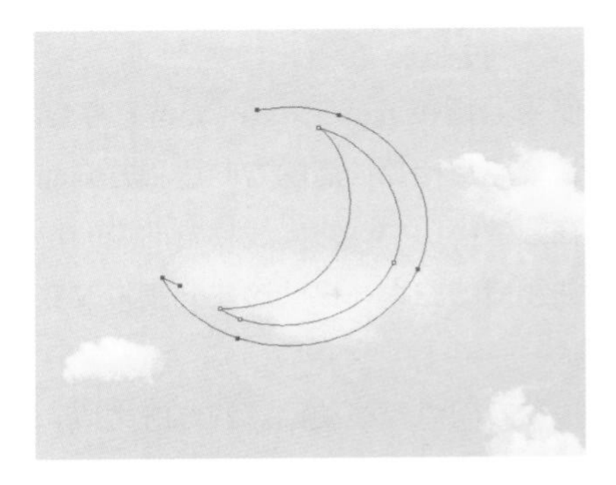

图7-39 删除路径段

7.4.5 转换锚点的类型

使用“转换点工具” 可轻松完成平滑点和角点之间的相互转换。

如果当前锚点为角点，在工具箱中选择“转换点工具” ，然后移动鼠标指针至角点上拖动可将其转换为平滑点，如图7-40和图7-41所示。如需要转换的是平滑点，单击该平滑点可将其转换为角点。

图7-40 鼠标指针显示

图7-41 角点转换为平滑点

7.5 管理路径

创建路径后，所有的路径都将自动保存在“路径”面板中。在“路径”面板中可以对创建的路径进行管理，也可以对路径进行填充或描边操作，还可以将路径转化为选区或将选区转化为路径。

执行“窗口”→“路径”命令，将打开“路径”面板，如图7-42所示。

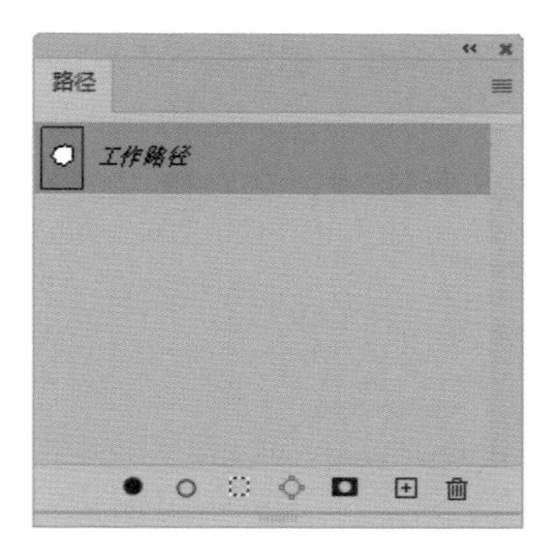

图7-42 “路径”面板

7.5.1 创建新路径

为了不在同一个路径层中绘制路径，可以创建新的路径层，以放置不同的路径。在“路径”面板中，单击底部的“创建新路径”按钮 ，创建一个新的路径层，使用相关的路径工具，即可在其中创建路径。单击“创建新路径”按钮 创建的路径名称是系统自动命名的，如图7-43所示。

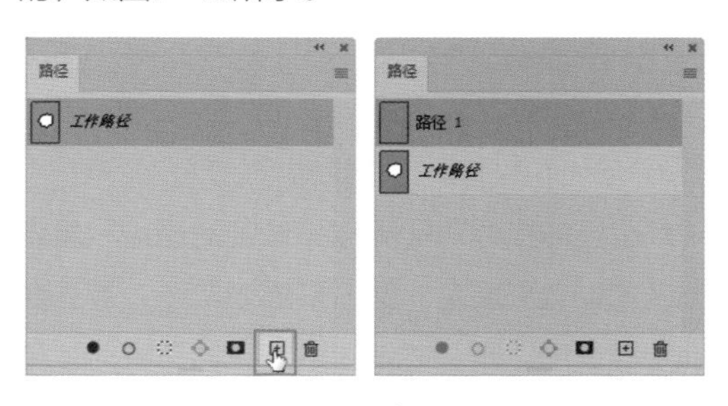

图7-43 创建新路径

7.5.2 重命名路径

为了更好地区别路径，可以根据路径层中的路径为路径层重新命名。在“路径”面板中直接双击要重新命名的路径层，激活名称区域，使其处于可编辑状态，然后输入新的路径名称，按Enter键即可完成重命名，重命名路径如图7-44所示。

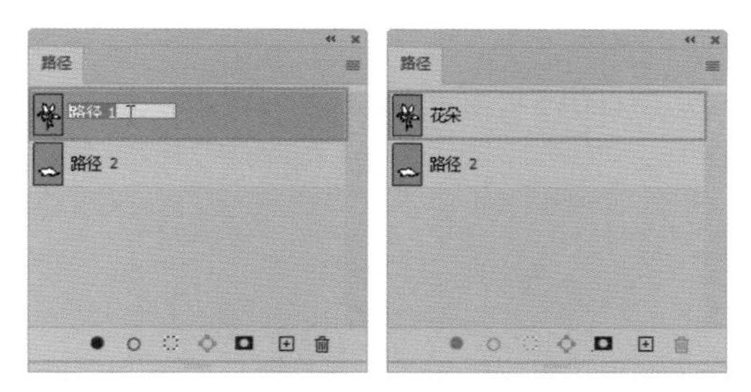

图7-44 重命名路径

7.5.3 删除路径

在“路径”面板中，选中要删除的路径层，然后将其拖动到“路径”面板底部的“删除当前路径”按钮 上，释放鼠标即可将该路径删除，删除路径如图7-45所示。

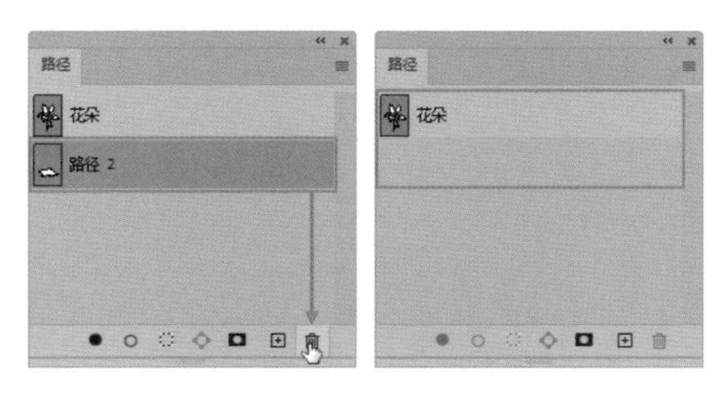

图7-45 删除路径

7.6 填充和描边路径

Photoshop 2020允许使用前景色、背景色和图案以多种混合模式来填充路径，也允许使用绘图工具为路径描边。对路径进行填充或描边时，该操作是针对整个路径的，包括所有子路径。

7.6.1 填充路径

填充路径功能类似于填充选区，可以在路径中填充各种颜色或图案。在工具箱中设置前景色为任意一种颜色，选中“路径”面板中的路径后，单击“路径”面板底部的“用前景色填充路径”按钮，即可为路径填充颜色，填充效果如图7-46所示。

图7-46 填充路径的效果

单击“用前景色填充路径”按钮填充路径时，只能使用前景色进行填充，也就是只能填充单一的颜色。如果要填充图案或其他内容，可以在“路径”面板菜单中执行“填充路径”命令，打开图7-47所示的“填充路径”对话框，对路径的填充进行详细的设置。

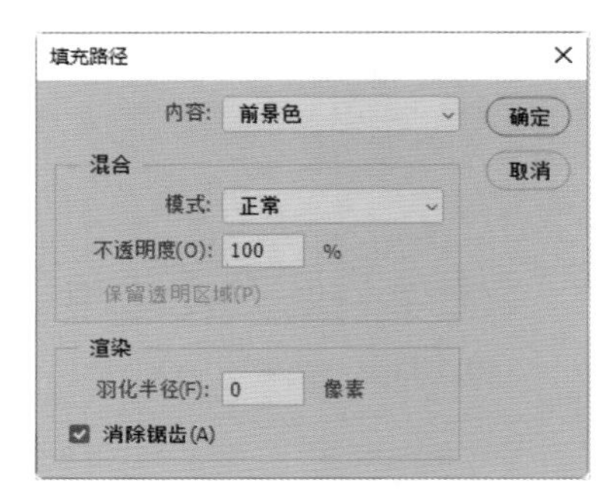

图7-47 “填充路径”对话框

在“填充路径”对话框中，很多参数的设置与以前讲解过的相同，在此重点介绍“渲染”区域中的参数设置。

- **羽化半径：** 在该文本框中输入数值，可以使填充边界变得较为柔和。其值越大，填充颜色边缘越柔和。
- **消除锯齿：** 勾选该复选框，可以消除填充边界处的锯齿。

7.6.2 描边路径 重点

路径的描边功能类似于选区的描边，但比选区的描边要复杂一些。要描边路径，首先要确定描边的工具，并设置该工具的笔触后才可以进行描边。

如果要选择描边路径的描边工具，可以在选中路径后，按住Alt键单击“用画笔描边路径”按钮，或在“路径”面板菜单中执行“描边路径”命令，打开“描边路径”对话框，如图7-48所示，在“工具”下拉列表框中可以选择描边的工具。

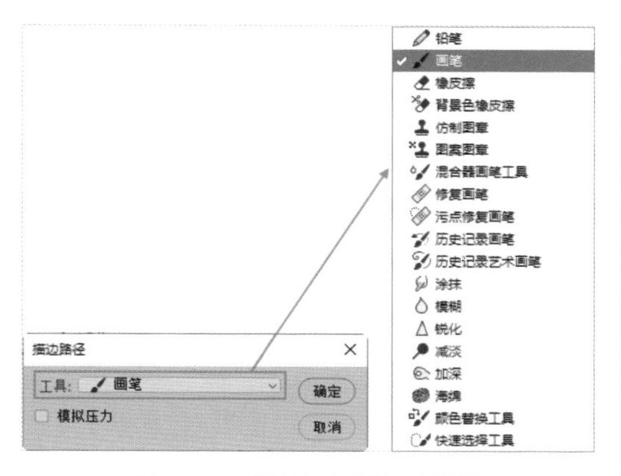

图7-48 “描边路径”对话框

“描边路径”对话框中各选项的介绍如下。

- **工具：**在右侧的下拉列表框中，可选择要使用的描边工具。可以是“铅笔”“画笔”“橡皮擦”“仿制图章”“涂抹”等多种绘图工具。
- **模拟压力：**勾选该复选框，可以模拟绘图时笔尖压力在起笔时从轻变重、在提笔时从重变轻的变化。

练习7-2 使用“描边路径”绘制长颈鹿

难度：☆

素材位置：第7章\练习7-2\背景.jpg

效果位置：第7章\练习7-2\使用“描边路径”绘制长颈鹿.psd

在线视频：第7章\练习7-2 使用“描边路径”绘制长颈鹿.mp4

在对路径进行描边时可以选择描边工具，下面介绍使用画笔描边路径的操作方法。

01 执行“文件”→“打开”命令，打开“背景.jpg”素材文件，如图7-49所示。选择“自定形状工具”，在工具选项栏设置工具模式为“路径”，并设置“形状”为“长颈鹿”，在画布中绘制路径，如图7-50所示。

图7-49 打开“背景.jpg”素材文件

图7-50 绘制路径

02 在“图层”面板中确定要描边的图层，然后在“路径”面板中选择要进行描边的路径层，如图7-51所示。

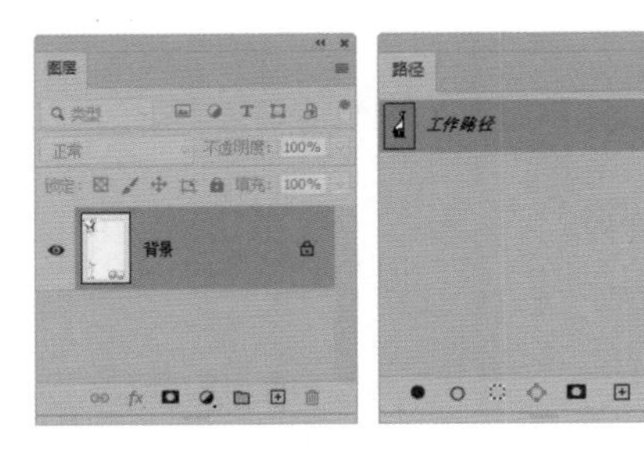

图7-51　选择图层和路径层

03 选择“画笔工具” ，设置合适的画笔笔触和其他参数，然后将前景色设置为较浅的红色（R:223，G:101，B:126），如图 7-52 所示。

图7-52　设置画笔和前景色

04 单击“路径”面板底部的“用画笔描边路径”按钮 ，即可使用画笔将路径描边，如图 7-53 所示。

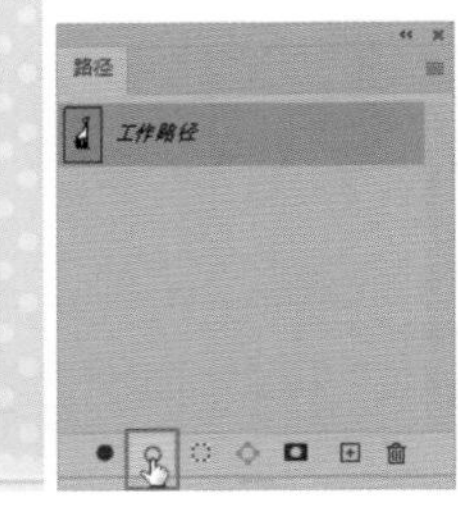

图7-53　路径的描边效果

7.7 路径与选区间的转换

前面讲解了填充单一颜色或图案，如果想填充渐变颜色，最简单的方法就是将路径转换为选区，然后再为其应用渐变填充。有时选区不如路径修改方便，这时可以将选区转换为路径进行编辑。下面详细讲解路径和选区间的转换操作。

7.7.1 从路径建立选区

Photoshop 2020不仅可以从封闭的路径建立选区，还可以将开放的路径转换为选区。从路径建立选区的操作方法有几种，下面讲解不同的建立选区的方法。

按钮法建立选区

在“路径”面板中选择要转换为选区的路径层，然后单击“路径”面板底部的“将路径作为选区载入”按钮 ，即可从当前路径建立一个选区，如图7-54所示。

图7-54　建立选区

菜单法建立选区

在“路径”面板中选择要建立选区的路径，然后在“路径”面板菜单中执行“建立选区”命令，打开“建立选区”对话框，如图7-55所示，可以在其中对要建立的选区进行相关的参数设置。

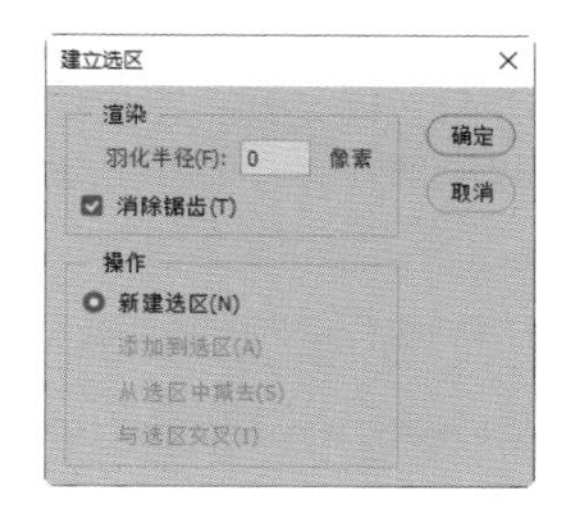

图7-55 “建立选区”对话框

“建立选区”对话框中各选项的介绍如下。

- **羽化半径：** 在该文本框中输入数值可使选区边界变得较为柔和。该值越大，填充颜色时，边缘越柔和。
- **消除锯齿：** 勾选该复选框，可以消除填充边界处的锯齿。
- **操作：** 可以设置新建选区与原有选区的操作方式。

技巧

在当前路径层上右击，在弹出的快捷菜单中执行“建立选区”命令；或在按住Alt键的同时，单击“路径”面板底部的“将路径作为选区载入”按钮，都可以打开“建立选区”对话框。

组合键法建立选区

在“路径”面板中，按住Ctrl键的同时单击要建立选区的路径层，即可从该路径建立选区。

在创建路径的过程中，如果想将创建的路径转换为选区，可以按Ctrl+Enter组合键快速将当前文件窗口中的路径转换为选区，这样就不需要在“路径”面板中进行转换了。

7.7.2 从选区建立路径

Photoshop 2020不但可以从路径建立选区，还可以从选区建立路径，对现有的选区执行相关的命令将其转换为路径，可以更加方便进行编辑操作。下面来讲解几种从选区建立路径的方法。

按钮法建立路径

在文件窗口中，利用相关的选区或套索工具，创建一个选区。确认当前文件窗口中存在选区后，在“路径”面板中，单击底部的“从选区生成工作路径”按钮，即可从当前选区中建立一个工作路径，如图7-56所示。

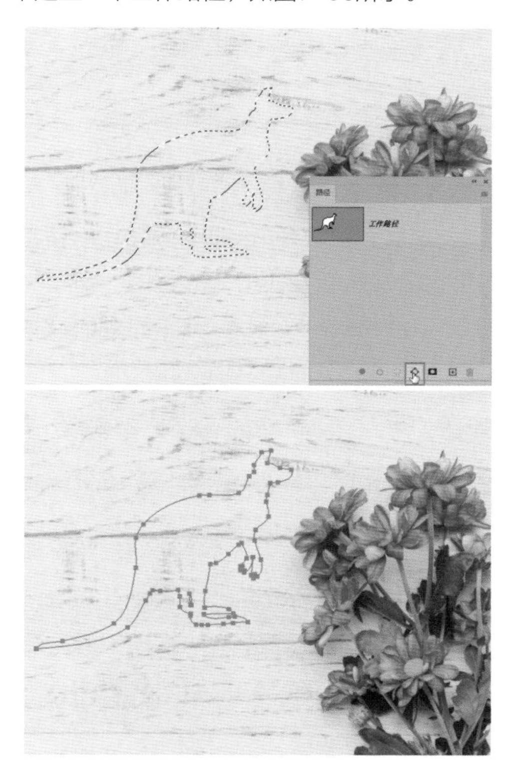

图7-56 建立路径

菜单法建立路径

确认当前文件窗口中存在选区后，在“路径”面板菜单中执行“建立工作路径”命令，打开“建立工作路径”对话框，如图7-57所示，可以在其中对要建立的路径设置它的“容差”值。“容差”用来控制选区转换为路径后的平滑程度，该值越小，产生的锚点就越多，线条也就越平滑。

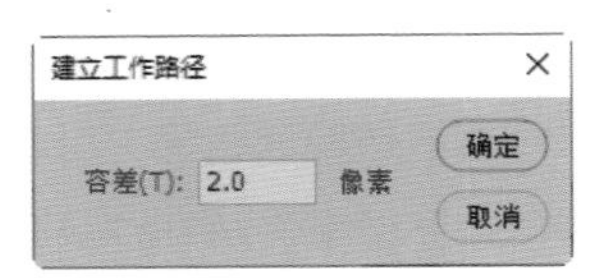

图7-57 “建立工作路径”对话框

技巧

在按住 Alt 键的同时单击“路径”面板底部的“从选区生成工作路径”按钮，同样可以打开“建立工作路径”对话框。

7.8 形状工具

形状工具可以绘制出各种简单的形状图形或路径。在工具箱中，默认情况下显示的形状工具为“矩形工具”，在该按钮上按住鼠标左键稍等片刻或右击，可以打开该工具组，将其他形状工具显示出来。该工具组中包括“矩形工具”、“圆角矩形工具”、“椭圆工具”、“多边形工具”、“直线工具”和“自定形状工具”6种工具，配合工具选项栏可以绘制出各种形状。

7.8.1 矩形工具

“矩形工具”用来绘制矩形和正方形，使用方法比较简单。选择“矩形工具”后，在工具选项栏中进行参数设置，然后在文件窗口中直接拖动即可进行绘制，如图7-58所示。

图7-58 绘制矩形和正方形

“矩形工具”的工具选项栏提供了一个选项子集，要访问这些选项，在工具选项栏单击按钮即可，如图7-59所示。

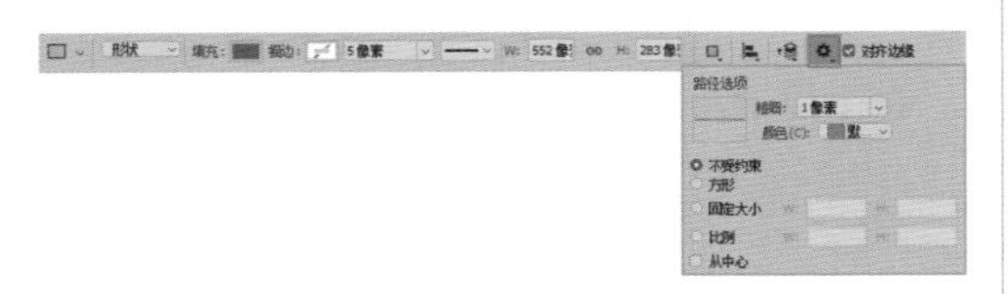

图7-59 “矩形工具”的工具选项栏

“矩形工具”的工具选项栏中各选项的含义如下。

- **不受约束：** 允许拖动设置矩形、圆角矩形、椭圆形或自定形状的宽度和高度。
- **方形：** 选中该单选按钮，在画布中拖动鼠标指针，可将矩形或圆角矩形约束为方形。
- **固定大小：** 指定图形的大小，选中该单选按钮，可以在“W”文本框中输入宽度值，在“H”文本框中输入高度值。在绘制时直接绘制指定大小的图形。
- **比例：** 选中该单选按钮，在“W”文本框中输入水平比例，在“H”文本框中输入垂直比例，然后在文件窗口中拖动鼠标指针，绘制指定比例的形状。
- **从中心：** 选中该单选按钮，从中心开始绘制矩形、圆角矩形、椭圆形或自定形状。

7.8.2 圆角矩形工具

“圆角矩形工具”用来创建圆角矩形。它的使用方法及工具选项栏中的选项都与“矩形工具”的大致相同，只是多了一个“半径”选项。

“半径”用来设置矩形圆角的半径，该值越高，圆角越大。图7-60所示为不同“半径”值的圆角矩形。

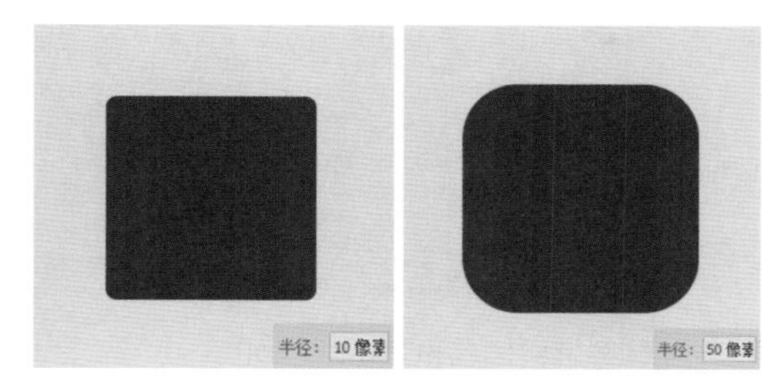

图7-60　不同“半径”值的圆角矩形

7.8.3 椭圆工具

“椭圆工具” 用来创建椭圆形和圆形，如图7-61所示。选择该工具后，拖动鼠标指针可以创建椭圆形，按住Shift键拖动可以创建圆形。“椭圆工具” 的选项及创建方法与“矩形工具” 基本相同，可以创建不受约束的椭圆形和圆形，也可以创建固定大小和固定比例的图形。

图7-61　创建椭圆形和圆形

7.8.4 多边形工具

“多边形工具” 用来创建多边形和星形。选择该工具后，首先要在工具选项栏中设置多边形或星形的“边”数，范围为3~100。单击工具选项栏中的 按钮，打开下拉面板，在该面板中可以设置多边形的选项，如图7-62所示。

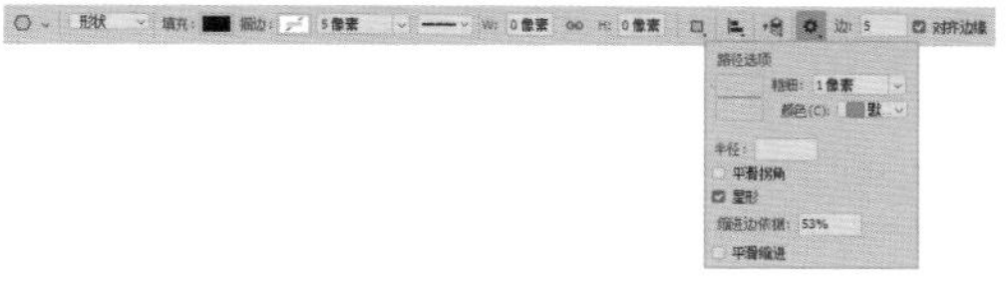

图7-62　“多边形工具”的工具选项栏

工具选项栏中各选项的介绍如下。

- **边：** 设置多边形的“边”数。设置为“3”时，可以绘制出正三角形，如图7-63所示；设置为“5”时，可以绘制出正五边形，如图 7-64所示。

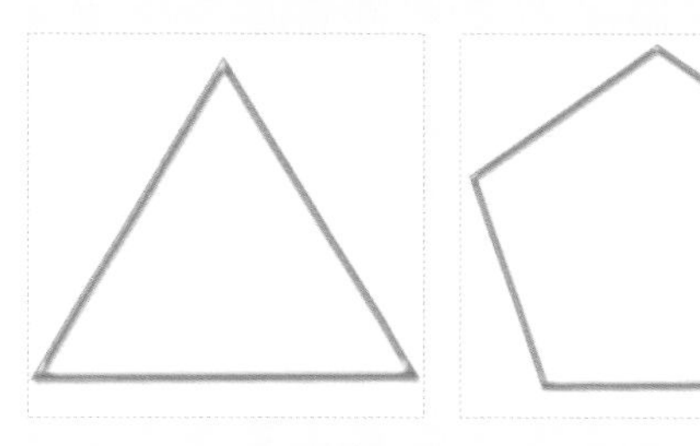

图7-63　正三角形　　图7-64　正五边形

- **半径：** 用于设置多边形或星形的半径长度。设置好“半径”数值以后，在画布中拖动鼠标指针即可创建出相应半径的多边形或星形。
- **平滑拐角：** 勾选该复选框后，可以创建出具有平滑拐角效果的多边形或星形，如图 7-65和图 7-66所示。

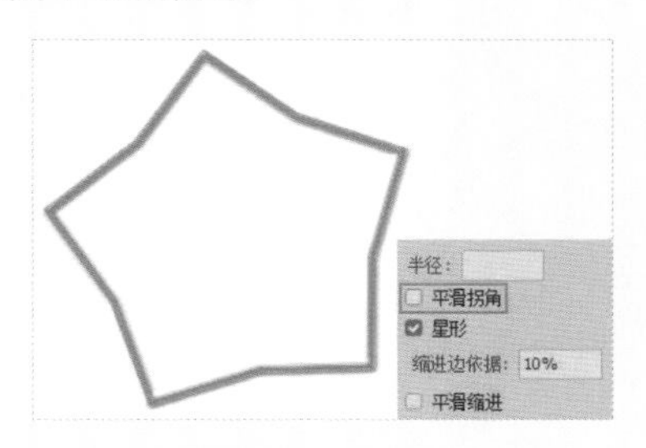

图7-65　取消勾选“平滑拐角”复选框

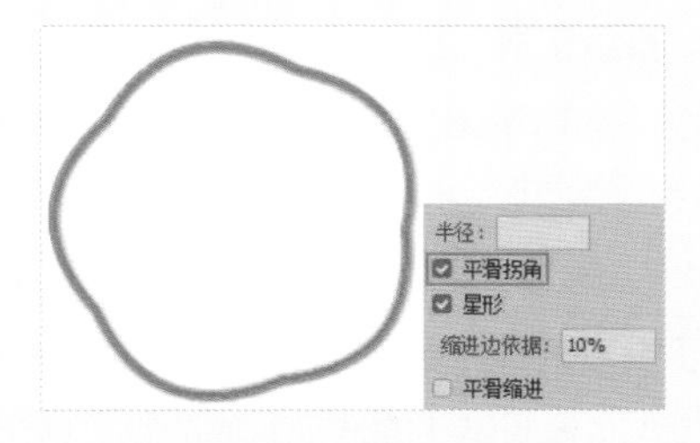

图7-66　勾选“平滑拐角”复选框

- **星形：** 勾选该复选框后，可以创建星形。其下面的“缩进边依据”选项主要用来设置星形的边缘向中心收缩的百分比，数值越大，缩进量越大，图 7-67和图 7-68所示分别是10%和80%的缩进效果。

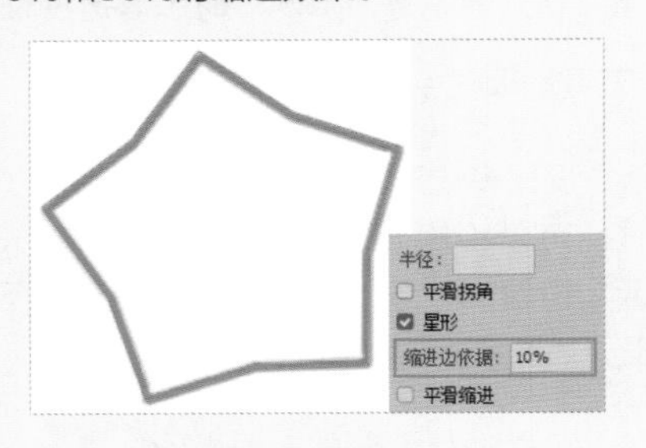

图7-67　10%缩进效果

图7-68　80%缩进效果

- **平滑缩进：** 勾选该复选框后，可以使星形的每条边向中心平滑缩进，如图 7-69所示。

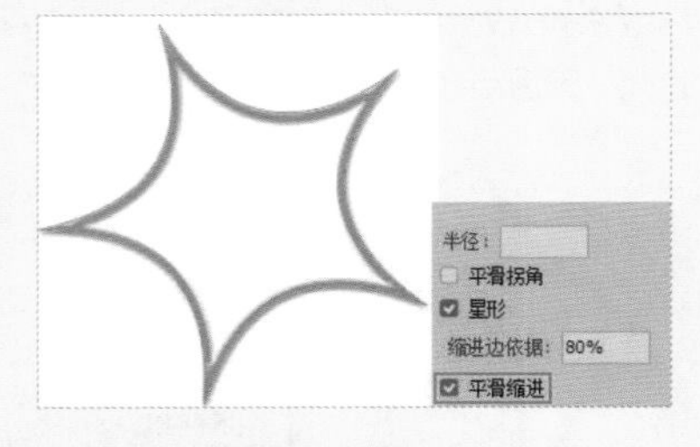

图7-69　勾选“平滑缩进”复选框

7.8.5 直线工具

“直线工具” 用来创建直线和带有箭头的线段。选择该工具后，拖动鼠标指针可以创建直线和线段，按住Shift键可创建水平、垂直或以45° 角为增量的直线。它的工具选项栏中包含了设置直线粗细的选项，此外，下拉面板中还包含了设置箭头的选项，如图 7-70所示。

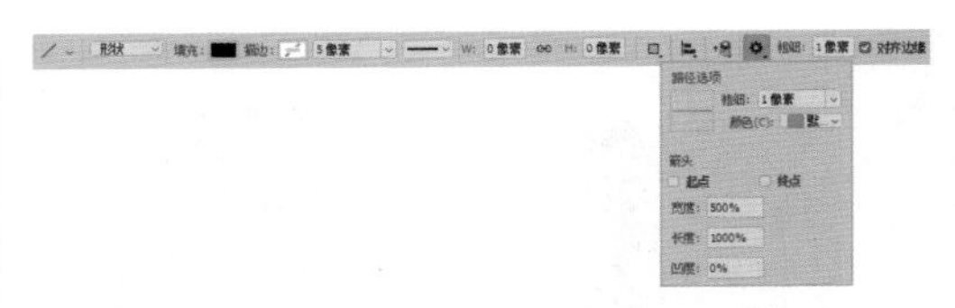

图7-70　“直线工具”的工具选项栏

工具选项栏中各选项的介绍如下。

- **起点/终点：** 勾选“起点”复选框，可在直线的起点添加箭头；勾选“终点”复选框，可在直线的终点添加箭头；两项都勾选，在起点和终点都会添加箭头，如图 7-71所示。

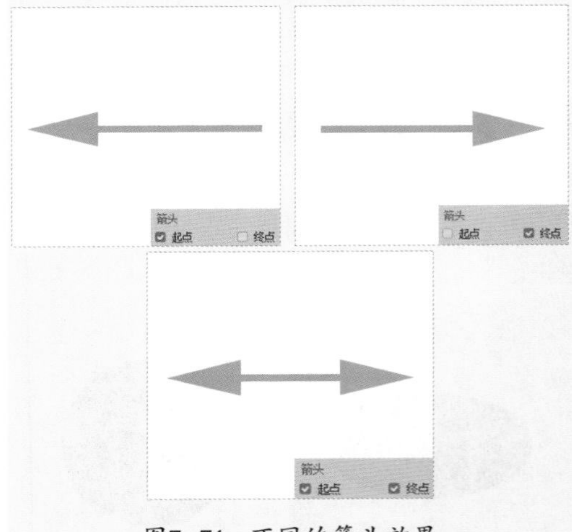

图7-71　不同的箭头效果

- **宽度：** 用来设置箭头宽度与直线宽度的百分比，范围为10%~1000%。
- **长度：** 用来设置箭头长度与直线宽度的百分比，范围为10%~5000%。
- **凹度：** 用来设置箭头的凹陷程度，范围为-50%~50%。

7.8.6 自定形状工具 重点

使用“自定形状工具” 可以创建Photoshop 2020预设的形状、自定义的形状或是外部提供的形状。选择该工具后，需要单击工具选项栏中“形状”后的下拉按钮，在打开的下拉列表框中选择所需的形状，如图 7-72所示，然后在画面中拖动鼠标指针即可创建该形状。如果要保持形状的比例，可以按住Shift键绘制形状。

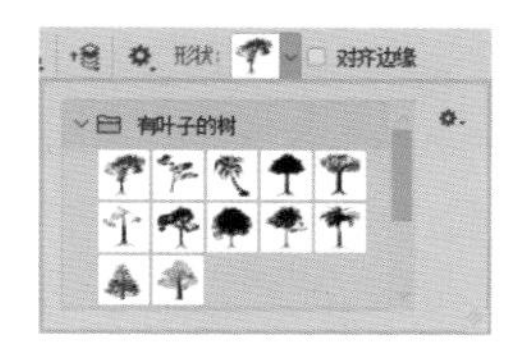

图7-72 “形状”下拉列表框

技巧

在之前的版本里，“自定形状工具” 中有许多预设形状，而在新版本中只有“有叶子的树”“野生动物”“小船”“花”这几种预设图形。

练习7-3 使用“自定形状工具”制作湖边场景

难度：☆

素材位置：第 7 章 \ 练习 7-3\ 背景 .jpg

效果位置：第 7 章 \ 练习 7-3\ 使用“自定形状工具”制作湖边场景 .psd

在线视频：第 7 章 \ 练习 7-3 使用“自定形状工具”制作湖边场景 .mp4

下面讲解使用“自定形状工具” 制作湖边场景的方法。

01 执行“文件”→“打开”命令，打开“背景 .jpg”素材文件，如图 7-73 所示。

图7-73 打开“背景.jpg”素材文件

02 选择工具箱中的“自定形状工具” ，在工具选项栏中设置“填充”为深绿色（R:66，G:89，B:20）、“描边”为无、“形状”为“雪松”，如图 7-74 所示。在画面中拖动鼠标指针，绘制形状，如图 7-75 所示。

03 新建图层，修改“填充”为棕色（R:180，G:129，B:20）、“描边”为黑色、描边宽度为“3 像素”，修改“形状”为“牡鹿”，如图 7-76 所示。在画面中拖动鼠标，绘制图形，如图 7-77 所示。

图7-74 选择“雪松”形状

图7-75 绘制“雪松”形状

图7-76 选择“牡鹿”形状

图7-77 绘制“牡鹿”形状

04 在画面中继续绘制“独木舟”形状，修改“填充”为深棕色（R:123，G:86，B:7），场景绘制完成，如图 7-78 所示。

图7-78 场景绘制完成

7.9 知识总结

本章详细讲解了路径及形状工具的各种应用方法，读者可能会觉得它与选区非常相似，但在辅助抠图时，路径突出表现了其强大的可编辑性，还具有特有的光滑曲率属性，所以掌握路径的应用是绘图与抠图所必需的。

7.10 拓展训练

本章通过两个拓展训练，对路径加深了解，对路径工具的使用加以巩固，要求读者熟练掌握形状工具的使用方法。

训练7-1 制作气球飘带

难度：☆

素材位置：第 7 章 \ 训练 7-1 \ 彩色气球 .jpg

效果位置：第 7 章 \ 训练 7-1 \ 制作气球飘带 .psd

在线视频：第 7 章 \ 训练 7-1 制作气球飘带 .mp4

◆训练分析

本训练练习使用“钢笔工具”制作气球的飘带，使用“钢笔工具”绘制好路径后，再使用“转换点工具”调整锚点，最后给路径描边，效果对比如图7-79所示。

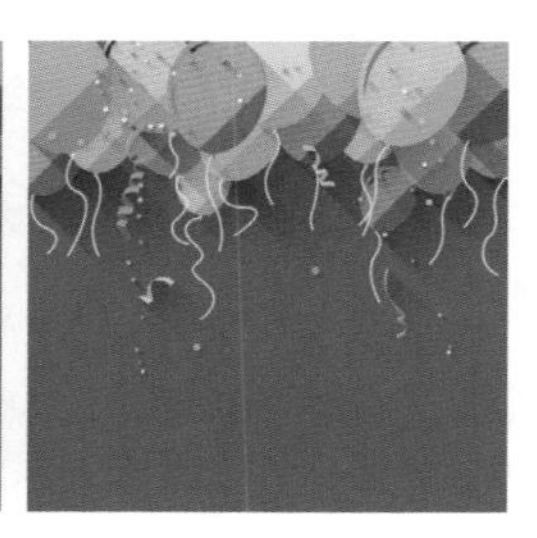

图7-79 制作气球飘带效果前后对比

◆训练知识点

1. 钢笔工具
2. 转换点工具
3. 描边路径

训练7-2 制作向日葵相册

难度：☆

素材位置：第 7 章 \ 训练 7-2\ 素材

效果位置：第 7 章 \ 训练 7-2\ 制作向日葵相册 .psd

在线视频：第 7 章 \ 训练 7-2 制作向日葵相册 .mp4

◆训练分析

本训练练习使用“椭圆工具”制作精美的向日葵相册，使用“椭圆工具”创建了圆形后，再添加照片素材，并为其创建剪贴蒙版，效果对比如图7-80所示。

图7-80 制作向日葵相册效果前后对比

◆训练知识点

1. 椭圆工具
2. 创建剪贴蒙版

第3篇

精通篇

第8章

蒙版与通道的应用

在Photoshop 2020中，蒙版功能主要用于画面的修饰与合成。蒙版可轻松控制图层区域的显示或隐藏，是进行图像合成常用的手段。使用图层蒙版混合图像的好处在于，可以在不破坏图像的情况下反复修改混合方案，直至得到所需的效果。通道的主要功能是保存颜色数据，同时通道也可以用来保存和编辑选区。由于通道功能强大，因此在制作图像特效方面应用广泛，但同时也较难理解和掌握。

本章主要讲解通道和图层蒙版的使用方法。通过本章的学习，读者可以更好地掌握通道和图层蒙版的基本操作和使用方法，以便快速、准确地制作出生动精彩的图像。

教学目标

了解蒙版 | 掌握图层蒙版的应用方法 | 掌握矢量蒙版的应用方法
掌握剪贴蒙版的应用方法 | 了解通道 | 学会编辑通道

8.1 认识蒙版

在Photoshop 2020中，蒙版就是遮罩，控制着图层或图层组中的不同区域的隐藏和显示。更改蒙版，可以对图层应用各种特殊效果，而不会影响该图层中的实际像素。

8.1.1 蒙版的种类和用途

蒙版一般有矢量蒙版、图层蒙版和剪贴蒙版，下面介绍这3种蒙版的使用方法。

- **矢量蒙版**：矢量蒙版是由“钢笔工具”和“自定形状工具”等矢量工具创建的蒙版，它与分辨率无关，无论怎样缩放都能保持光滑的轮廓。图层蒙版和剪贴蒙版都是基于像素的蒙版，矢量蒙版则将矢量图形引入蒙版中，它不仅丰富了蒙版的多样性，还提供了一种可以在矢量状态下编辑蒙版的特殊方式。
- **图层蒙版**：图层蒙版是一个256级色阶的灰度图像，它在图层的上方，起到遮盖图层的作用，然而其本身并不可见。图层蒙版主要用于图像的合成，此外，当创建调整图层、填充图层或应用智能滤镜时，Photoshop 2020也会主动为其添加图层蒙版。因此，图层蒙版还可以控制颜色调整和滤镜范围。
- **剪贴蒙版**：剪贴蒙版图层是Photoshop 2020中的特殊图层，它利用下层图层的图像形状对上层图层的图像进行剪切，从而控制上层图层的显示区域和范围，最终得到特殊的效果。

8.1.2 “属性”面板

“属性”面板用于调整所选图层中的图层蒙版和矢量蒙版的不透明度和羽化范围，使用户不仅可以快速改变其不透明度、边缘柔化程度，还可以进行增加或删除蒙版，以及反相蒙版等操作。

执行“窗口”→“属性”命令，打开“属性”面板，如图 8-1所示。在“属性”面板中可以对蒙版进行“浓度”“羽化”“调整”等设置。

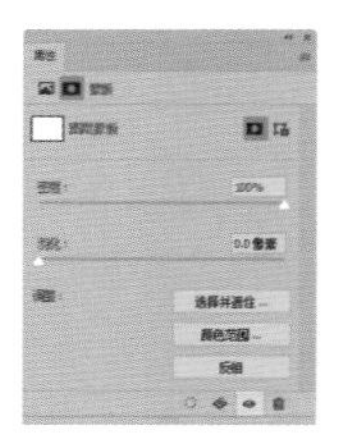

图8-1 “属性”面板

8.1.3 图框工具

“图框工具”可以轻松遮盖图像，为图像创建占位符图框。选择工具箱中的“图框工具”后，在画布中拖出一个图框，如图 8-2所示，置入一张图片，可以直接将该图像放入图框中，如图 8-3所示。

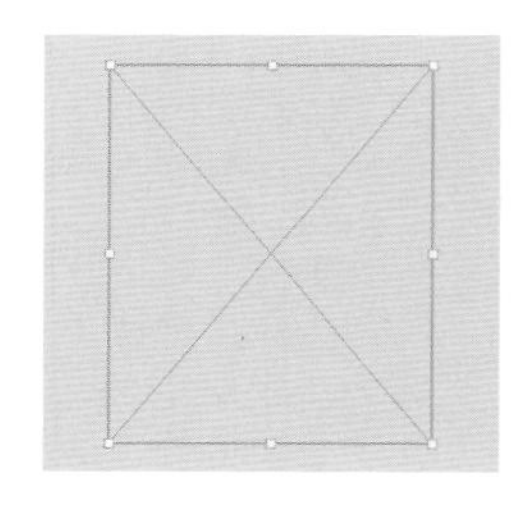

图8-2 创建图框

图8-3 置入图像

使用“图框工具”就像使用了图层蒙版一样，其“图层”面板如图 8-4所示。在工具选项栏可以选择矩形图框或圆形图框，圆形图框效果如图 8-5所示。

图8-4 “图层”面板

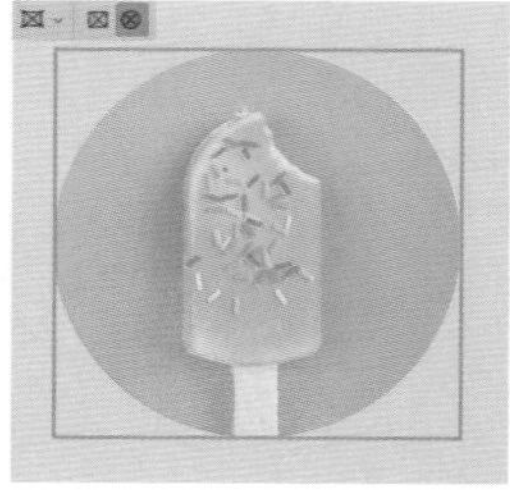

图8-5 圆形图框效果

8.2 图层蒙版

图层蒙版是与分辨率相关的位图图像，是图像合成中应用较为广泛的蒙版。

8.2.1 创建图层蒙版 重点

创建图层蒙版的方法有很多，既可以直接在“图层”面板中进行创建，也可以从选区或图像中生成图层蒙版。

在“图层”面板中创建图层蒙版

选中需要添加图层蒙版的图层，如图8-6所示，单击“图层”面板的底部的“添加图层蒙版”按钮 ，或执行“图层”→“图层蒙版”→“显示全部”命令，可以为当前图层添加图层蒙版，如图8-7所示。

图8-6 选中图层

图8-7 添加图层蒙版

技巧

如果在进行添加图层蒙版操作时，按住 Alt 键，或执行“图层”→“图层蒙版” →“隐藏全部”命令，均可为图层蒙版添加一个默认填充为黑色的图层蒙版，即可隐藏全部的图像。

从选区中生成图层蒙版

如果当前图像中存在选区，单击“图层”面板底部的“添加图层蒙版”按钮 ，或执行“图层”→“图层蒙版”→“显示选区”命令，都可以基于当前的选区为图层添加蒙版，选区以外的图像将被隐藏。

如果当前图像中存在选区，按照上述创建图层蒙版的方法，选区部分以白色显示，非选区部分以黑色显示。图8-8所示为存在选区的图像，图8-9所示为添加图层蒙版后的“图层”面板。

图8-8 存在选区的图像　图8-9 “图层”面板

8.2.2 删除图层蒙版

选中需要删除的蒙版，在图层蒙版缩览图处右击，在弹出的快捷菜单中执行“删除图层蒙版”命令，或执行“图层”→“图层蒙版”→“删除”命令，均可将图层蒙版删除，如图8-10所示。

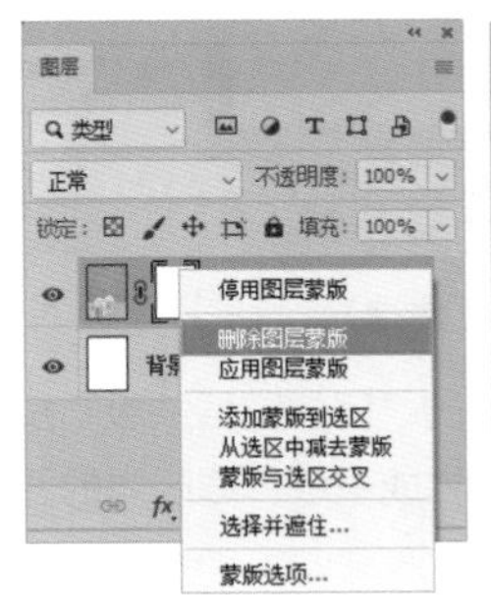

图8-10 删除图层蒙版

练习8-1 从选区生成图层蒙版

难度：☆

素材位置：第 8 章 \ 练习 8-1 \ 素材

效果位置：第 8 章 \ 练习 8-1 \ 从选区生成图层蒙版 .psd

在线视频：第 8 章 \ 练习 8-1 从选区生成图层蒙版 .mp4

利用选区生成图层蒙版可以制作出路边招牌的效果，下面讲解从选区生成图层蒙版来制作路边招牌的方法。

01 执行“文件”→“打开”命令，打开“站牌.png”素材文件，双击“图层”面板中的“背景”图层，将“背景”图层转换为普通图层，如图8-11所示。

图8-11 打开“站牌.png”素材文件

02 使用“魔棒工具”在素材中白色文件部分单击，得到选区，如图 8-12 所示。

图8-12 创建选区

03 单击“图层”面板底部的“添加图层蒙版”按钮，可以从选区中自动生成蒙版，选区内的图像是显示的，而选区外的图像则被蒙版隐藏，如图8-13 所示。

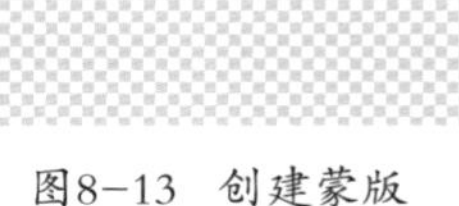

图8-13 创建蒙版

04 按 Ctrl+I 组合键反相，此时选区内的图像被隐藏，如图 8-14 所示。

图8-14 隐藏选区内的图像

05 按 Ctrl+O 组合键打开“海边情侣 .jpg”素材文件，将素材拖动到当前文件中，移至“图层 0”下方，调整其大小和位置，效果如图 8-15 所示。

图8-15 添加素材文件

8.3 矢量蒙版

矢量蒙版依靠路径图形来定义图层中图像的显示区域。它与分辨率无关，是由钢笔或形状工具创建的。使用矢量蒙版可以在图层上创建锐化、无锯齿的边缘形状。

创建矢量蒙版 重点

图层蒙版和剪贴蒙版都是基于像素的蒙版，矢量蒙版则将矢量图形引入蒙版中，它不仅丰富了蒙版的多样性，还为使用者提供了一种可以在矢量状态下编辑蒙版的特殊方式。

练习8-2 使用矢量蒙版制作星形效果

难度：☆

素材位置：第 8 章 \ 练习 8-2\ 素材 .psd

效果位置：第 8 章 \ 练习 8-2\ 使用矢量蒙版制作星形果 .psd

在线视频：第 8 章 \ 练习 8-2 使用矢量蒙版制作星形效果 .mp4

下面讲解如何创建矢量蒙版。

01 执行“文件”→“打开”命令，打开“素材图层 .psd”素材文件，在“图层”面板选中“图层 1”，图层如图 8-16所示。

图8-16 打开“素材.psd”素材文件

02 选择工具箱中的“多边形工具”，在工具选项栏设置工具模式为“路径”，并设置其他参数如图 8-17 所示。在画面中拖动鼠标指针绘制图形，如图 8-18 所示。

03 执行“图层”→“矢量蒙版”→“当前路径”命令，或按住 Ctrl 键单击“图层”面板底部的“添加图层蒙版”按钮，即可基于当前路径创建矢量蒙版，路径区域外的图像会被蒙版遮盖，如图 8-19 所示。

图8-17 设置多边形参数

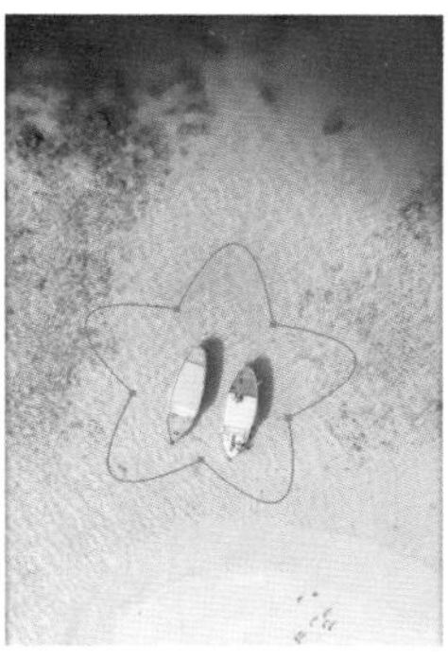

图8-18 绘制图形

图8-19 创建矢量蒙版

练习8-3 为矢量蒙版添加图形

难度：☆

素材位置：第 8 章 \ 练习 8-3\ 素材 .psd

效果位置：第 8 章 \ 练习 8-3\ 为矢量蒙版添加图形 .psd

在线视频：第 8 章 \ 练习 8-3 为矢量蒙版添加图形 .mp4

创建了矢量蒙版后，还可以为矢量蒙版添加图形，下面讲解具体操作方法。

01 执行“文件”→“打开”命令，打开“素材 .psd”素材文件，如图 8-20所示。

图8-20　打开“素材.psd”素材文件

02 单击矢量蒙版缩览图，进入蒙版编辑状态，选择工具箱中的“多边形工具”，在工具选项栏设置“缩进边依据”为30%，然后设置路径操作为“合并形状”，如图8-21所示。

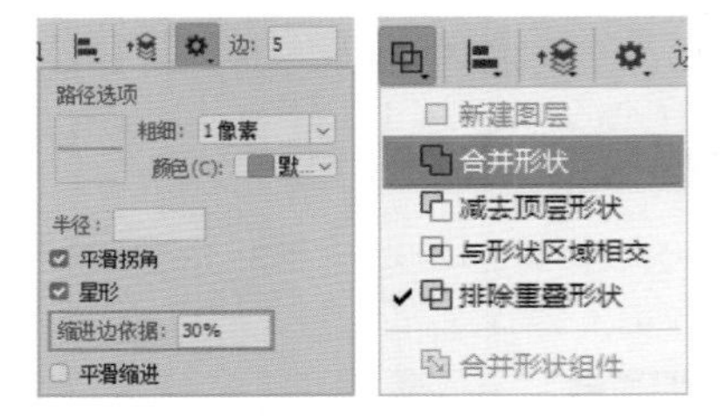

图8-21　设置图形属性

03 在画面中拖动鼠标指标绘制图形，将它添加到矢量蒙版中，如图8-22所示。

图8-22　添加图形到矢量蒙版中

04 使用同样的方法绘制图形，也添加到矢量蒙版中，如图8-23所示。

图8-23　完成效果

8.4 剪贴蒙版

剪贴蒙版可以根据一个图层中包含像素的区域来限制它上层图像的显示范围。它的最大优点是可以通过一个图层来控制多个图层的可见内容，而图层蒙版和矢量蒙版都只能控制一个图层。

8.4.1 创建剪贴蒙版（重点）

创建剪贴蒙版的方法非常简单。图8-24所示的文件中包含“背景”图层、“黑底”图层和“花朵”图层。选中“花朵”图层，然后执行“图层”→“创建剪贴蒙版”命令，可以将“花朵”图层和“黑底”图层创建为一个剪贴蒙版组。创建剪贴蒙版组后，“花朵”图层只显示“黑底”图层的区域，如图8-25所示。

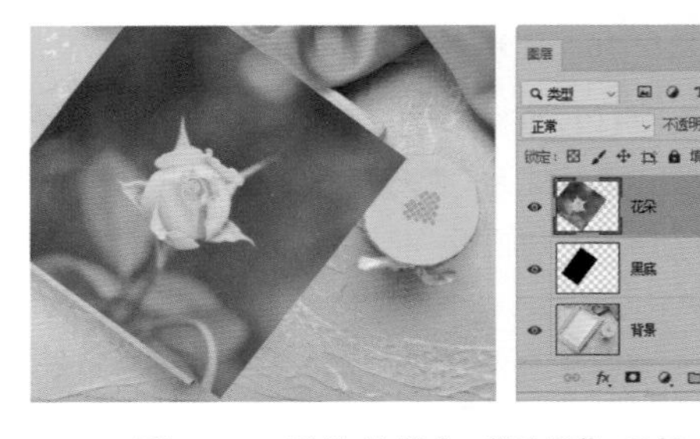

图8-24　原始效果与“图层”面板

图8-25 创建剪贴蒙版组

技巧

剪贴蒙版虽然可以应用在多个图层中，但是这些图层不能是隔开的，必须是相邻的图层。

练习8-4 创建剪贴蒙版制作海报效果 重点

难度：☆

素材位置：第 8 章 \ 练习 8-4\ 素材

效果位置：第 8 章 \ 练习 8-4\ 创建剪贴蒙版制作海报效果 .psd

在线视频：第 8 章 \ 练习 8-4 创建剪贴蒙版制作海报效果 .mp4

下面讲解创建剪贴蒙版制作海报效果的操作方法。

01 执行“文件”→“打开”命令，打开“素材 .psd”素材文件，如图 8-26所示。

图8-26 打开“素材.psd”素材文件

02 在“背景”图层的上方新建图层，将“图层 1”图层隐藏，如图 8-27 所示。

03 选择工具箱中的“椭圆工具”，在工具选项栏设置工具模式为“像素”，绘制圆形，如图 8-28 所示。

图8-27 隐藏图层

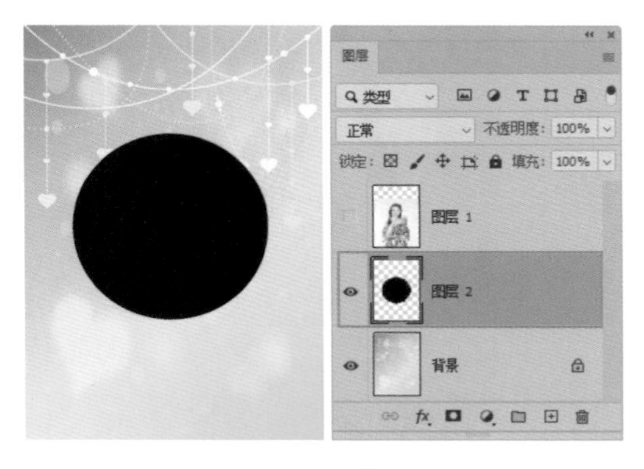

图8-28 绘制图形

04 显示“图层 1”图层，执行“图层”→“创建剪贴蒙版”命令，或按 Alt+Ctrl+G 组合键，将该图层与它下面的图层创建为一个剪贴蒙版组，如图 8-29 所示。

图8-29 创建剪贴蒙版组

05 双击“图层 2”图层，打开“图层样式”对话框。勾选“描边”复选框，设置相关参数，为图层添加描边效果，如图 8-30 所示。

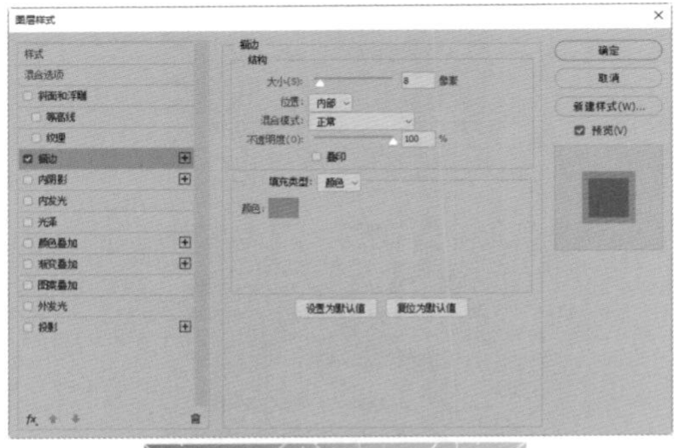

图8-30 添加描边效果

06 添加“装饰.png”素材到文件中，以丰富画面效果，效果如图 8-31 所示。

图8-31 丰富画面效果

8.4.2 设置“不透明度”

剪贴蒙版组使用基底图层的“不透明度”属性，因此调整基底图层的“不透明度”时，可以调整整个剪贴蒙版组的“不透明度”，如图8-32所示。

图8-32 调整基底图层的“不透明度”

调整内容图层的“不透明度”时，不会影响剪贴蒙版组中的其他图层，如图8-33所示。

图8-33 调整内容图层的“不透明度”

8.4.3 设置混合模式

剪贴蒙版使用基底图层的混合属性，当基底图层为“正常”模式时，所有的图层会按照各自的混合模式与下层的图层混合。调整基底图层的混合模式时，整个剪贴蒙版中的图层都会使用此模式与下面的图层混合，如图8-34所示。调整内容图层时，仅对其自身产生作用，不会影响其他图层，如图8-35所示。

图8-34　调整基底图层的混合模式

图8-35　调整内容图层的混合模式

8.5 认识通道

通道的主要功能是保存颜色数据，同时通道也可以用来保存和编辑选区。由于通道功能强大，因此在制作图像特效方面应用广泛，但同时也较难理解和掌握。

8.5.1 “通道”面板 难点

“通道”面板是创建和编辑通道的主要场所。打开任意一张图片，执行“窗口”→“通道”命令，打开“通道”面板，如图8-36所示，在“通道”面板中可以看到Photoshop 2020自动为该图像创建了颜色通道。

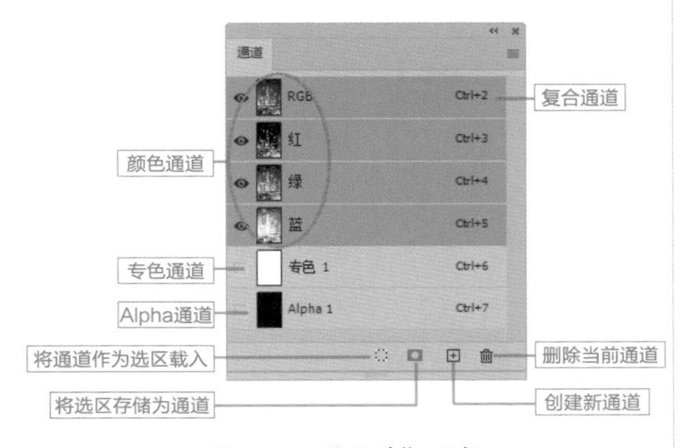

图8-36　“通道”面板

具体介绍如下。

- **颜色通道：** 用来记录图像颜色信息的通道。
- **复合通道：** 复合通道不包含任何信息，实际上它只是同时预览并编辑所有颜色通道的一个快捷方式。复合通道通常被用来在单独编辑完一个或多个颜色通道后，使“通道”面板返回到默认状态。
- **专色通道：** 用来保存专色油墨的通道。
- **Alpha通道：** 用来保存选区和灰度图像的通道。
- **将通道作为选区载入：** 单击该按钮，可以载入所选通道图像的选区。
- **将选区存储为通道：** 单击该按钮，可以将图像中的选区保存在通道内。
- **创建新通道：** 单击该按钮，可以创建Alpha通道。
- **删除当前通道：** 单击该按钮，可以删除当前选择的通道，但不能删除复合通道。

8.5.2 颜色通道

颜色通道也称为“原色通道”，主要用于保存图像的颜色信息。图像的颜色模式不同，颜色通道的数量也不相同。RGB图像包含红、绿、蓝和一个用于编辑图像内容的复合通道（RGB通道），如图8-37所示。据CMYK图像包含青色、洋红、黄色、黑色和一个复合通道（CMYK通道），如图8-38所示。Lab图像包含明度、a、b和一个复合通道（Lab通道），如图8-39所示。位图、灰度、双色调和索引颜色的图像都只有一个通道。

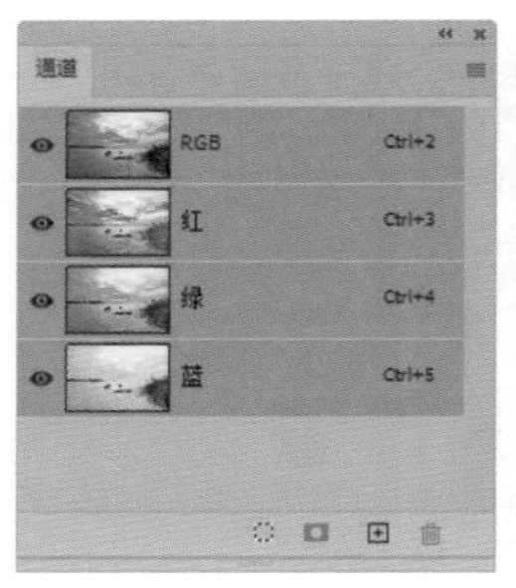

图8-37 RGB通道

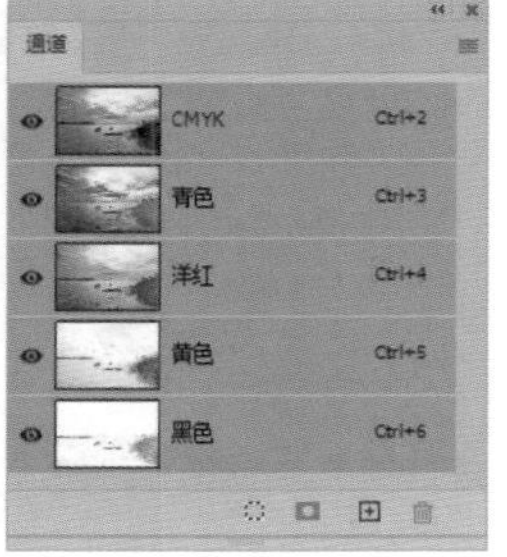

图8-38 CMYK通道

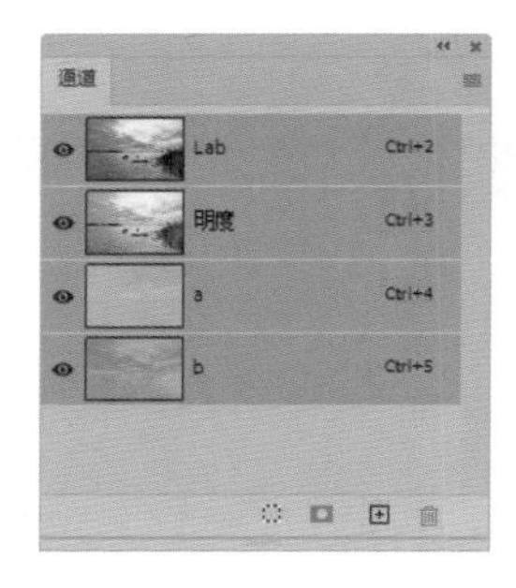

图8-39 Lab通道

技巧

要转换不同的颜色模式，执行“图像”→“模式”命令，在子菜单中选择相应的模式即可。

8.5.3 Alpha通道

Alpha通道的使用频率非常高，而且非常灵活，其较为重要的功能就是保存并编辑选区。

Alpha通道用于创建和存储选区。选区保存后会成为灰度图像保存在Alpha通道中，在需要时可载入该灰度图像继续使用。可以添加Alpha通道来创建和存储蒙版，这些蒙版可以用于处理或保护图像的某些部分。Alpha通道与颜色通道不同，它不会直接影响图像的颜色。

在Alpha通道中，白色代表被选择的区域，黑色代表未被选择的区域，而灰色则代表了被选择的部分区域，即羽化的区域。使用白色涂抹Alpha通道，可以扩大选区；使用黑色涂抹Alpha通道，可以收缩选区；使用灰色涂抹Alpha通道，可以增大羽化范围，如图8-40所示。

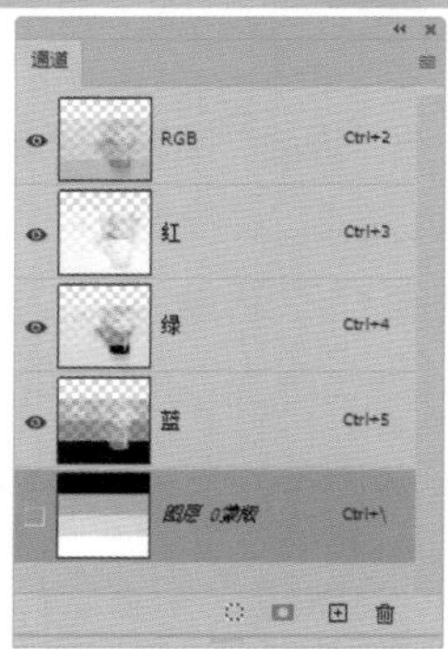

图8-40 Alpha通道

8.5.4 专色通道

专色通道就是用来保存专色信息的一种通道，主要应用于印刷领域。当需要在印刷物上加上一种特殊的颜色（如银色、金色）时，可以创建专色通道，来存放专色油墨的浓度、印刷范围等信息。

需要创建专色通道时，可以执行面板菜单中的“新建专色通道”命令，打开“新建专色通道”对话框，如图8-41所示。

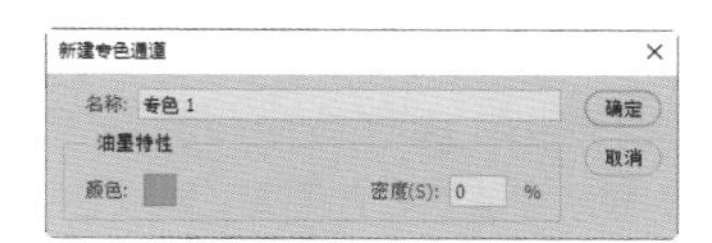

图8-41　“新建专色通道”对话框

相关介绍如下。

- **名称：** 用来设置专色通道的名称。如果选取自定义颜色，通道将自动采用该颜色的名称，这有利于其他应用程序识别它们。若修改了通道的名称，则可能无法打印该文件。
- **颜色：** 单击该选项右侧的色块图标，可打开“拾色器（专色）”对话框，如图8-42所示。
- **密度：** 用来在屏幕上模拟印刷后专色的密度，设置范围为0~100%。当该值为100%时可模拟完全覆盖下层油墨效果；当该值为0%时可模拟完全显示下层油墨的透明油墨效果。

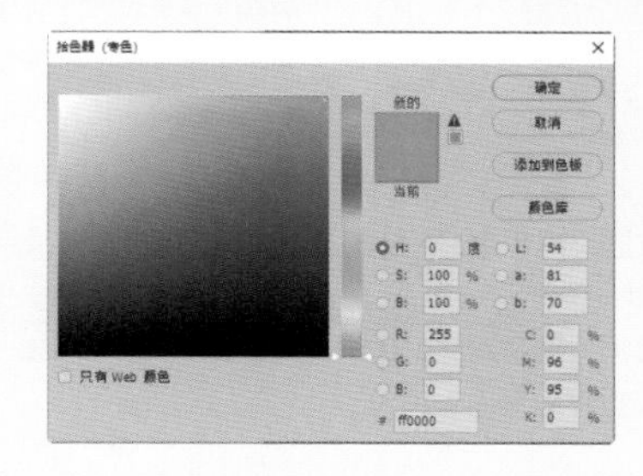

图8-42　“拾色器（专色）”对话框

8.6 编辑通道

本节将介绍如何使用“通道”面板执行，面板菜单中的命令来创建通道，并对通道进行复制、删除、分离与合并等操作。

8.6.1 选择通道

在“通道”面板中单击即可选择某一通道，选择通道后，画面中会显示该通道的灰度图像，如图8-43所示。

单击某一通道后，会自动隐藏其他通道。如果想要观察整个画面的全通道效果，可以单击顶部复合通道前的 图标，使之变为显示状态 。这里需要注意的是，隐藏任何一个颜色通道时，复合通道都会被隐藏。如果同时选择两个通道，那么会在画面中显示这两个通道的复合图像，如图8-44所示。

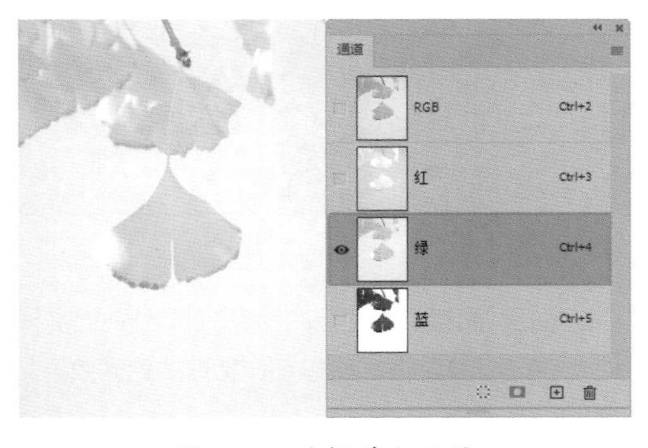

图8-43　选择单个通道

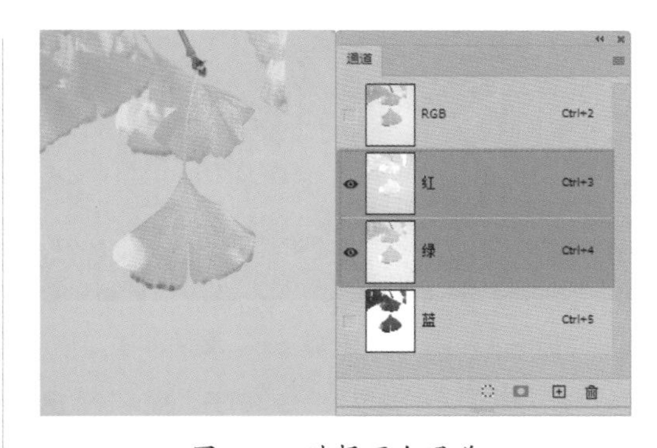

图8-44　选择两个通道

8.6.2 编辑与修改专色（重点）

选择专色通道后，可以使用绘图或编辑工具在图像中进行绘制，从而编辑专色。用黑色绘图可以添加更多不透明度为100%的专色；用灰色绘图可以添加更多不透明度较低的专色；用白色绘图的区域中没有专色。绘图或编辑工具选项中的“不透明度”选项决定了用于打印输出的实际油墨浓度。

如要想对专色通道进行修改，可以双击专

色通道的缩览图，打开“专色通道选项”对话框进行设置。

练习8-5 将通道中的内容粘贴到图像中

难度：☆

素材位置：第 8 章 \ 练习 8-5\ 纸船 .jpg

效果位置：第 8 章 \ 练习 8-5\ 将通道中的内容粘贴到图像中 .psd

在线视频：第 8 章 \ 练习 8-5 将通道中的内容粘贴到图像中 .mp4

Photoshop 2020可以将通道中的内容粘贴到图像中，下面讲解具体操作方法。

01 执行“文件”→“打开”命令，或按 Ctrl+O 组合键，打开“纸船 .jpg”素材文件，如图 8-45 所示。

图8-45 打开“纸船.jpg”素材文件

02 执行“窗口”→“通道”命令，打开“通道”面板，在“通道”面板中单击选择“红”通道，画面中会显示该通道的灰度图像，如图 8-46 所示。

图8-46 选择“红”通道

03 按 Ctrl+A 组合键全选对象，再按 Ctrl+C 组合键将对象进行复制，如图 8-47 所示。单击 RGB 复合通道，显示完整的彩色图像，如图 8-48 所示。

图8-47 全选并复制对象

图8-48 单击“RGB”复合通道

04 在“图层”面板中按 Ctrl+V 组合键，即可将通道中的灰度图像粘贴到一个新图层中，如图 8-49 所示。

图8-49 粘贴灰度图像

05 在“图层”面板中调整黑白图像的混合模式为“浅色”，通过这样的方式可以制作特殊的色调效果，如图 8-50 所示。

图8-50　制作色调效果

8.6.3 重命名和删除通道

双击“通道”面板中某一通道的名称，在显示的文本框中可为其输入新的名称，如图8-51所示。

图8-51　重命名通道

如果要删除通道，将要删除的通道拖动至 按钮上，或者选中通道，执行面板菜单中的“删除通道”命令即可。

需要注意的是，如果删除的不是Alpha通道而是颜色通道，则图像将转为多通道颜色模式，图像颜色也将发生变化。图8-52所示为删除了蓝色通道后，图像变为只有3个通道的多通道模式图像效果。

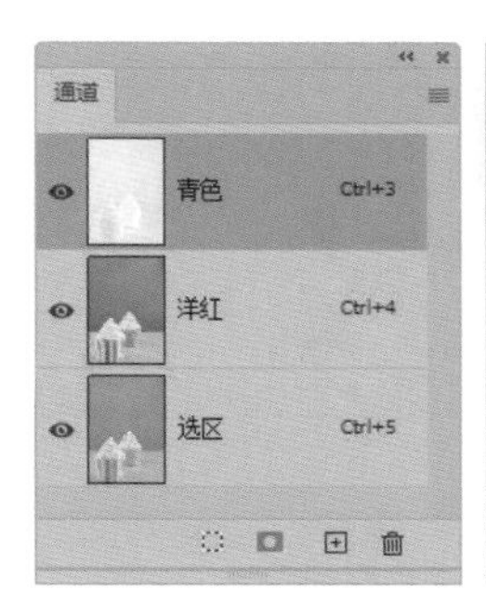

图8-52　删除蓝色通道效果

8.6.4 分离通道

“分离通道”命令可以将当前文件中的通道分离成多个单独的灰度图像。打开一张素材图像，如图8-53所示，切换到“通道”面板，单击面板右上角的 按钮，在打开的面板菜单中执行“分离通道”命令，如图8-54所示。

图8-53　打开的素材图像

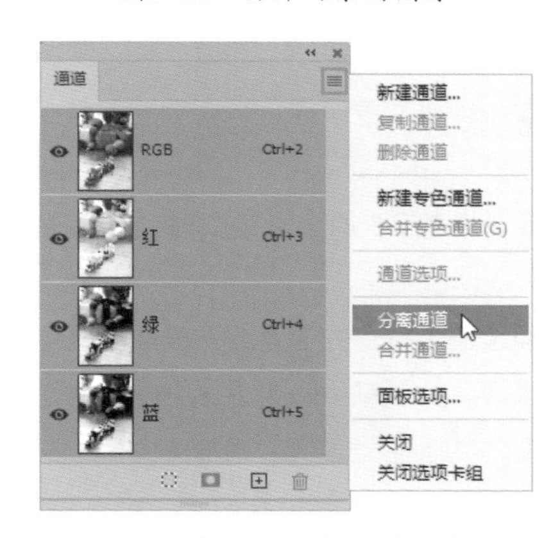

图8-54　执行“分离通道”命令

此时，会看到图像编辑窗口中的原图像消失，取而代之的是单个通道出现在单独的灰度图像窗口，如图8-55所示。新窗口中的标题栏中，会显示原文件保存的路径及通道，此时用户可以存储和编辑新图像。

图8-55　灰度图像

8.6.5 合并通道

“合并通道”命令可以将多个灰度图像作为原色通道合并成一个图像。进行合并的多个图像必须是灰度模式，具有相同的像素尺寸并且处于打开状态。继续上一小节的操作，将分离出来的3个原色通道文件合并成为一个图像。

确定包含命令的通道的灰度图像文件处于打开状态，并使其中一个图像文件成为当前激活状态，然后在“通道”面板菜单中执行“合并通道”命令，如图8-56所示。弹出“合并通道”对话框，在“模式”选项中可以设置合并图像的颜色模式，如图8-57所示。颜色模式不同，进行合并的图像数量也不同，这里将模式设置为“RGB颜色”，单击“确定”按钮，开始进行合并操作。

图8-56　选择“合并通道”命令

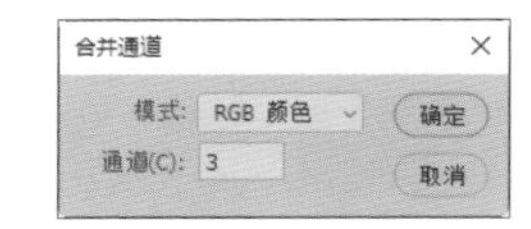

图8-57　“合并通道”对话框

弹出“合并RGB通道”对话框，分别指定合并文件所处的通道位置，如图8-58所示。单击“确定”按钮，选中的通道合并为指定类型的新图像，原图像则在不做任何更改的情况下关闭。新图像会以未标题的形式出现在新窗口中，如图8-59所示。

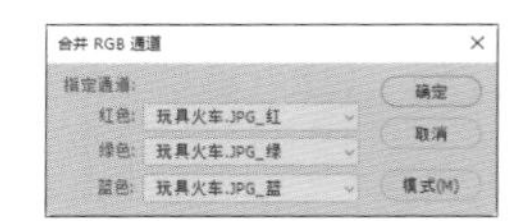

图8-58　“合并RGB通道”对话框

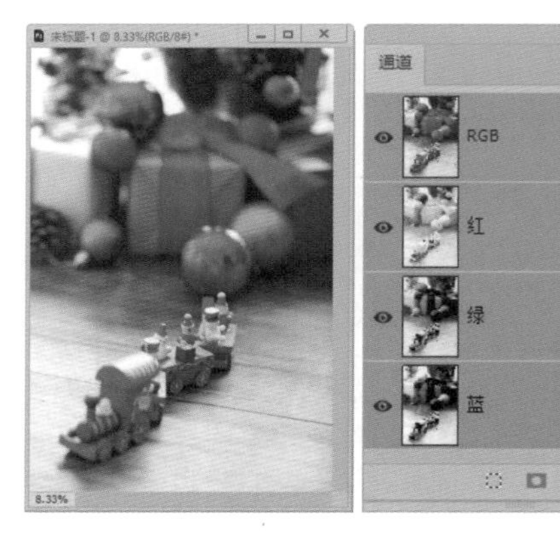

图8-59　合并图像后

8.7 知识总结

本章主要对蒙版和通道的应用进行了详细的说明。首先讲解了蒙版的种类和用途，然后讲解了各种蒙版的使用方法，最后学习了通道的类型和操作方法。熟练掌握本章内容，读者可以学会制作图像特效的技巧。

8.8 拓展训练

本章通过两个拓展训练，让读者对蒙版与通道有更加深入的了解，巩固前面知识的同时，掌握更深层次的应用技巧。

训练8-1 用设定通道抠取花瓶

难度：☆

素材位置：第 8 章 \ 训练 8-1\ 花瓶 .jpg

效果位置：第 8 章 \ 训练 8-1\ 用设定通道抠取花瓶 .psd

在线视频：第 8 章 \ 训练 8-1 用设定通道抠取花瓶 .mp4

◆训练分析

本训练练习使用设定通道抠取花瓶图像，效果如图8-60所示。

图8-60 用设定通道抠取花瓶效果

◆训练知识点

1. “通道”面板
2. 混合选项

训练8-2 将Alpha通道载入选区进行图像校色

难度：☆

素材位置：第 8 章 \ 训练 8-2\ 鸟 .psb

效果位置：第 8 章 \ 训练 8-2\ 将 Alpha 通道载入选区进行图像校色 .psd

在线视频：第 8 章 \ 训练 8-2 将 Alpha 通道载入选区进行图像校色 .mp4

◆训练分析

本训练练习将Alpha通道载入选区进行图像校色，校色的前后效果对比如图8-61所示。

图8-61 图像校色前后效果对比

◆训练知识点

1. “通道”面板
2. 滤镜库

第 9 章

文字工具

文字是设计作品中常见的元素，它不仅可以传达信息，还能美化版面、强化主题。Photoshop 2020具备强大的文字创建与编辑功能，内置多种文字工具可供使用，更有多个参数设置面板可用来修改文字效果。

本章将向读者介绍不同类型文字的创建方法，以及文字属性的编辑方法。

教学目标

掌握创建文字的方法

学会文字属性的设置方法 | 掌握编辑文字的方法

9.1 创建文字

Photoshop 2020中的文字由基于矢量的文字轮廓组成，这些形状描述字母、数字和符号。尽管Photoshop 2020是一个图像设计和处理软件，但其文字处理功能也是十分强大的。Photoshop 2020为用户提供了4种类型的文字工具。包括“横排文字工具” T、“直排文字工具” IT、“横排文字蒙版工具” T和“直排文字蒙版工具” IT。默认状态下显示的为“横排文字工具” T，将鼠标指针放置在该工具按钮上，按住鼠标左键稍等片刻或右击，将打开该文字工具组，如图9-1所示。

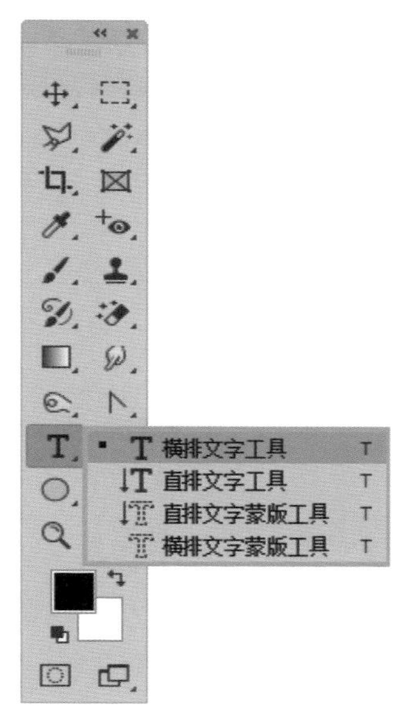

图9-1 文字工具组

技巧

按T键可以选择文字工具，按Shift+T组合键可以在这4种文字工具之间进行切换。

9.1.1 横排和直排文字工具

“横排文字工具” T 用来创建水平矢量文字，“直排文字工具” IT 用来创建垂直矢量文字。输入水平或垂直排列的矢量文字后，将在“图层”面板中自动创建一个新的图层——文字图层。横排、直排文字及“图层”面板如图9-2所示。

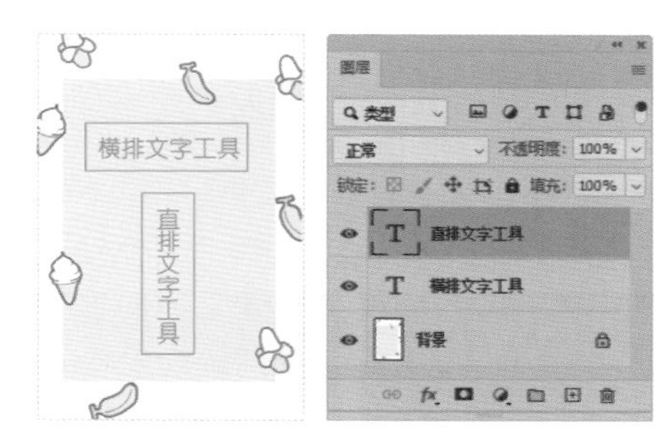

图9-2 横排、直排文字及“图层”面板

9.1.2 横排和直排文字蒙版工具 重点

“横排文字蒙版工具” T 与“横排文字工具” T 的使用方法相似，可以创建水平文字；“直排文字蒙版工具” IT 与“直排文字工具” IT 的使用方法类似，可以创建垂直文字。但使用这两个工具创建文字时，以蒙版的形式进行创建，完成文字的输入后，文字将显示为文字选区，而且在“图层”面板中，不会产生新的图层。横排、直排蒙版文字及“图层”面板如图9-3所示。

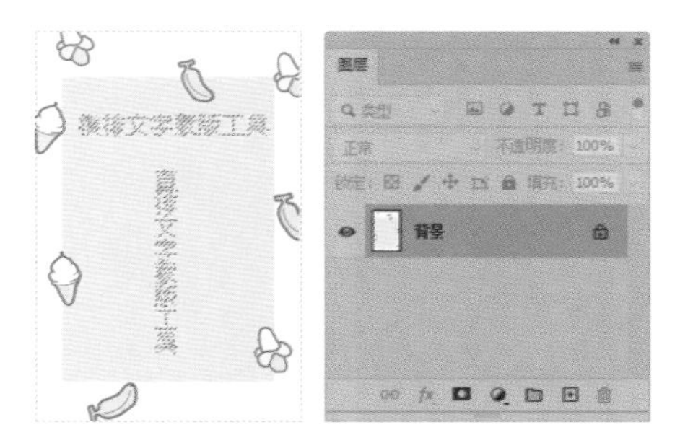

图9-3 横排、直排蒙版文字及“图层”面板

练习9-1 创建点文字

难度：☆

素材位置：第 9 章 \ 练习 9-1\ 背景 .jpg

效果位置：第 9 章 \ 练习 9-1\ 创建点文字 .psd

在线视频：第 9 章 \ 练习 9-1 创建点文字 .mp4

创建点文字时，每行文字都是独立的，单行的长度会随着文字的增长而增长，但在默认状态下永远不会换行，只能进行手动换行。

01 执行“文件”→“打开”命令，或按Ctrl+O组合键，打开“背景 .jpg”素材文件，效果如图 9-4 所示。

02 在工具箱中选择“横排文字工具” T，在工具选项栏中设置字体为“隶书”、字体大小为“300点”、文字颜色为白色。然后在需要输入文字的位置单击设置插入点，画面中会出现一个闪烁的 I 形光标，如图 9-5 所示。

图9-4 打开“背景.jpg”素材文件

图9-5 设置插入点

03 完成上述操作后，在文字中输入文字“浓情一口丝滑享受”，如图 9-6 所示。

04 在“口”和“丝”字中间单击，按 Enter 键对文字进行换行，并按空格键调整文字位置，效果如图 9-7 所示。

图9-6 输入文字

图9-7 调整文字位置

05 在选择“横排文字工具” T 的状态下，选中“丝滑”二字，如图 9-8 所示。

06 在文字工具选项栏中修改文字颜色为黄色（R:255,G:186,B:39），如图 9-9 所示。

图9-8 选中“丝滑”二字

图9-9 修改文字颜色

练习9-2 创建段落文字

难度：☆

素材位置：第 9 章 \ 练习 9-2\ 素材

效果位置：第 9 章 \ 练习 9-2\ 创建段落文字 .psd

在线视频：第 9 章 \ 练习 9-2 创建段落文字 .mp4

创建段落文字时，文字会基于指定的文字外框进行换行。按Enter键可以将文字分为多个段落，可以调整外框来调整文字的排列。

01 执行“文件”→“打开”命令，或按 Ctrl+O 组合键，打开“背景 .jpg”素材文件，效果如图 9-10 所示。

02 在工具箱中选择“横排文字工具” T，在工具选项栏中设置字体为“黑体”、字体大小为“70点”、文字颜色为白色。设置完成后，在画面中单击并向右下角拖出一个定界框，释放鼠标后，会出现闪烁的 I 形光标，如图 9-11 所示。

03 此时可输入文字，按 Enter 键可换行，如图 9-12 所示。

04 单击工具选项栏中的 ✓ 按钮，即可完成段落文字的创建，如图 9-13 所示。

图9-10　打开“背景.jpg”素材文件

图9-11　拖出定界框

图9-12　输入文字

图9-13　完成段落文字创建

9.1.3 变形文字 重点

在制作艺术字效果时，经常需要对文字进行变形。利用Photoshop 2020提供的“创建文字变形”功能，可以将文字转换为波浪形、球形等各种形状，得到富有动感的文字特效。

在文字工具选项栏中单击“创建文字变形”按钮，可打开图9-14所示的“变形文字”对话框，利用该对话框中的样式可以制作出各种弯曲变形的艺术文字，如图9-15所示。

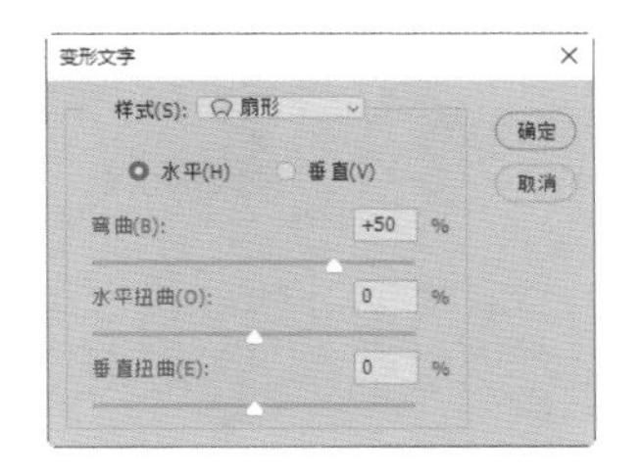

图9-14　“变形文字”对话框

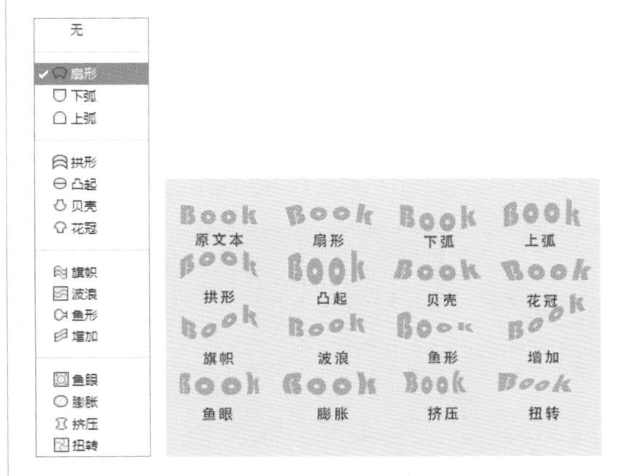

图9-15　不同弯曲变形艺术文字效果

要取消文字的变形，可以打开“变形文字”对话框，在“样式”下拉列表框中选择“无”选项，单击“确定”按钮关闭对话框，即可取消文字的变形。

练习9-3 创建变形文字

难度：☆☆

素材位置：第 9 章 \ 练习 9-3\ 背景 .jpg

效果位置：第 9 章 \ 练习 9-3\ 创建变形文字 .psd

在线视频：第 9 章 \ 练习 9-3 创建变形文字 .mp4

“创建文字变形”功能可以对文字创建变形效果，并可以随时更改文字的变形样式，变形样式可以更加精确地控制变形的弯曲度及方向。

01 执行“文件”→“打开”命令，打开“背景 .jpg”素材文件，效果如图 9-16 所示。

图9-16　打开“背景.jpg”素材文件

02 在工具箱中选择“横排文字工具” T. 后，在工具选项栏中设置字体为“黑体”、字体大小为“150点”，设置文字颜色为黄色（R:250,G:277,B:97），在图像中输入文字，如图 9-17 所示。

图9-17　输入文字

03 单击工具选项栏中的“创建变形文字”按钮 ，在弹出的“变形文字”对话框中选择“旗帜”选项，并设置相关参数，如图 9-18 所示。

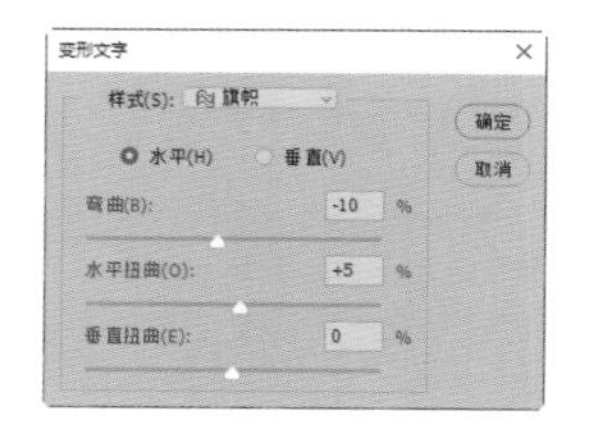

图9-18　设置“旗帜”样式

04 单击“确定”按钮，关闭对话框，得到的文字效果如图 9-19 所示。

图9-19　文字效果

05 使用“钢笔工具” 在文字上方绘制路径，如图 9-20 所示。

图9-20　绘制路径

06 按 Ctrl+Enter 组合键将上述绘制的路径转换为选区新建图层并将其填充为黄色（R:250,G:277,B:97），如图 9-21 所示。

图9-21　填充颜色

07 将变形文字图层与绘制的路径图层合并，然后单击“图层”面板底部的“添加图层样式”按钮 fx，在弹出的快捷菜单中选择“斜面和浮雕”及“描边”图层样式，图层样式的参数设置如图 9-22 所示。

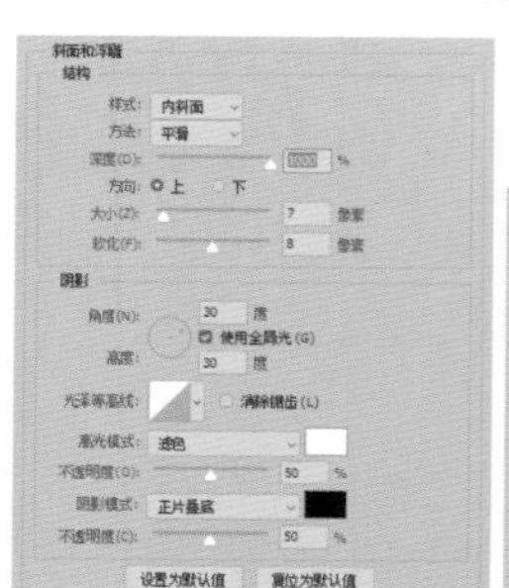
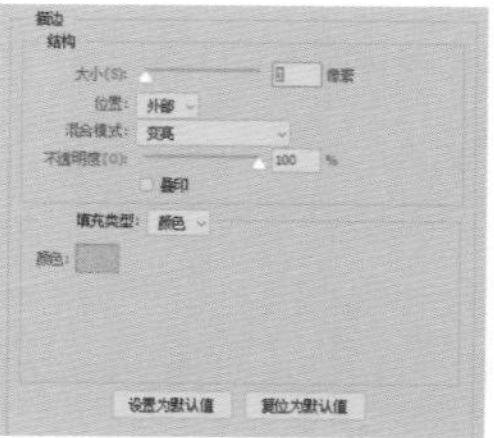

图9-22　图层样式的参数设置

08 单击“确定”按钮关闭对话框，得到的文字效果如图 9-23 所示。

图9-23 文字效果

09 用同样的方法，在“圣诞快乐”文字下方输入其他文字，并为其添加相同的文字样式，如图 9-24 所示。

图9-24 最终效果

9.1.4 转换点文字与段落文字

如果当前选择的是点文字，执行“文字”→“转换为段落文字”命令，可以将点文字转换为段落文字；如果当前选择的是段落文字，则可以执行“文字”→“转换为点文本”命令，将段落文字转换为点文字。

9.1.5 转换水平文字与垂直文字

在创建文字后，如果想要调整文字的排列方向，单击工具选项栏中的“切换文本取向”按钮 或执行“文字”→“文本排列方向”→“竖排”命令，将横排文字转换为直排文字（再次单击“切换文本取向”按钮 或执行“文字”→“文本排列方向”→“横排”命令，则可将垂直文字转换为水平文字），如图 9-25所示。

图9-25 调整文字的排列方向

9.2 设置文字属性

利用文字工具选项栏来进行文字属性的设置是一种非常便捷的方式。但是在工具选项栏中只能对一些常用的属性进行设置，而间距、样式、缩进和避头尾法则等选项的设置则需要用到“字符”面板和“段落”面板，这两个面板是进行版面编排时最常用的面板之一。如果想要在文字中插入特殊字符，那么可以使用“字形”面板。

9.2.1 “字符”面板 难点

执行“窗口”→“字符”命令，将打开图 9-26所示的“字符”面板，该面板可用于编辑字符的格式。

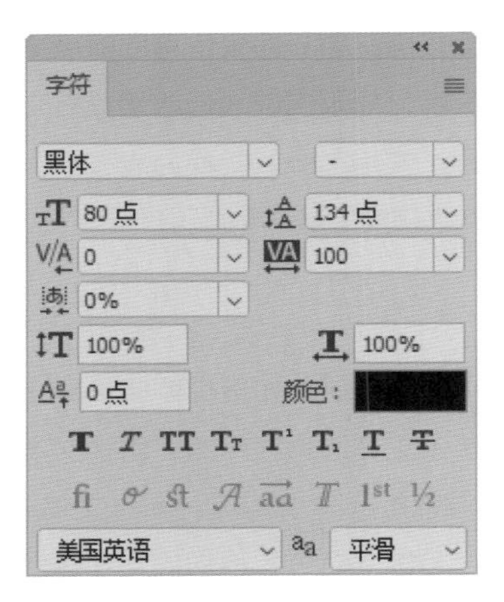

图9-26 “字符”面板

设置文字字体

通过“搜索和选择字体”下拉列表框，可以为文字设置不同的字体，比较常用的字体有宋体、仿宋、黑体等。

要设置文字的字体，首先要选择修改字体的文字，然后在“字符”面板中单击“搜索和选择字体”右侧的下拉按钮，从弹出的下拉列表框中选择一种合适的字体，即可将文字的字体进行修改。不同字体效果如图9-27所示。

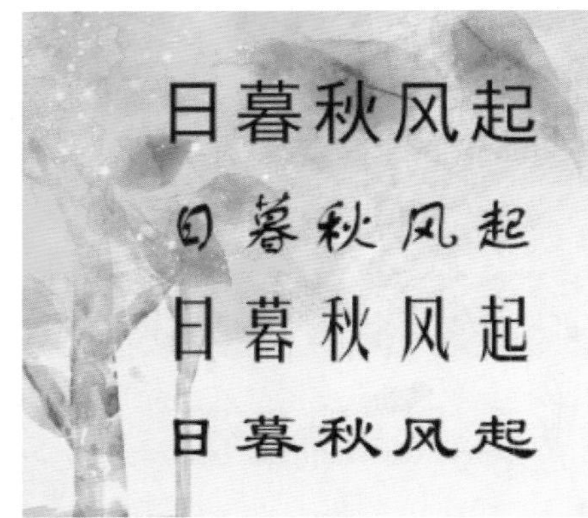

图9-27 不同字体效果

设置字体样式

可以在下拉列表框中选择使用的字体样式。包括Light（浅细的）、Regular（规则的）和Bold（粗体）3个选项。不同字体样式的显示效果如图9-28所示。

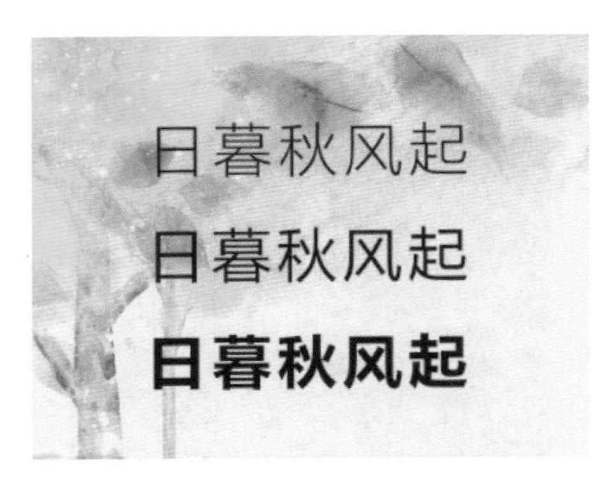

图9-28 不同字体样式的显示效果

技巧

有些文字是没有字体样式的，该下拉列表框将处于不可用状态。英文字体的字体样式包括Regular（规则的）、Italic（斜体）、Bold（粗体）和Bold Italic（粗斜体）4个选项。

设置字体大小

字体大小通过“字符”面板中的“设置字体大小”文本框来进行设置，可以从下拉列表框中选择常用的字符尺寸，也可以直接在下拉列表框中输入所需要的字符尺寸。不同字体大小如图9-29所示。

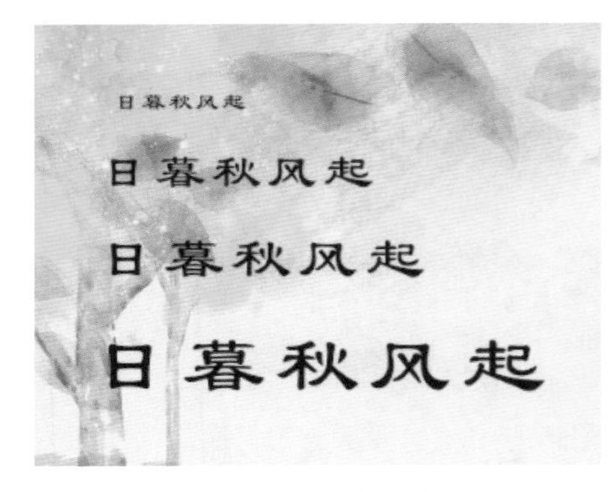

图9-29 不同字体大小

技术看板

定义点大小单位

执行“编辑”→“首选项”→“单位和标尺”命令，打开“首选项”对话框，在“单位与标尺”的“点/派卡大小”选项组中，可以进行以下设置，如图9-30所示。

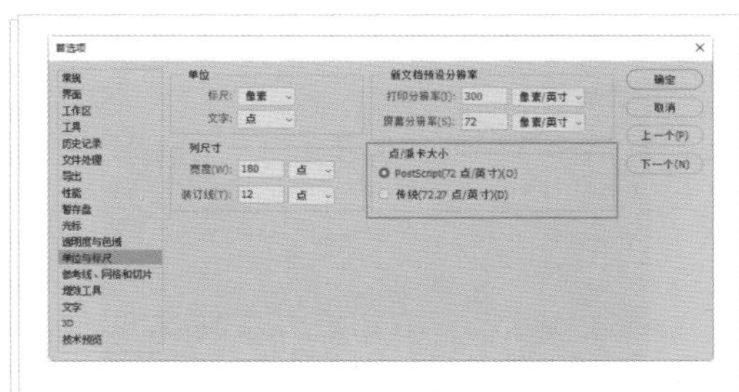

图9-30 “首选项”对话框

- **PostScript（72点/英寸）：** 设置一个兼容的单位大小，以便输出为单位到PostScript设备。
- **传统（72.27点/英寸）：** 使用72.27点/英寸为单位（打印中使用的传统点数）。

设置行距

行距就是相邻两个基线之间的垂直纵向间距。可以在“字符”面板中的“设置行距”文本框中设置行距。

选择一段要设置行距的文字，然后在“字符”面板中的“设置行距”下拉列表框中，选择一个行距值，也可以在下拉列表框中输入新的行距数值，以修改行距。下面是将原行距的100点修改为200点的效果对比，如图9-31所示。

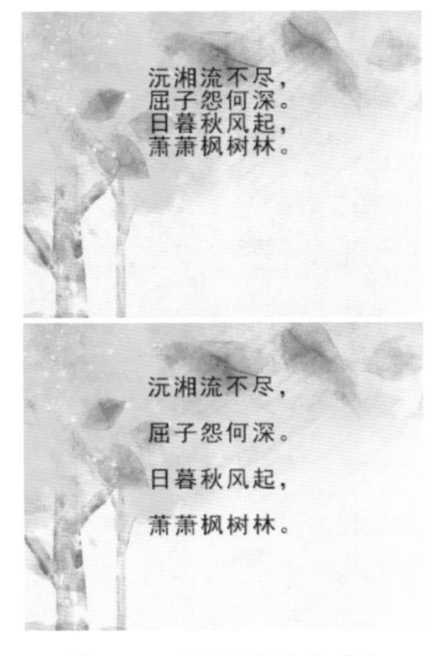

图9-31 不同行距效果对比

技巧

如果需要单独调整其中两行文字之间的行距，可以使用文字工具选取排列在上方的一排文字，然后设置适当的行距值即可。

设置字距微调值

“设置两个字符间的字距微调”用来设置两个字符之间的距离，与“设置所选字符的字距调整”的调整相似，但不能直接调整选择的所有文字，而只能将鼠标光标定位在某两个字符之间，设置这两个字符之间的字距微调值。可以从下拉列表框中选择相关的参数，也可以直接在下拉列表框中输入一个数值，都可修改字距微调。当输入的值大于0时，字符的间距变大；当输入的值小于0时，字符的间距变小。修改字距微调的效果如图9-32所示。

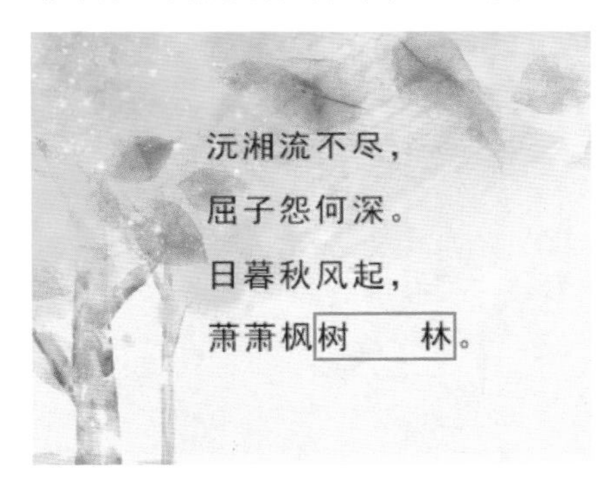

图9-32 修改字距微调的效果

字符间距调整

在“字符”面板中，“设置所选字符的字距调整”可以设置选定字符的间距，与“设置两个字符间的字距微调”相似，只是这里不是鼠标定位鼠标光标位置，而是选择文字。选择文字后，在“设置所选字符的字距调整”下拉列表框中选择数值，或直接在下拉列表框中输入数值，均可修改选定文字的字符间距。如果输入的值大于0，则字符的间距增大；如果输入的值小于0，则字符的间距减小。不同字符间距效果如图9-33所示。

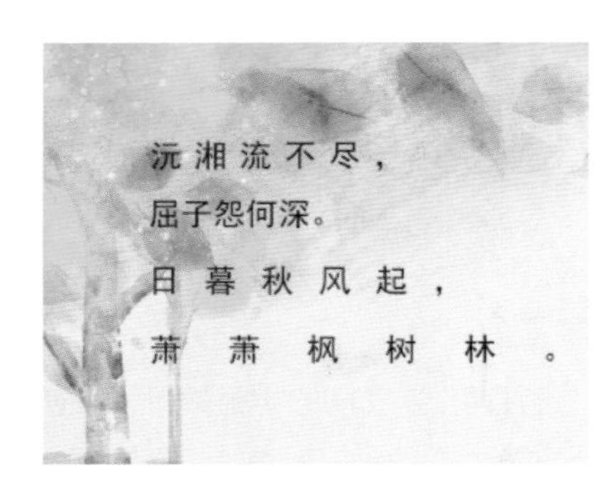

图9-33 不同字符间距效果

水平 / 垂直缩放文字

除了可以拖动文字框改变文字的大小外，还可以使用“字符”面板中的“水平缩放” 和“垂直缩放” 选项，来调整文字的缩放效果，可以直接在文本框中输入新的缩放数值。文字不同的缩放效果如图9-34所示。

图9-34 文字不同的缩放效果

设置基线偏移

通过“字符”面板中的“设置基线偏移” 选项，可以调整文字的基线偏移量，一般利用该功能来编辑数学公式和分子式等表达式。默认的文字基线位于文字的底部位置，调整文字的基线，可以将文字位置向上或向下调整。

要设置基线偏移，首先要选择调整的文字，然后在“设置基线偏移”文本框中输入新的数值，即可调整文字的基线偏移量。默认的基线位置为0，当输入的值大于0时，文字向上移动；当输入的值小于0时，文字向下移动。文字基线偏移效果如图9-35所示。

图9-35 文字基线偏移效果

设置文本颜色

默认情况下，输入的文字颜色使用的是当前的前景色，可以在输入文字之前或之后更改文字的颜色。

可以使用下面的任意一种方法来修改文字颜色。修改文字颜色效果对比如图9-36所示。

- 单击工具选项栏或“字符”面板中的颜色块，打开“拾色器（文本颜色）”对话框修改颜色。
- 按Alt+Delete组合键用前景色填充文字；按Ctrl+Delete组合键用背景色填充文字。

图9-36 修改文字颜色效果对比

设置特殊字体

该区域提供了多种设置特殊字体的按钮，选择要应用特殊效果的文字后，单击这些按钮即可为文字应用特殊的字体效果，如图9-37所示。

图9-37 设置特殊字体按钮

不同特殊字体的效果如图9-38所示。特殊字体按钮的使用说明如下。

- **仿粗体** T：单击该按钮，可以将所选文字加粗。
- **仿斜体** T：单击该按钮，可以将所选文字倾斜。
- **全部大写字母** TT：单击该按钮，可以将所选文字的小写字母变成大写字母。
- **小型大写字母** Tt：单击该按钮，可以将所选文字的字母变为小型的大写字母。
- **上标** T¹：单击该按钮，可以将所选文字设置为上标。
- **下标** T₁：单击该按钮，可以将所选文字设置为下标。
- **下划线** T：单击该按钮，可以为所选文字添加下划线。
- **删除线** T：单击该按钮，可以为所选文字添加删除线。

图9-38 不同特殊字体的效果

旋转直排文字字符

在处理直排文字时，可以将字符方向旋转90°。旋转后的字符是直立的；未旋转的字符是横向的。

选择要旋转或取消旋转的直排文字。在"字符"面板菜单中，选择"标准垂直罗马对齐方式"选项，若左侧带有对号标记则表示已经选中该选项。旋转直排文字字符的前后效果对比如图9-39所示。

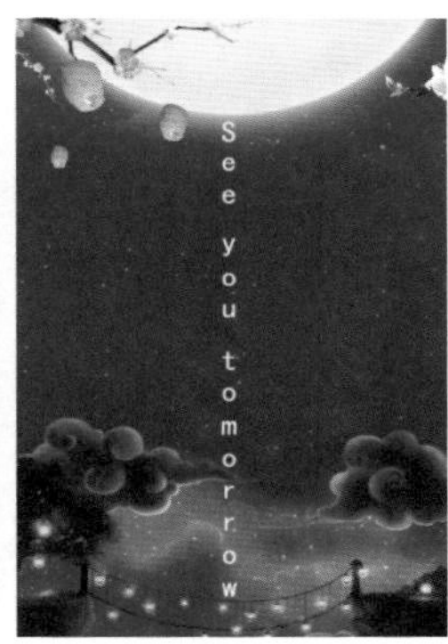

图9-39 旋转直排文字字符的前后效果对比

消除文字锯齿

消除文字锯齿，即部分地填充边缘像素以产生边缘平滑的文字，使文字边缘混合到背景中。使用消除锯齿功能时，小尺寸文字和低分辨率文字的变化可能不一致。要减少这种情况，可以在"字符"面板菜单中取消执行"分数宽度"命令。

在"图层"面板中选择文字图层。从工具选项栏或"字符"面板的"设置消除锯齿的方法"下拉列表框中选择一个选项，或执行"文字"→"消除锯齿"命令，再从子菜单中执行一个子命令。

命令介绍如下。

- **无：**不应用消除锯齿。
- **锐利：**文字以最锐利的效果显示。
- **犀利：**文字以稍微锐利的效果显示。
- **浑厚：**文字以厚重的效果显示。
- **平滑：**文字以平滑的效果显示。

练习9-4 创建路径文字

难度：☆☆

素材位置：第 9 章 \ 练习 9-4\ 素材

效果位置：第 9 章 \ 练习 9-4\ 创建路径文字 .psd

在线视频：第 9 章 \ 练习 9-4 创建路径文字 .mp4

使用文字工具可以沿钢笔或形状工具创建的路径边缘输入文字，文字会沿着路径起点到终点的方向排列。创建路径文字的方法如下。

01 执行“文件”→“打开”命令，或按 Ctrl+O 组合键，打开“酷狗 .jpg”素材文件，效果如图 9-40 所示。

02 在工具箱中选择“钢笔工具”，在工具选项栏中设置工具模式为“路径”，绘制一段开放路径，如图 9-41 所示。

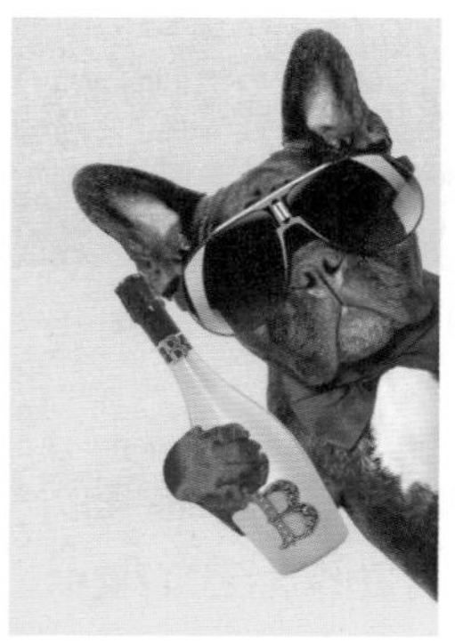

图9-40 打开“酷狗.jpg”素材文件

图9-41 绘制路径

03 选择“横排文字工具”，在工具选项栏中设置字体为“Arial”、字体大小为“10 点”、文字颜色为白色，将鼠标光标移至路径上方，此时鼠标光标会显示为状态，如图 9-42 所示。

04 单击即可输入文字，文字输入完成后，在“字符”面板中调整“设置所选字符的字距调整”为 460。按 Ctrl + H 组合键隐藏路径，即可创建路径文字，如图 9-43 所示。如果觉得路径文字排列太过紧凑，可以选中文字后在“字符”面板中调整所选文字的间距。

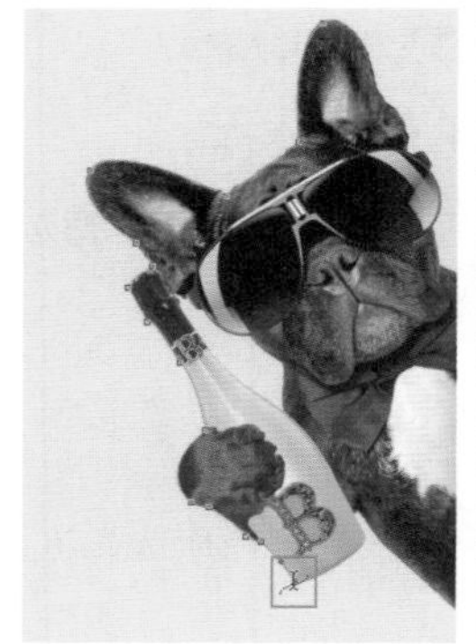

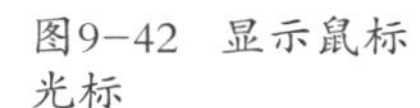

图9-42 显示鼠标光标

图9-43 创建路径文字

9.2.2 “段落”面板

要应用“段落”面板中各功能，不管选择的是整个段落还是只选取该段落中的任意字符，又或是在段落中放置插入点，修改的都是整个段落的效果。执行“窗口”→“段落”命令，或单击文字工具选项栏中的“切换字符和段落面板”按钮，可以打开图9-44所示的“段落”面板。

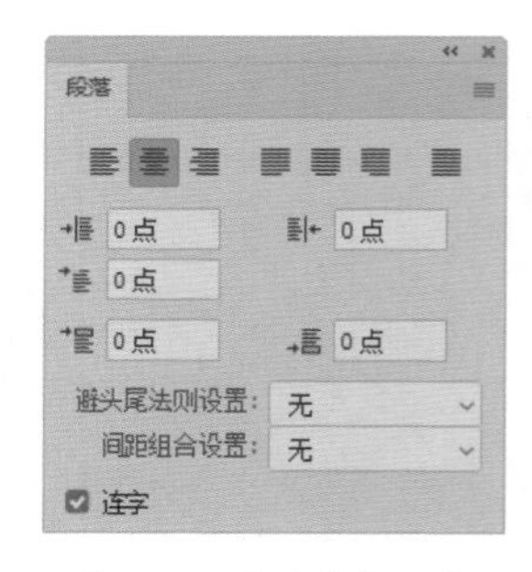

图9-44 “段落”面板

设置段落对齐

“段落”面板中的对齐主要用于控制段落中的各行文字的对齐情况，主要包括“左对齐文本”、“居中对齐文本”、“右对齐文本”、“最后一行左对齐”、“最后一行居中对齐”、“最后一行右对齐”和“全部对齐” 7种对齐方式。在这7种对齐方式中，左、右和居中对齐文本比较容易理解，最后一行左、右和居中对齐是将段落文本除最后一行外，其他的文字两端对齐，最后一行按左、右或居中的方式对齐。全部对齐是将所有文字两端对齐，如果最后一行的文字过少而不能对齐，可以适当地将文字的间距拉大，以匹配两端对齐。7种对齐方式的显示效果如图9-45所示。

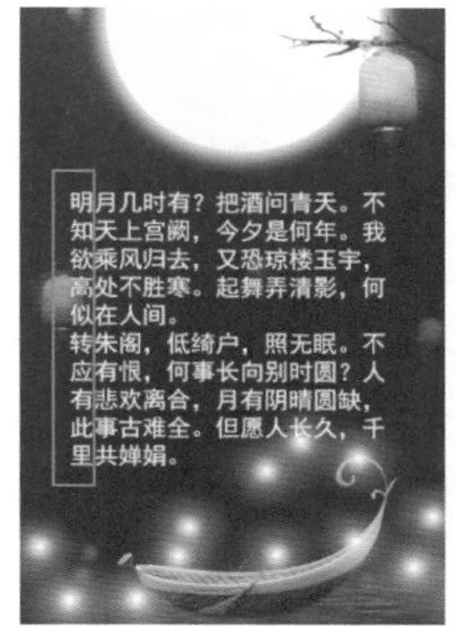

(a) 左对齐文本

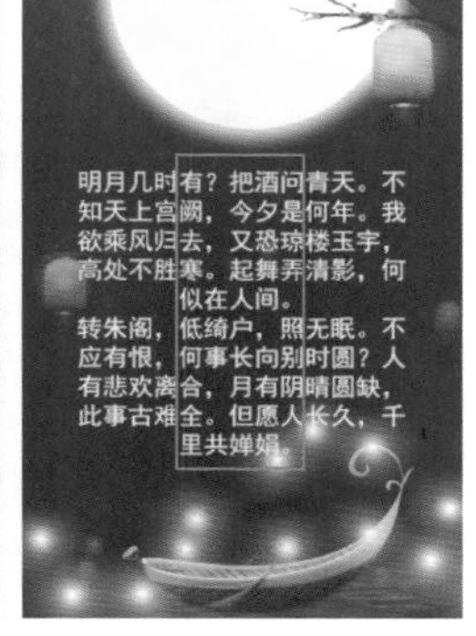

(b) 居中对齐文本

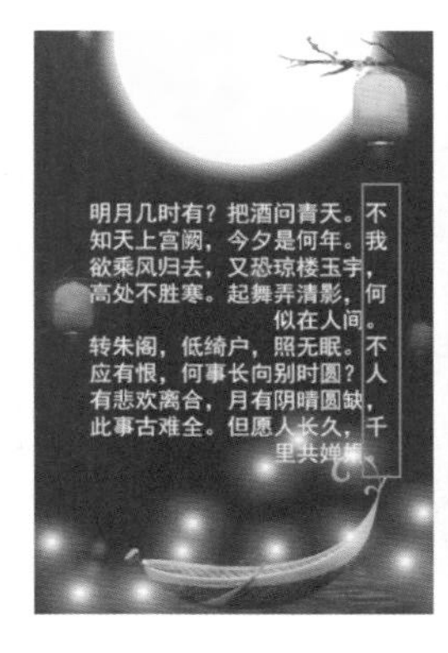

(c) 右对齐文本

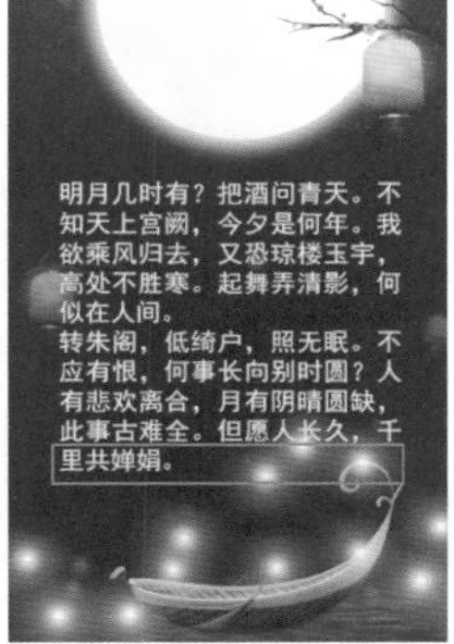

(d) 最后一行左对齐

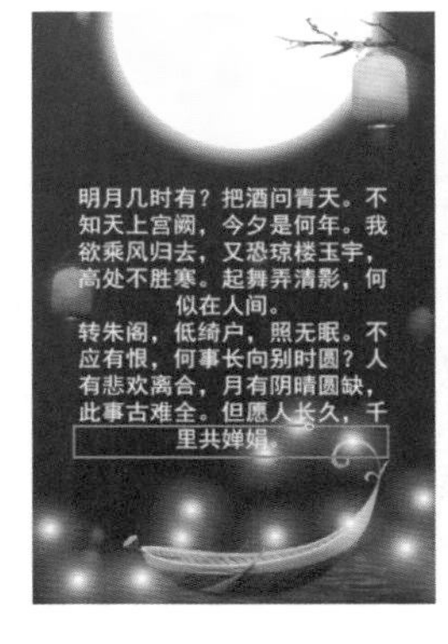

(e) 最后一行居中对齐

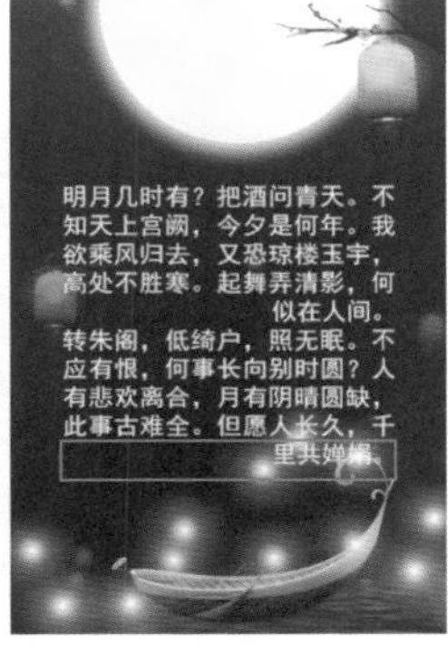

(f) 最后一行右对齐

图9-45 对齐方式的显示效果

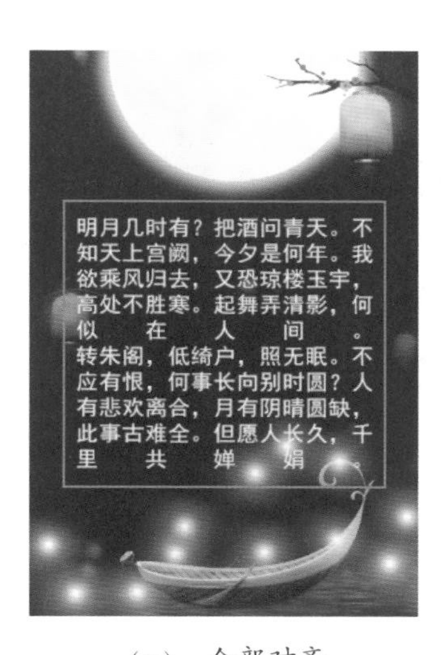

(g) 全部对齐

图9-45 对齐方式的显示效果（续）

设置段落缩进

缩进是指文本行左右两端与文本框之间的间距。利用“左缩进”和“右缩进”功能，可以分别相对文本框的左边或右边缩进。左、右缩进的效果如图9-46所示。

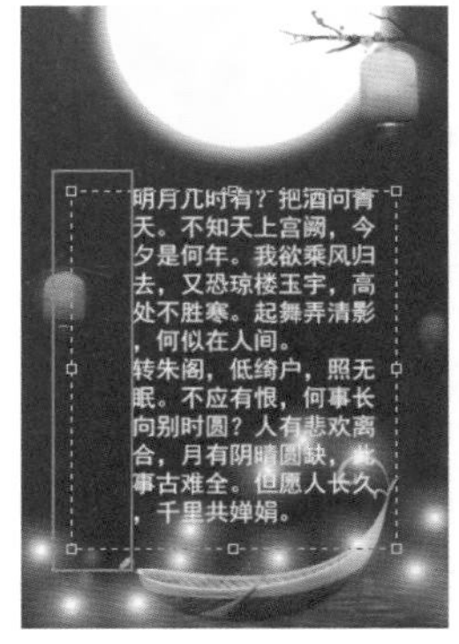

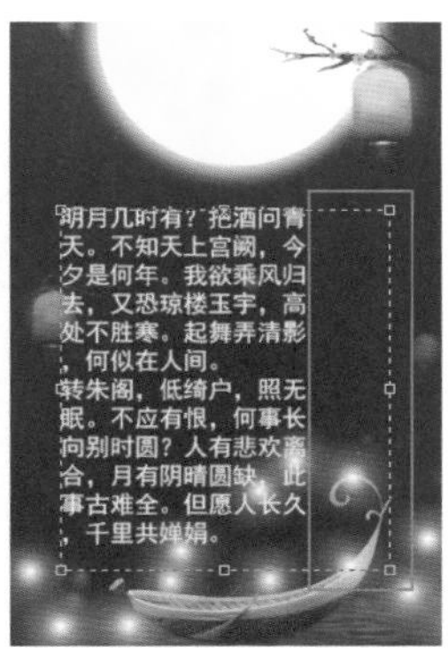

图9-46 左、右缩进的效果

设置首行缩进

首行缩进就是为选择段落的第一段的第一行文字设置缩进效果，缩进只影响选中的段落，因此可以给不同的段落设置不同的缩进效果。在“首行缩进”文本框中输入缩进的数值，即可完成首行缩进。首行缩进的效果如图9-47所示。

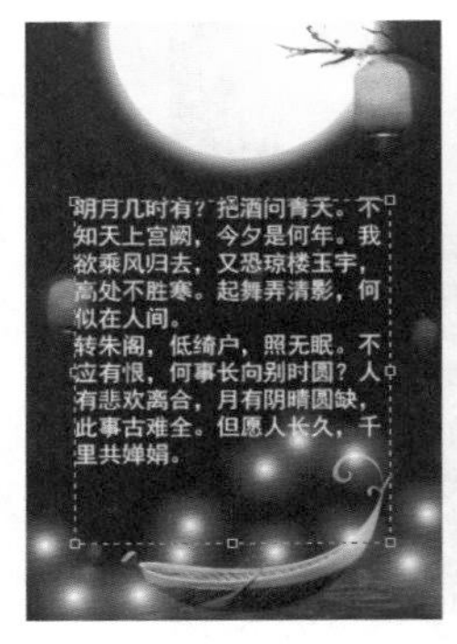

图9-47 首行缩进效果

设置段前和段后空格

在段前和段后添加空格其实就是调整段落间距，段落间距用来设置段落与段落之间的间距，包括“段前添加空格”和“段后添加空格”。段前添加空格主要用来设置当前段落与上一段之间的间距；段后添加空格用来设置当前段落与下一段之间的间距。设置的方法很简单，只需要选择一个段落，然后在相应的文本框中输入数值即可。段前和段后添加空格设置的不同效果如图9-48所示。

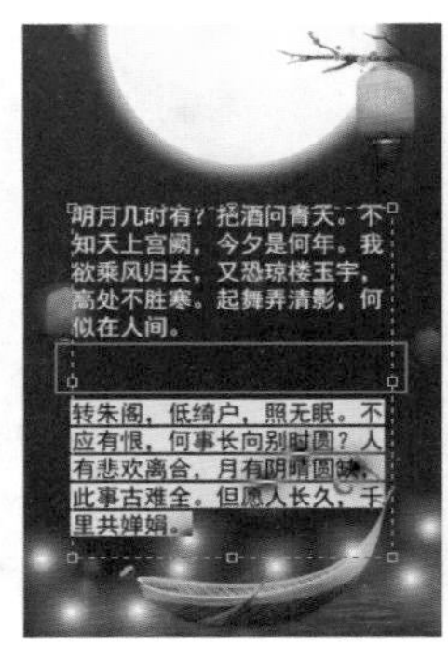

图9-48 段前和段后添加空格设置的不同效果

技术看板

段落的其他选项设置

在“段落”面板中，其他选项设置包括“避头尾法则设置”“间距组合设置”“连字”。下面讲解它们的使用方法。

- **避头尾法则设置：** 用来设置标点符号的放置规则，设置标点符号是否可以放在行首。
- **间距组合设置：** 设置段落中文本的间距组合设置。在右侧的下拉列表框中，可以选择不同的间距组合设置。
- **连字：** 勾选该复选框，出现单词换行时，将出现连字符以连接单词。

9.2.3 “字形”面板 重点

在Photoshop 2020中，如果想要在文本中插入标点、上标和下标、货币符号、数字、特殊字符，以及其他语言的字形，可以使用“字形”面板。该面板还可以用于添加表情符号。执行“窗口”→“字形”命令，可以打开“字形”面板，如图9-49所示。

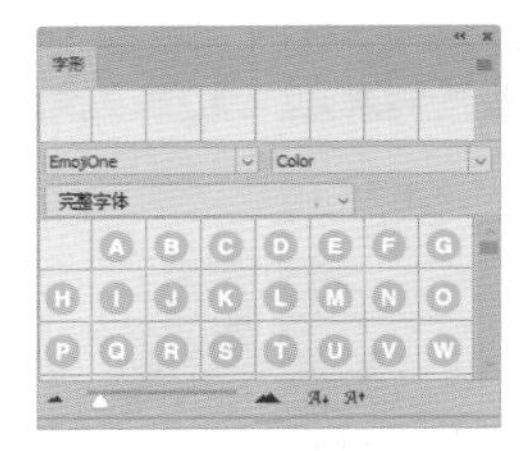

图9-49 “字形”面板

练习9-5 使用“字形”面板制作聊天界面

难度：☆

素材位置：第 9 章 \ 练习 9-5\ 聊天界面 .psd

效果位置：第 9 章 \ 练习 9-5\ 使用“字形”面板制作聊天界面 .psd

在线视频：第 9 章 \ 练习 9-5 使用“字形”面板制作聊天界面 .mp4

“字形”面板可以添加表情符号，从而制作聊天界面中的对话表情和头像，下面详细讲解制作方法。

01 执行“文件”→“打开”命令，打开“聊天界面 .psd”素材文件，效果如图 9-50 所示。

02 选择工具箱中的“横排文字工具” T，在工具选项栏中设置字体为“黑体”、字体大小为“40 点”、文字颜色为玫红色（R:255,G:84,B:123），在聊天对话框中输入文字，修改文字颜色，继续在对话框中输入文字，如图 9-51 所示。

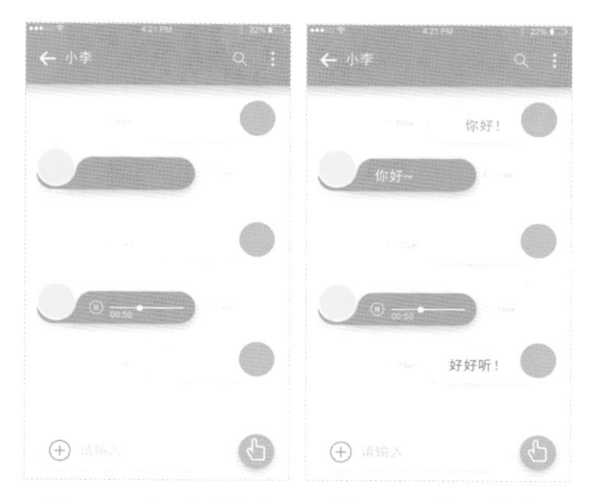

图9-50 打开“聊天界面.psd”素材文件　图9-51 输入文字

03 执行“窗口”→“字形”命令，打开“字形”面板，在“设置字体系列”下拉列表框中选择“EmojiOne”选项，如图 9-52 所示。

04 选择“横排文字工具” T，在对话框空白处单击，会出现闪烁的光标，如图 9-53 所示。

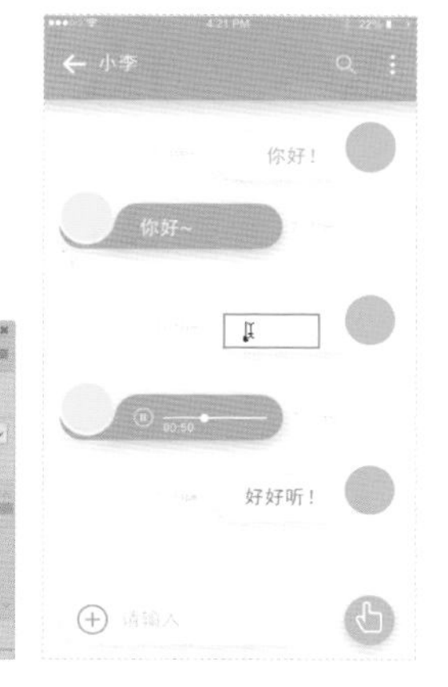

图9-52 “字形”面板　图9-53 出现光标

05 在“字形”面板中选择一种表情符号，如图 9-54 所示，双击可以添加表情符号，在光标处添加 3 个该表情，如图 9-55 所示。

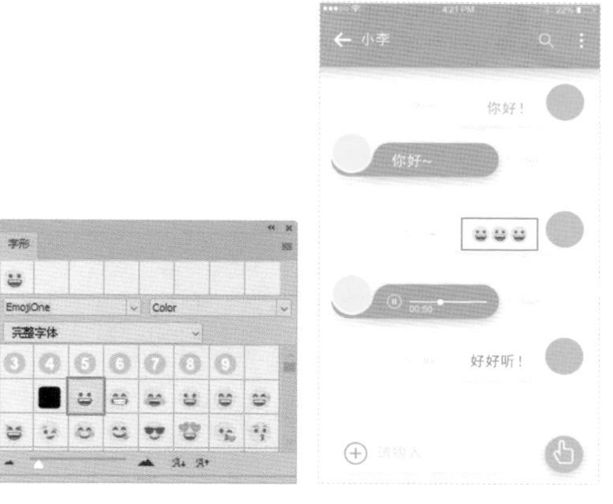

图9-54 选择表情符号　图9-55 添加表情符号

06 使用相同的方法，在聊天头像位置添加其他表情符号，最终效果如图 9-56 所示。

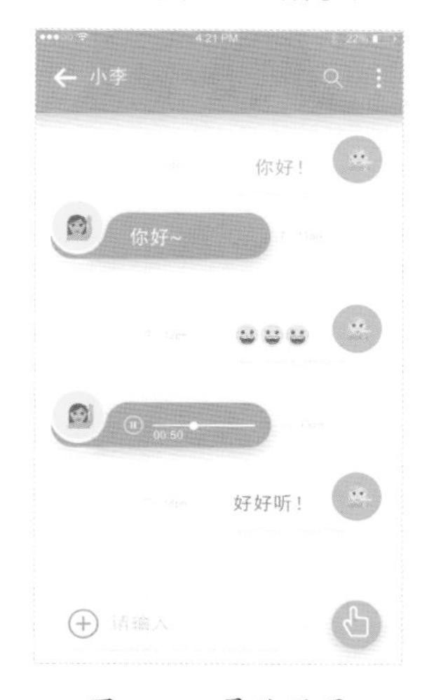

图9-56 最终效果

9.3 编辑文字

Photoshop 2020中，除了可以在“字符”和“段落”面板中编辑文字外，还可以执行命令来编辑文字，如进行拼写检查、查找和替换文字等。

9.3.1 拼写检查

执行“编辑”→“拼写检查”命令，可以检查当前文字中英文单词的拼写是否有误，如果检查到错误，Photoshop 2020还会提供修改建议。选择需要检查拼写错误的文字，执行“编辑”→“拼写检查”命令，打开“拼写检查”对话框，显示了检查信息，如图9-57所示。

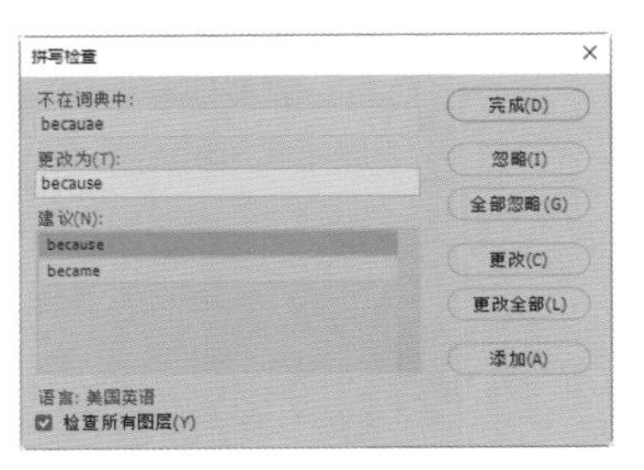

图9-57 “拼写检查”对话框

对话框中各选项的介绍如下。

- **不在词典中：** 系统会将查出的拼写错误的单词显示在该处。
- **更改为：** 可输入用来替换错误单词的正确单词。
- **建议：** 在检查到错误单词后，系统会将修改建议显示在该处。
- **检查所有图层：** 勾选该复选框，可检查所有图层中的文字。
- **完成：** 可结束检查并关闭对话框。
- **忽略：** 忽略当前检查的结果。
- **全部忽略：** 忽略所有检查的结果。
- **更改：** 单击该按钮，可使用“建议”列表框中提供的单词替换查找出的错误单词。
- **更改全部：** 使用正确的单词替换文字中的所有错误单词。
- **添加：** 如果被查找到的单词是正确的，则可以单击该按钮，将该单词添加到Photoshop 2020词典中。以后到查找到该单词时，Photoshop 2020会确认其为正确的拼写形式。

技巧

“拼写检查”不能检查隐藏或锁定图层中的文字，所以请在检查前将图层显示或解锁。如果所拼写检查的文字中没有错误，将不会弹出“拼写检查”对话框。

9.3.2 “查找和替换文本”命令

执行“编辑”→“查找和替换文本”命令，可以查找到当前文本中需要修改的文字、单词、标点或字符，并将其替换为正确的内容，图9-58所示为“查找和替换文本”对话框。

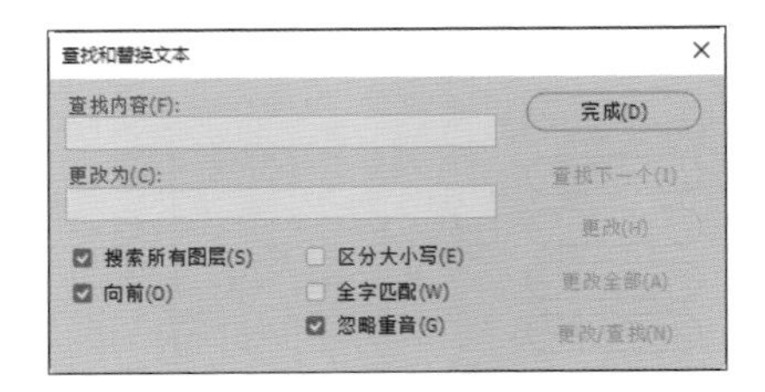

图9-58 “查找和替换文本”对话框

在进行查找时，只需在“查找内容”文本框中输入要替换的内容，然后在“更改为”文本框内输入用来替换的内容，最后单击“查找下一个”按钮，Photoshop 2020会将搜索到的内容高亮显示，单击“更改”按钮可将其替换。如果单击“更改全部”按钮，则会搜索并替换所找到的全部匹配项。

9.3.3 替换所有欠缺字体

打开文件时，如果该文件中的文字使用了系统中没有的字体，则会弹出一条警告信息，指明缺少的字体，出现这种情况时，可以执行“文字”→“替换所有欠缺字体”命令，使用系统中安装的字体替换文件中欠缺的字体。

9.3.4 基于文字创建工作路径

执行“创建工作路径”命令可以将文字转换为用于定义形状轮廓的临时工作路径，并将这些文字用作矢量形状。从文字图层创建工作路径之后，可以像处理任何其他路径一样，对该路径进行存储和操作。虽然无法以文本形式编辑路径中的字符，但原始文字图层将保持不变并可编辑。

选择一个文字图层，如图9-59所示，执行“文字”→“创建工作路径”命令，可以基于文字生成工作路径，原来的文字图层保持不变，如图9-60所示。生成的工作路径可以应用填充和描边，还可以调整其锚点得到变形文字。

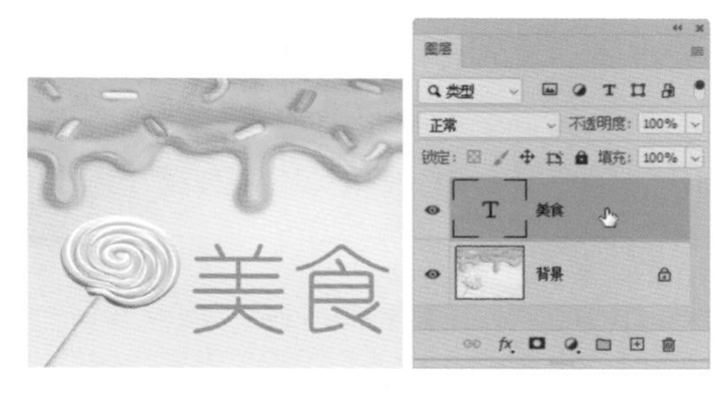

图9-59 选择“美食”图层

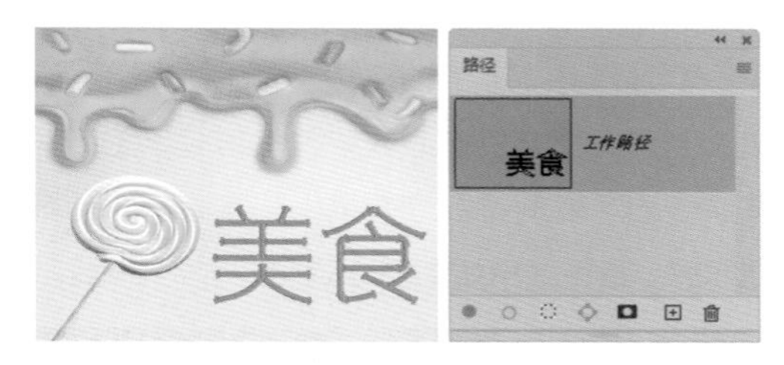

图9-60 创建工作路径

技巧

无法基于不包括轮廓数据的字体（如位图字体）创建工作路径。

9.3.5 将文字转换为形状

选择文字图层，如图9-61所示，执行“文字”→“转换为形状”命令，或右击文字图层，在弹出的快捷菜单执行“转换为形状”命令，可以将其转换为具有矢量蒙版的形状图层，如图9-62所示。需要注意的是，此操作完成后，原来的文字图层将不会被保留。

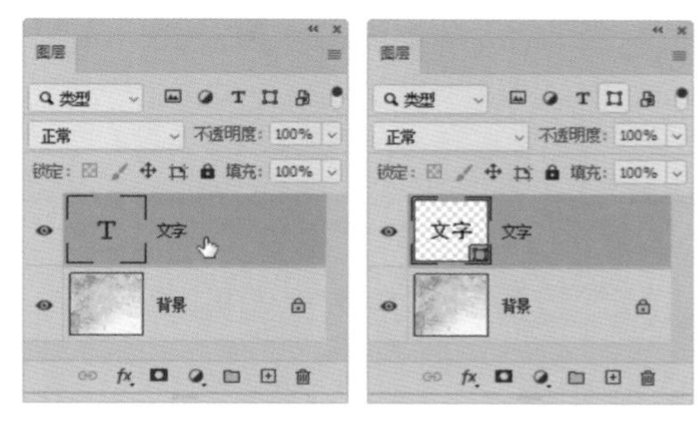

图9-61 选择“文字”图层　　图9-62 文字转换为形状

9.3.6 栅格化文字

文字本身是矢量图形，要对其使用滤镜等位图功能，需要将文字转换为位图。

在“图层”面板中选择文字图层，执行“文字”→“栅格化文字图层”命令，或执行“图层”→“栅格化”→“文字”命令，可以将文字图层栅格化，使文字变为图像。栅格化后的图像可以用画笔或滤镜对其进行编辑，但不能再修改文字的内容。栅格化文字的面板效果如图9-63所示。

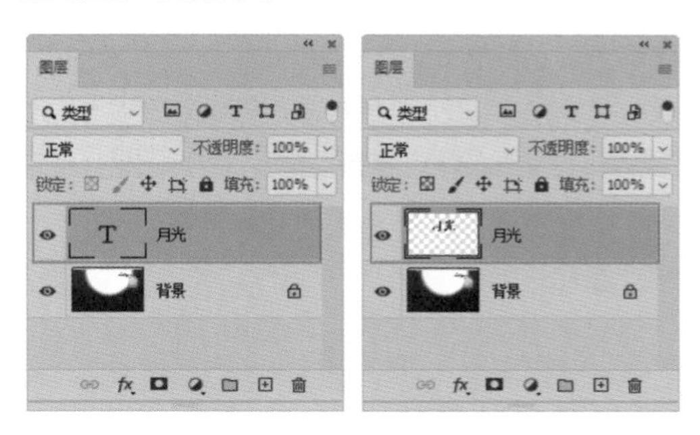

图9-63 栅格化文字的面板效果

9.4 知识总结

本章主要详解了Photoshop 2020中的文字工具，除了掌握文字的基础输入和设置外，还要重点要掌握路径文字的使用技巧。

9.5 拓展训练

本章通过两个拓展训练，对文字的应用进行升华，利用文字来制作艺术化的设计效果，如特效文字或艺术字等。

训练9-1 制作金属文字效果

难度：☆☆
素材位置：无
效果位置：第 9 章 \ 训练 9-1 \ 制作金属文字效果 .psd
在线视频：第 9 章 \ 训练 9-1 制作金属文字效果 .mp4

◆训练分析

本训练练习制作一款质感很强的金属文字。凸起的金属轮廓增加了画面的层次感，再应用图层样式制作出发光的金属效果，搭配黑色背景显得十分酷炫，最终效果如图9-64所示。

图9-64 金属文字最终效果

◆训练知识点

1. 横排文字工具 T.
2. "斜面和浮雕""内发光""外发光""描边""渐变叠加"图层样式
3. 栅格化文字

训练9-2 制作霓虹灯文字效果

难度：☆☆☆
素材位置：第 9 章 \ 训练 9-2 \ 烟雾 .png
效果位置：第 9 章 \ 训练 9-2 \ 制作霓虹灯文字效果 .psd
在线视频：第 9 章 \ 训练 9-2 制作霓虹灯文字效果 .mp4

◆训练分析

本训练练习运用"波浪"和"碎片"滤镜，制作出文字拼接的效果，然后应用图层样式制作出渐变的霓虹灯效果，整体画面非常有艺术感，最终效果如图9-65所示。

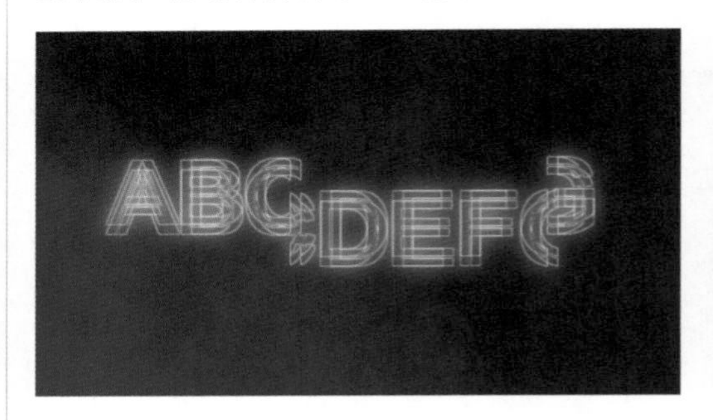

图9-65 霓虹灯文字最终效果

◆训练知识点

1. 横排文字工具 T.
2. "波浪""碎片""高斯模糊"滤镜
3. 滤镜库的使用
4. "通道"面板
5. "渐变叠加"图层样式
6. "色相/饱和度"图像调整
7. 图层混合模式
8. 合并图层

第 10 章

滤镜特效

Photoshop 2020滤镜种类繁多，功能和应用各不相同，但在使用方法上却有许多相似之处。滤镜能够在强化图像效果的同时遮盖图像的缺陷，并对图像效果进行优化处理，制作出绚丽的艺术作品。了解和掌握滤镜的使用方法和技巧，能有效地 提升图片处理的效率。

由于篇幅有限，本章将重点讲解一些常用的滤镜效果，并带领读者学习滤镜在图像处理过程中的应用方法和技巧。

教学目标

了解滤镜的使用规则 | 掌握特殊滤镜的使用方法

掌握其他常用滤镜的使用方法

10.1 滤镜的整体把握

滤镜是Photoshop 2020中非常强大的工具，使用时需要有对整体的把握能力，要注意滤镜的使用规则及注意事项。

10.1.1 滤镜的使用规则

Photoshop 2020为用户提供了上百种滤镜，都放置在“滤镜”菜单中，它们的作用各不相同。在使用滤镜时，应注意以下几个规则和技巧。

使用规则

- 要使用滤镜，首先在文件窗口中指定要应用滤镜的文件或图像区域。然后执行“滤镜”菜单中的相关滤镜命令，打开所选滤镜对话框，在其中对该滤镜进行参数调整，然后确定即可应用滤镜。
- 使用滤镜处理某一图层的图像时，需要选择该图层，并且该图层必须为可见状态，即缩览图前带有 👁 图标。
- 滤镜同绘图工具和修饰工具一样，只能处理当前选择的一个图层，不能同时处理多个图层。
- 滤镜的处理效果以像素为单位，因此，用相同的参数处理不同分辨率的图像，其效果也会有所不同。
- 只有“云彩”滤镜可以应用在没有像素的区域，其他滤镜都必须应用在有像素的区域，否则将不能使用这些滤镜（特殊滤镜除）。
- 如果创建了选区，则滤镜只处理选区中的图像，如图10-1所示；如果未创建选区，则处理当前图层中的全部图像，如图10-2所示。

图10-1 局部滤镜

图10-2 全部滤镜

使用技巧

- 在滤镜对话框中，进行修改后，如果想复位当前滤镜到打开时的设置，可以按住Alt键，此时该对话框中的“取消”按钮将变成“复位”按钮，单击该按钮可以将滤镜参数恢复到打开该对话框时的状态，如图10-3所示。

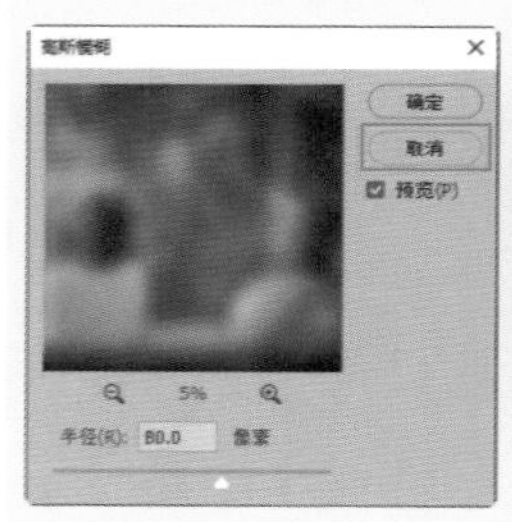

图10-3 复位滤镜

- 当执行完一个滤镜操作后，在“滤镜”菜单的第一行将出现刚才使用的滤镜名称，再次执行该命令，或按Alt+Ctrl+F组合键，可以以相同的参数再次应用该滤镜。
- 在所有打开的滤镜对话框中，都可以在预览框中预览滤镜的应用效果，单击 🔍+ 或 🔍- 按钮可以放大或缩小显示比例；单击并拖动预览框内的图像，可以移动图像，如图10-4所示。如果想要查看某一区域内的图像，可在文件中单击，滤镜预览框中会显示单击处的图像，如图10-5所示。

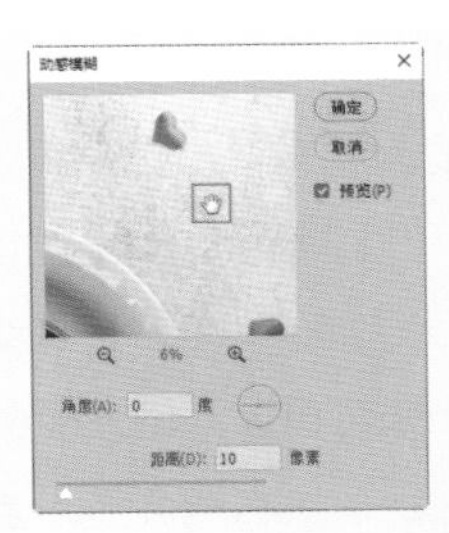

图10-4 移动图像

图10-5 查看某一区域内的图像

技巧

使用滤镜处理图像后，执行“编辑”→“渐隐”命令，可以修改滤镜效果的混合模式和“不透明度”。

10.1.2 普通滤镜与智能滤镜

在Photoshop 2020中，普通滤镜是通过修改像素来生成效果的，如果保存图像并关闭窗口，就无法将图像恢复为原始状态了，如图10-6所示。

智能滤镜是一种非破坏性的滤镜，其滤镜效果应用于智能对象上，不会修改图像的原始数据。单击智能滤镜前面的 图标，可将滤镜效果隐藏；将它删除，图像恢复为原始效果，如图10-7所示。

图10-6 普通滤镜

图10-7 智能滤镜

10.2 特殊滤镜的使用

Photoshop 2020的特殊滤镜较以前的版本没有太大的改变，包括“滤镜库”“自适应广角”“Camera Raw滤镜”“镜头校正”“液化”“消失点”，下面讲解这些特殊滤镜的使用。

10.2.1 使用滤镜库 重点

“滤镜库”是一个集合了大部分滤镜效果的集合库，它将滤镜作为一个整体放置在该库中，利用“滤镜库”可以对图像进行滤镜操作。这样很好地避免了多次在滤镜菜单中选择不同滤镜的繁杂操作。执行“滤镜”→“滤镜库”命令，可以打开“滤镜库”对话框，如图10-8所示。

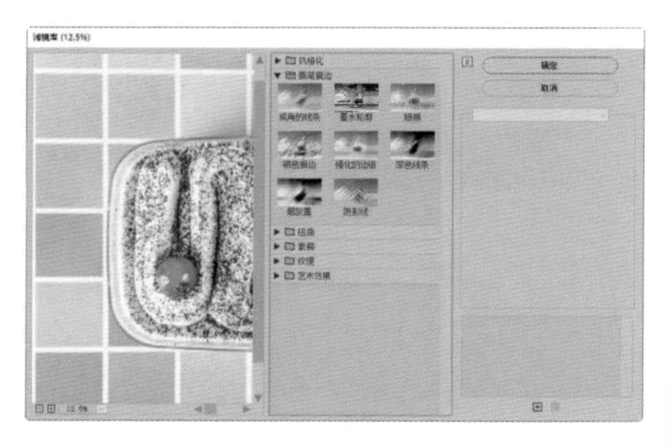

图10-8 “滤镜库”对话框

预览区

“滤镜库”对话框的左侧是图像的预览区，如图10-9所示。在该区域可以预览图像的滤镜效果。

- **图像预览：** 显示当前图像的效果。
- **放大**⊞：单击该按钮，可以放大图像预览效果。
- **缩小**⊟：单击该按钮，可以缩小图像预览效果。
- **缩放比例：** 单击该区域，可以打开缩放菜单，选择预设的缩放比例。如果选择“实际像素”选项，则显示图像的实际大小；选择“符合视图大小”选项，会根据当前对话框的大小缩放图像；选择“按屏幕大小缩放”选项，会全屏幕显示对话框，并缩放图像到合适的尺寸。

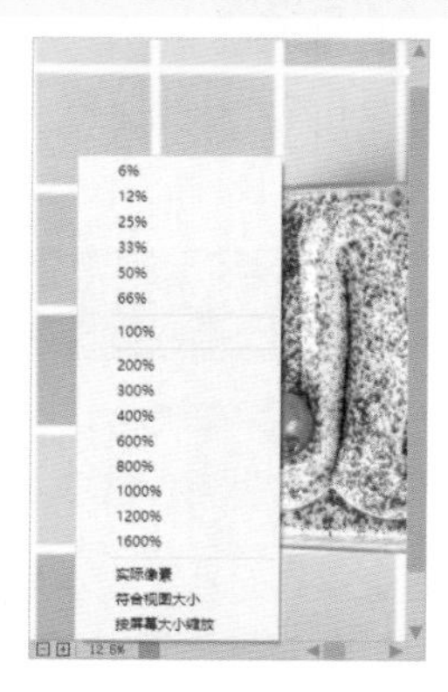

图10-9 预览区

滤镜和参数区

在“滤镜库”对话框的中间显示了6个滤镜组，如图10-10所示。单击滤镜组名称，可以展开或折叠当前滤镜组。展开滤镜组后，单击某个滤镜，即可将该滤镜应用到当前的图像中，并且在对话框的右侧会显示当前选择滤镜的参数选项。还可以从右侧的下拉列表框中，选择各种滤镜。

在“滤镜库”对话框右下角显示了当前应用在图像上的所有滤镜。单击“新建效果图层”按钮⊞，可以创建一个新的滤镜效果，以便增加更多的滤镜。如果不创建新的滤镜效果，每次选择其他滤镜，都会将上一个滤镜替换掉，而不会增加新的滤镜效果。选择一个滤镜，然后单击“删除效果图层”按钮🗑，可以将选择的滤镜删除。

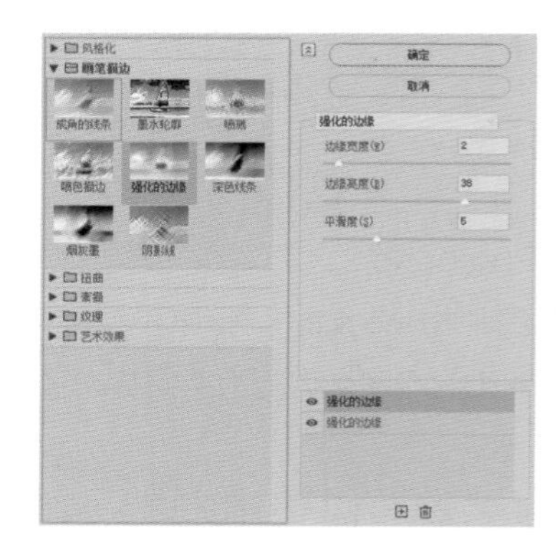

图10-10 滤镜和参数区

滤镜效果图层与图层的编辑方法相同，上下拖动效果图层可以调整它们的堆叠顺序，滤镜效果也会发生改变，如图10-11所示。单击👁图标可以隐藏或显示滤镜。

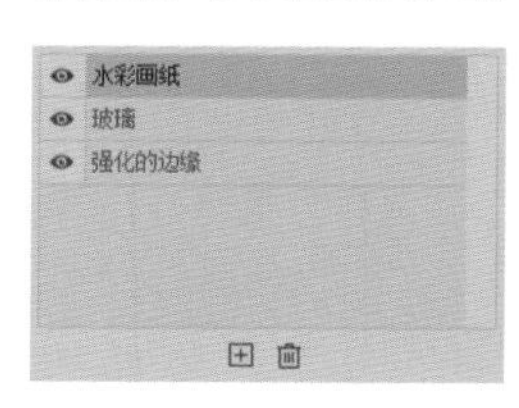

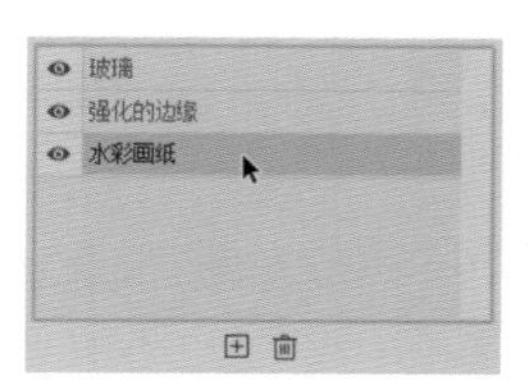

图10-11 调整滤镜堆叠顺序

练习10-1 使用滤镜库制作油画效果

难度：☆☆

素材位置：第 10 章 \ 练习 10-1\ 通心粉 .jpg

效果位置：第 10 章 \ 练习 10-1\ 使用滤镜库制作油画效果 .psd

在线视频：第 10 章 \ 练习 10-1 使用滤镜库制作油画效果 .mp4

下面使用“滤镜库”中的“画笔描边”滤镜组中3个不同的滤镜，制作出油画效果。

01 执行“文件”→“打开”命令，打开“通心粉 .jpg”素材文件，如图 10-12 所示。

图10-12 打开“通心粉.jpg”素材文件

02 执行“滤镜”→“滤镜库”命令，打开“滤镜库”对话框，展开“画笔描边”滤镜组，选择“喷色描边”滤镜，设置参数，如图 10-13 所示。

图10-13 选择“喷色描边”滤镜

03 单击“新建效果图层”按钮⊞，新建滤镜效果图层，添加“阴影线”滤镜，设置参数，如图 10-14 所示。

图10-14 添加“阴影线”滤镜

04 单击“新建效果图层”按钮⊞，新建滤镜效果图层，然后添加“喷溅”滤镜，设置参数，如图 10-15 所示。

图10-15 添加“喷溅”滤镜

05 单击“确定”按钮，3 个滤镜叠加后，制作出了油画效果，如图 10-16 所示。

图10-16 油画效果

10.2.2 “自适应广角”滤镜

“自适应广角”滤镜可以校正因使用广角镜头而产生的镜头扭曲。它可以快速拉直在全景图中或采用鱼眼镜头和广角镜头拍摄的照片中看起来弯曲的线条。

执行“滤镜”→“自适应广角”命令，打开“自适应广角”对话框。在预览图中绘制出一条操作线，通过白点可进行广角调整。原图与应用“自适应广角”滤镜的对比效果如图10-17所示。

图10-17 “自适应广角”滤镜

对话框中各选项的介绍如下。

- **校正：** 在下拉列表框中选择要校正的投影模型，包括“鱼眼”“透视”“自动”“完整球面”。
- **缩放：** 指定缩放图像的比例。
- **焦距：** 指定焦距。
- **裁剪因子：** 指定裁剪因子。
- **细节：** 鼠标指针放置在预览区中时，可在此显示图像操作细节。

10.2.3 Camera Raw滤镜 难点

“Camera Raw滤镜”可以调整照片的颜色，包括白平衡、色调及饱和度，可对图像进行锐化处理、减少杂色、纠正镜头问题及重新修饰等操作。

执行“滤镜”→“Camera Raw滤镜”命令，可以打开“Camera Raw”对话框，如图10-18所示。

图10-18 “Camera Raw”对话框

工具箱

在“Camera Raw”对话框顶部的工具箱中提供了多种工具，用来对画面的局部进行处理，如图10-19所示。

图10-19 工具箱

各工具介绍如下。

- **缩放工具：** 使用该工具在图像中单击，即可放大图像；按住Alt键单击，则可缩小图像；双击该工具按钮，可使图像恢复为100%比例显示。
- **抓手工具：** 当图像放大超出预览区时，选择该工具，在画面中拖动鼠标指针，可以调整预览区中的图像显示区域。
- **白平衡工具：** 使用该工具在白色或灰色的图像内容上单击，可以校正照片的白平衡，如图10-20所示。双击该工具，可以将白平衡恢复为照片原来的状态。

图10-20　白平衡效果

- **颜色取样器工具** ：可以检测指定颜色点的颜色信息。选择该工具后，在图像上单击，即可显示出该点的颜色信息，最多可显示出9个颜色点。该工具主要用来分析图像的偏色问题。
- **目标调整工具** ：单击该按钮，然后在画面中单击取样颜色，再拖动鼠标指针，即可改变图像中取样颜色的色相、饱和度、亮度等属性。
- **变换工具** ：可以调整画面的扭曲、透视和缩放效果，常用于校正画面的透视，或者为画面营造透视感。
- **污点去除** ：可以以另一区域为样本修复图像中选中的区域。
- **红眼去除** ：其功能与“红眼工具”相同，可以用来去除红眼。
- **调整画笔** ：使用该工具在画面中限定出一个范围，然后在右侧参数设置区中进行设置，以处理局部图像的曝光度、亮度、对比度、饱和度和清晰度等。
- **渐变滤镜** ：该工具能够以渐变的方式对画面的一侧进行处理，而另外一侧不进行处理，并使两个部分之间的过渡柔和。
- **径向滤镜** ：该工具能够突出展示图像的特定部分，其功能与“光圈模糊”滤镜有些类似。

图像调整选项卡

在“Camera Raw”对话框的右侧集中了大量的图像调整命令，这些命令被分为多个组，以选项卡的形式展示在其中。与常见的文字标签形式的选项卡不同，这里以按钮的形式显示，单击某一按钮，即可切换到相应的选项卡，如图10-21所示。

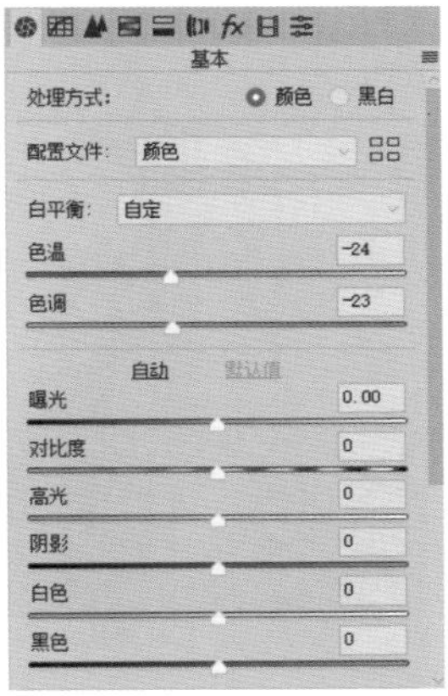

图10-21　图像调整选项卡

选项卡介绍如下。

- **基本** ：用来调整图像的基本色调与颜色品质。
- **色调曲线** ：用来对图像的亮度、阴影等进行调节。
- **细节** ：用来锐化图像与减少杂色。
- **HLS调整** ：可以对颜色进行色相、饱和度、明度等调整。
- **色调分离** ：可以分别对高光区域和阴影区域进行色相和饱和度的调整。
- **镜头校正** ：用来去除镜头原因造成的图像缺陷，如扭曲、晕影、紫边等。
- **效果** ：可以为图像添加或去除杂色，还可以用来制作晕影暗角等特效。
- **校准** ：不同的相机都有自己的颜色与色调调整设置，拍摄出的照片颜色也会存在些许偏差。在“校准”选项卡中，可以对这些偏色问题进行校正。

- **预设**：在该选项卡中可以将当前图像调整参数存储为“预设”，然后使用该“预设”快速处理其他图像。

10.2.4 “镜头校正”滤镜

“镜头校正”滤镜主要用来修复常见的镜头瑕疵，如桶形或枕形失真、晕影和色差等拍摄问题。

执行“滤镜”→“镜头校正”命令，打开“镜头校正”对话框。原图与应用“镜头校正”滤镜后的对比效果如图10-22所示。

图10-22 “镜头校正”滤镜

对话框中各选项的介绍如下。

- **设置**：在右侧的下拉列表框中可以选取一个预设的设置选项。选择“默认校正”选项，可以以默认的相机、镜头、焦距和光圈组合进行设置。选择“上一校正”选项，可以使用上一次镜头校正时使用的相关设置。
- **移去扭曲**：用来校正镜头枕形和桶形失真。向左拖动滑块，可以校正枕形失真；向右拖动滑块，可以校正桶形失真。
- **色差**：校正因失真而产生的色边。“修复红/青边”选项，可以调整红色或青色的边缘，利用补色原理修复红边或青边效果。同样“修复蓝/黄边”选项，可以调整蓝色或红色边缘。
- **晕影**：用来校正因镜头缺陷或镜头遮光而产生的较亮或较暗的边缘效果。“数量”选项用来调整图像边缘变亮或变暗的程度；“中点”选项用来设置“数量”受影响的区域范围，值越小，受到的影响就越大。
- **垂直透视**：用来校正相机因向上或向下倾斜而产生的图像透视变形效果，可以使图像中的垂直线平行。
- **水平透视**：用来校正相机因向左或向右倾斜而产生的图像透视变形效果，可以使图像中的水平线平行。
- **角度**：拖动转盘或输入数值可以校正倾斜的图像效果，也可以使用“拉直工具”进行校正。
- **比例**：向前或向后调整图像的比例，主要移去因枕形失真、透视或旋转图像而产生的图像空白区域，不过图像的原始尺寸不会发生改变。放大比例将导致多余的图像被裁剪掉，并使差值增大到原始像素尺寸。

10.2.5 “液化”滤镜 难点

“液化”滤镜是修饰图像和创建艺术效果的强大工具，它能够非常灵活地创建推拉、扭曲、旋转、收缩等变形效果，可以修改图像的任意区域。

执行“滤镜”→“液化”命令，即可打开图10-23所示的“液化”对话框。在该对话框左侧是滤镜的工具栏，显示了“液化”滤镜的工具；中间位置为图像预览区，在此对图像进行液化操作并显示最终效果；右侧为相关的属性设置区。

图10-23 “液化”对话框

在“液化”对话框的左侧提供了12个工具，如图10-24所示。各个工具有不同的变形效果，利用这些工具可以制作出神奇有趣的变形特效。下面讲解这些工具的使用方法及技巧。

图10-24 “液化”工具

工具介绍如下。

- **向前变形工具**：使用该工具在图像中拖动，可以将图像向前或向后推拉变形。图10-25所示为变形前后的对比效果。

图10-25 变形前后对比效果

- **重建工具**：用于恢复变形的图像。在变形区域单击或拖动鼠标指针进行涂抹时，可以使图像的像素恢复到原来的效果。
- **平滑工具**：使用该工具，可以平滑地混合像素。
- **顺时针旋转扭曲工具**：使用该工具将鼠标指针放在图像上，按住鼠标左键不动或拖动鼠标指针，可以将图像顺时针变形；如果在按住鼠标左键不动或拖动鼠标指针进行变形的同时按住Alt键，则可以将图像逆时针变形。旋转扭曲效果如图10-26所示。

（a）顺时针旋转扭曲

（b）逆时针旋转扭曲

图10-26 旋转扭曲效果

- **褶皱工具**：可以使像素向变形区域的中心移动，使图像产生内缩效果，如图10-27所示。

图10-27 内缩效果

- **膨胀工具**：可以使像素从变形区域中心开始向外移动，使图像产生向外膨胀的效果，如图10-28所示。

图10-28 膨胀效果

- **左推工具**：主要用来移动图像像素。使用该工具在图像上向上移动，可以将图像向左推动变形；如果向下拖动，则可以将图像向右推动变形。如果按住Alt键推动，将发生相反的效果。原图与向左推动图像效果如图10-29所示。

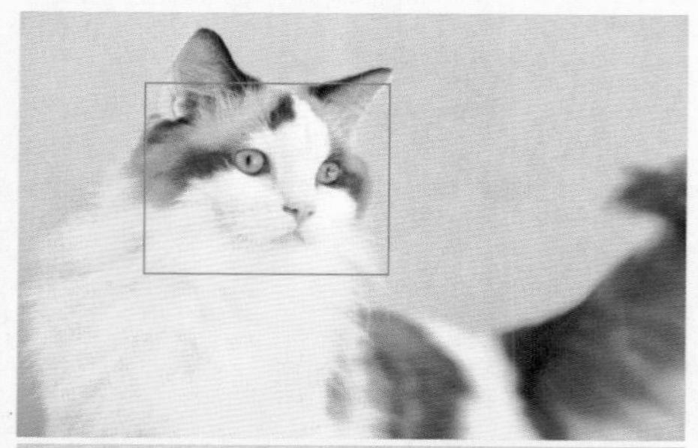

图10-29 原图与向左推动图像效果对比

- **冻结蒙版工具**：如果需要对某个区域进行处理，并且不希望该操作影响到其他区域，可以使用该工具绘制出冻结区域。冻结区域将受到保护，不会发生变形，如图10-30所示。

图10-30 冻结蒙版效果

- **解冻蒙版工具**：使用该工具在冻结区涂抹，可以将其解冻，如图10-31所示。

图10-31 解冻蒙版效果

- **脸部工具**：选择该工具后，将鼠标指针放置在脸部，将产生不同的调整框。这些调整框可以使面部变形，功能非常强大。
- **抓手工具**：当图像放大到一定程度后，预览区中将不能完全显示图像，利用该工具可以移动图像的预览位置。
- **缩放工具**：在图像中单击或拖动，可以放大预览区中的图像。如果按住Alt键单击，可以缩小预览区中的图像。

技巧

使用“向前变形工具”拖动变形时，如果一次拖动不能达到满意的效果，可以多次单击或拖动进行修改，以达到想要的效果。

10.2.6 “消失点”滤镜（重点）

“消失点”滤镜能够在保证图像透视角度不变的前提下，对图像进行绘制、仿制、复制、粘贴及变换等编辑操作。

选择要应用消失点的图像，执行“滤镜”→“消失点”命令，打开图10-32所示的“消失点”对话框。在该对话框左侧是其工具栏，显示了消失点操作的相关工具；对话框的顶部为工具参数栏，显示了当前工具的相关参数；工具参数栏的下方是工具提示栏，显示了当前工具的相关使用提示；在工具提示栏下方是预览区，在此可以使用相关工具对图像进行消失点的操作，并可以预览操作的效果。

图10-32 “消失点”对话框

练习10-2 使用“消失点”滤镜制作户外广告牌

难度：☆☆

素材位置：第 10 章 \ 练习 10-2\ 素材

效果位置：第 10 章 \ 练习 10-2\ 使用“消失点”滤镜制作户外广告牌 .psd

在线视频：第 10 章 \ 练习 10-2 使用“消失点”滤镜制作户外广告牌 .mp4

“消失点”滤镜能够在保证图像透视角度不变的前提下，对图像进行绘制、复制和变换等编辑操作。下面将使用“消失点”滤镜来制作户外广告牌。

01 执行“文件”→“打开”命令，打开“广告牌 .jpg”素材文件，如图 10-33 所示。

02 执行“滤镜”→“消失点”命令，打开“消失点”对话框，选择“创建平面工具”，在广告牌 4 个角的位置分别单击，创建出图 10-34 所示的平面。

图10-33 打开“广告牌.jpg”素材文件

图10-34 创建平面

03 按 Ctrl + + 组合键放大图像，移动鼠标指针至角点，当指针显示为形状时，可以仔细调整平面角点的位置，如图 10-35 所示。单击左下角的按钮，在弹出的快捷菜单中执行“符合视图大小”命令。变形平面创建完成，单击“确定”按钮暂时关闭“消失点”对话框。

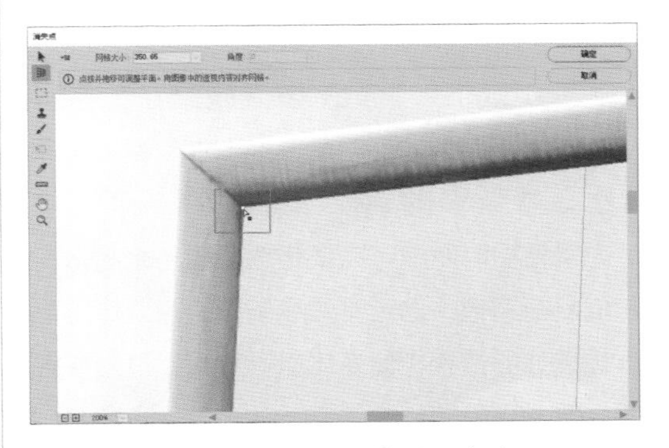

图10-35 仔细调整平面角点

04 按 Ctrl+O 组合键打开“海报 .jpg”素材文件，

如图 10-36 所示。

图10-36 打开“海报.jpg”素材文件

05 按 Ctrl + A 组合键全选图像，按 Ctrl + C 组合键复制图像至剪贴板。切换图像窗口至“广告牌”，执行“滤镜”→“消失点”命令，打开“消失点”对话框，按 Ctrl + V 组合键将复制的图像粘贴至变形窗口，如图 10-37 所示。

图10-37 复制图像

06 选择“变换工具”，移动图像至广告牌位置，海报图像会按照设置的变形平面进行变形，调整图像的大小，使其与广告牌大小相符，如图 10-38 所示。单击“确定”按钮关闭对话框，得到图 10-39 所示的图像效果。

图10-38 变换图像并调整其大小

图10-39 最终效果

10.3 其他常用滤镜

本节将讲解“滤镜”菜单中其他常用且实用的滤镜。

10.3.1 “模糊”滤镜

“模糊”滤镜可以柔化选区或整个图像，它们平衡图像中已定义的线条和遮蔽区域的清晰边缘处的像素，使变化显得柔和，过渡变得不生硬。下面介绍4种常用的“模糊”滤镜。

“表面模糊”滤镜

“表面模糊”滤镜能够在保留图像边缘的同时模糊图像，可用来创建特殊效果并消除杂色或颗粒，其选项设置与应用效果如图10-40所示。

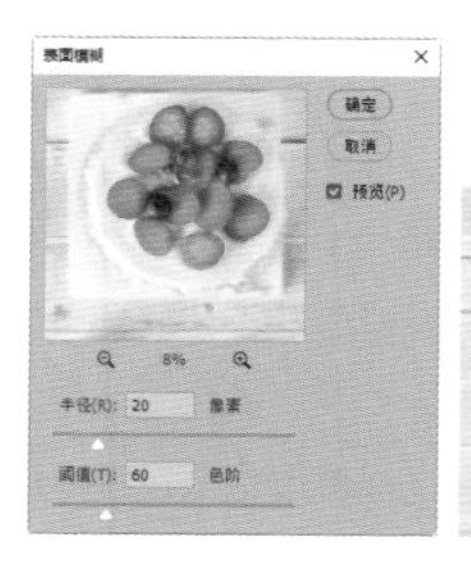

图10-40 “表面模糊”滤镜

“高斯模糊”滤镜

“高斯模糊”滤镜可以添加低频细节，使图像产生一种朦胧效果，其选项设置与应用效果如图10-41所示。调整“半径”值可以设置模糊的范围，它以像素为单位，数值越高，模糊效果越强烈。

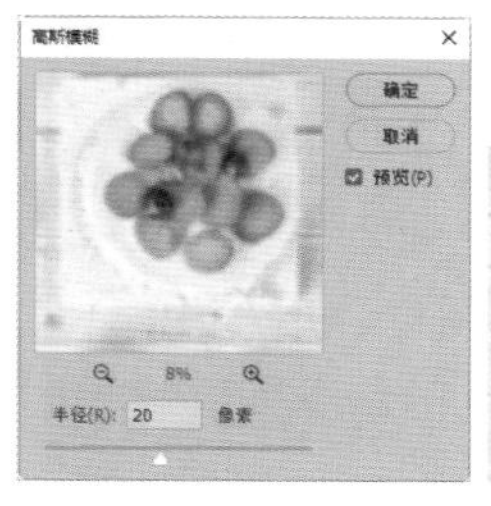

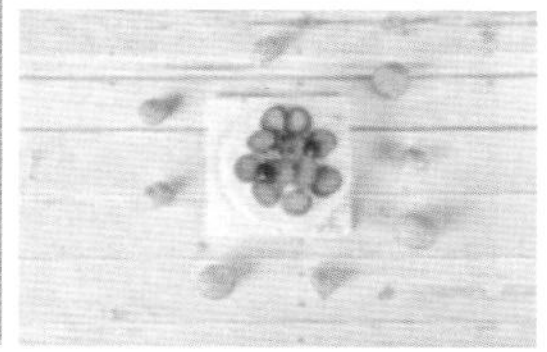

图10-41 “高斯模糊”滤镜

“动感模糊”滤镜

“动感模糊”滤镜可以根据制作效果的需要沿指定方向模糊图像，产生的效果类似于以固定的曝光时间给一个移动的对象拍照，其选项设置与应用效果如图10-42所示。

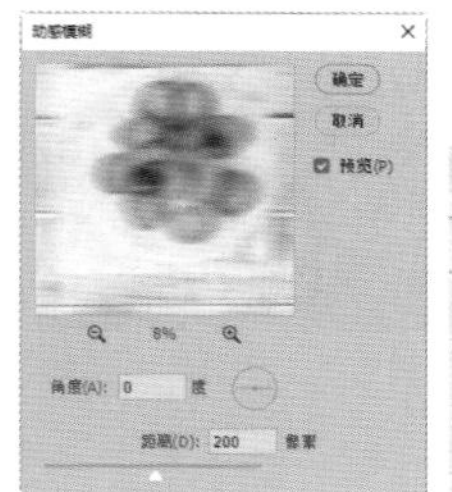

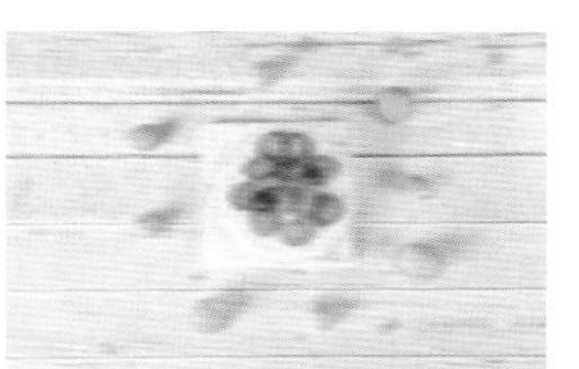

图10-42 “动感模糊”滤镜

“径向模糊”滤镜

“径向模糊”滤镜用于模拟缩放或旋转相机时所产生的模糊效果，是一种柔化的模糊效果。

选中“旋转”单选按扭时，图像会沿同心圆环线产生旋转的模糊效果，如图10-43所示；选中“缩放”单选按扭，则会产生放射状的模糊效果，如图10-44所示。

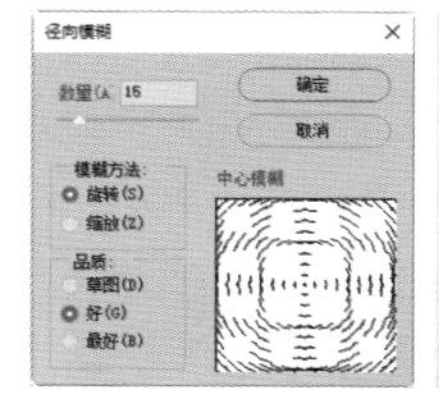

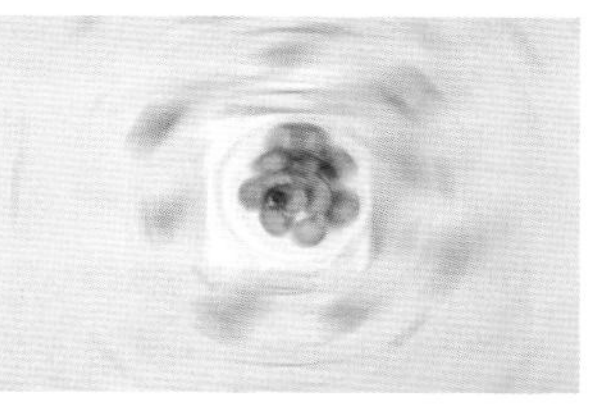

图10-43 旋转模糊

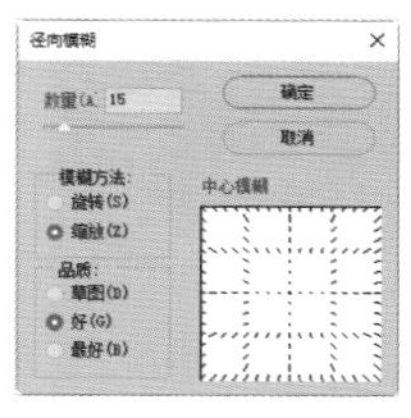

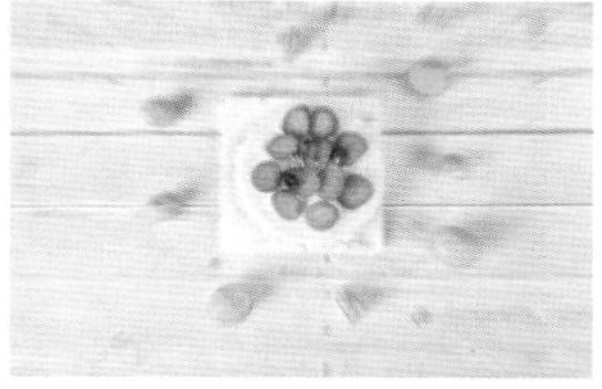

图10-44 放射状模糊

在“中心模糊”设置框内单击，可以将单击点定义为模糊的原点。原点位置不同，模糊中心也不相同，如图10-45所示。

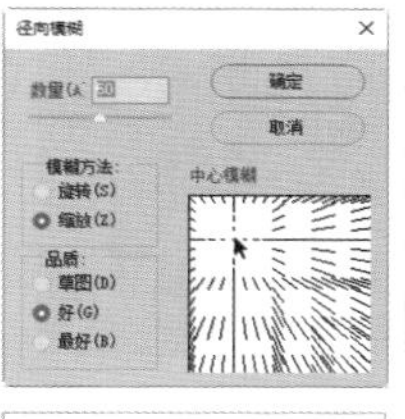

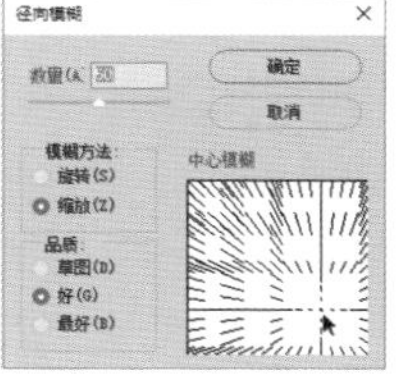

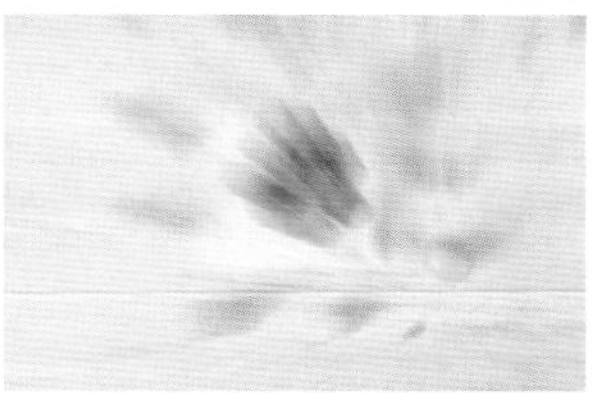

图10-45 原点不同的不同效果

练习10-3 制作粉笔画效果

难度：☆☆

素材位置：第 10 章 \ 练习 10-3\ 素材

效果位置：第 10 章 \ 练习 10-3\ 制作粉笔画效果 .psd

在线视频：第 10 章 \ 练习 10-3 制作粉笔画效果 .mp4

下面首先利用“特殊模糊”滤镜将图片处理出白色描边效果，然后利用“魔棒工具” 将描边抠出，最后利用“溶解”图层混合模式制作出粉笔画效果。

01 执行“文件”→“打开”命令，打开“玩具.jpg”和“墙.jpg”素材文件，如图 10-46 所示。

图10-46 打开“玩具.jpg”和“墙.jpg”素材文件

02 选择“玩具”文件。执行“滤镜”→“模糊”→“特殊模糊”命令，打开“特殊模糊”对话框，设置参数，如图 10-47 所示，单击“确定”按钮，效果如图 10-48 所示。

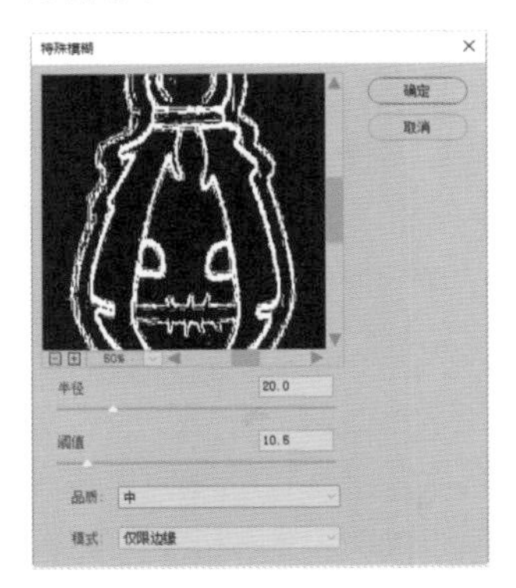

图10-47 “特殊模糊”对话框

03 选择工具箱中的“魔棒工具”，在工具选项栏中设置“容差”为 32，并取消勾选“连续”复选框，在画布的黑色区域中单击将黑色背景全部选中，然后按 Shift+Ctrl+I 组合键将选区反选，选中白色图像，如图 10-49 所示。

图10-48 模糊效果

图10-49 选中白色图像

04 使用“移动工具”将选区中的图像拖动到“墙”文件中，然后调整其大小和位置，效果如图 10-50 所示。

图10-50 调整选区图像的大小和位置

05 在“图层”面板中修改该图层的混合模式为“溶解”，如图10-51所示，最终效果如图10-52所示。

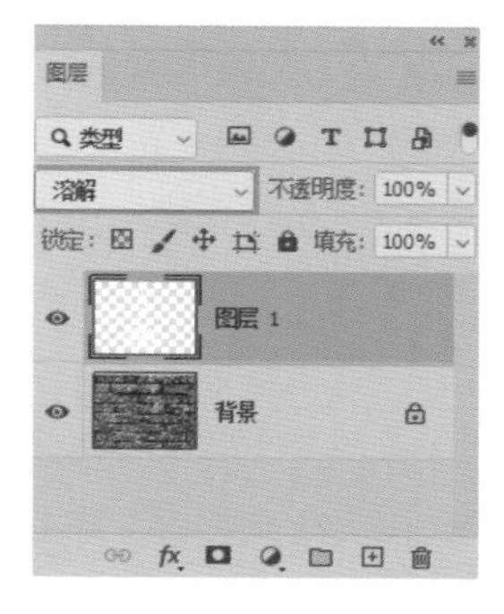

图10-51 “溶解”混合模式

图10-52 最终效果

10.3.2 “锐化”滤镜

锐化可增强图像中的边缘。大多数图像都需要锐化，所需的锐化程度取决于数码相机或扫描仪的品质。Photoshop 2020内置锐化滤镜的原理是在指定颜色区域内外加黑白两条线段，从而起到对比作用。因此，内置的锐化滤镜会引入黑白两种杂色，造成偏色。下面介绍几种常用的锐化滤镜。

“USM 锐化”滤镜

“USM锐化”滤镜可以查找图像颜色发生明显变化的区域，然后将其锐化。图10-53所示为原图。图10-54所示为滤镜对话框及应用效果。

图10-53 原图

图10-54 “USM锐化”滤镜

“锐化边缘”滤镜

“锐化边缘”滤镜只锐化图像的边缘，同时会保留图像整体的平滑度，滤镜使用前后效果如图10-55所示。

图10-55 “锐化边缘”滤镜使用前后效果

“智能锐化”滤镜

“智能锐化”滤镜与“USM锐化”滤镜相似，但它提供了独特的锐化控制选项，可以设置锐化算法、控制阴影和高光区域的锐化量。图10-56所示为原图像，图10-57所示为“智能锐化”对话框，它包含了基本和高级两种锐化方式。

图10-56　原图

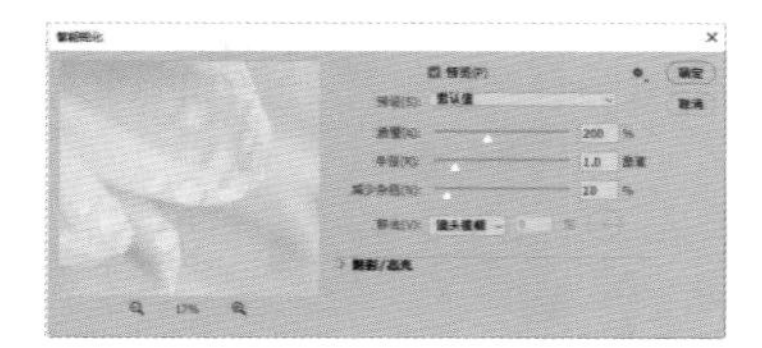

图10-57　“智能锐化”对话框

对话框中各选项的介绍如下。

- **预设：** 展开其下拉列表框，可以载入预设、保存预设，也可自行设置预设参数。
- **数量：** 设置锐化数量，较大的值可增强边缘像素之间的对比度，使图像边缘看起来更加锐利，如图10-58所示。

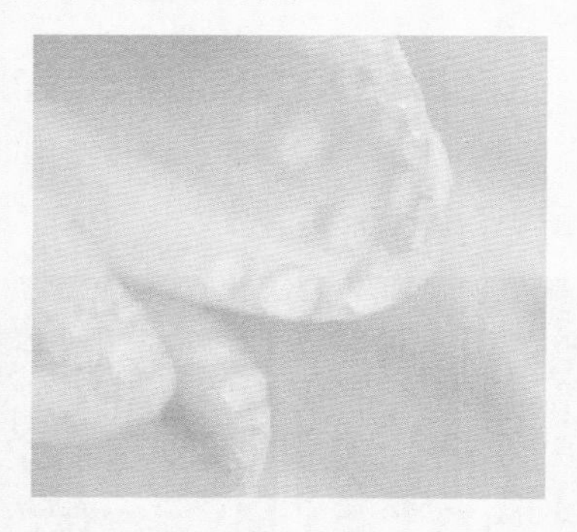

（a）“数量”为100%

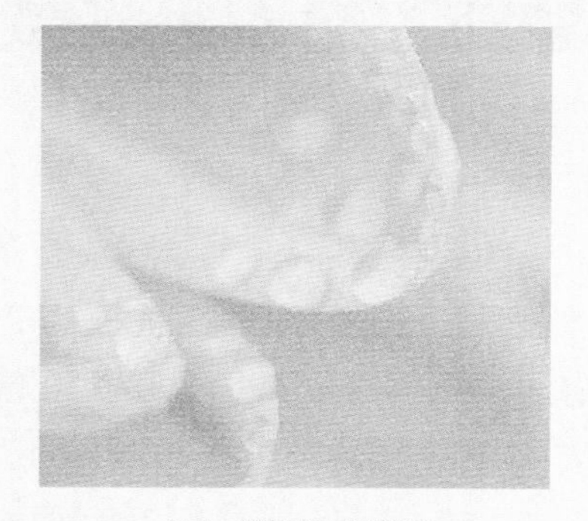

（b）“数量”为500%

图10-58　不同“数量”效果

- **半径：** 确定受锐化影响的边缘像素的数量，该值越大，受影响的边缘就越宽，锐化的效果也就越明显，如图10-59所示。

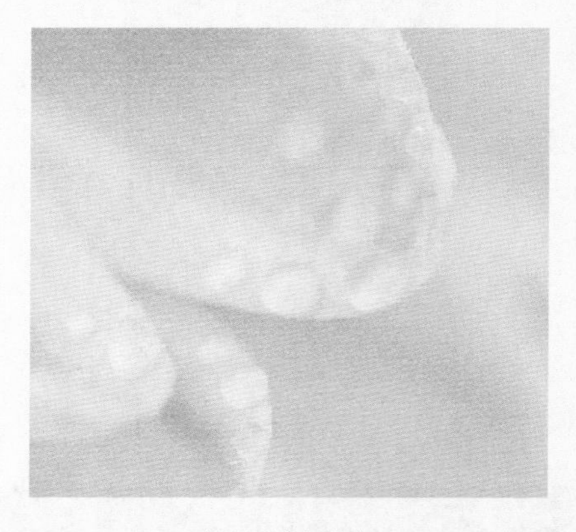

（a）“半径”为1

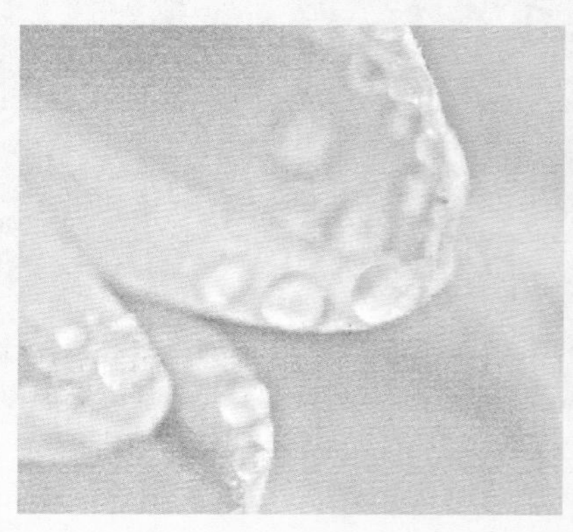

（b）“半径”为64

图10-59　不同“半径”效果

- **减少杂色：** 设置杂色的减退量，值越大杂色越少。
- **移去：** 在该下拉列表框中可以选择锐化算法。
- **阴影/高光：** 单击左侧的下拉按钮，可以展开“阴影”与“高光”选项，并且可以分别调整阴影和高光区域的“渐隐量”“色调宽度”“半径”。

10.3.3　“像素化”滤镜

“像素化”滤镜包括“彩色半调”“点状化”“晶格化”“马赛克”“铜版雕刻”等7种滤镜，它们可以使单元格中颜色值相近的像素结成块状。下面介绍几种常用的“像素化”

滤镜。

“彩色半调”滤镜

“彩色半调”滤镜可以使图像变为网点状效果，它将图像划分为矩形，并用圆形替换每个矩形。图10-60所示为原图，图10-61所示为其参数设置与应用效果。

图10-60　原图

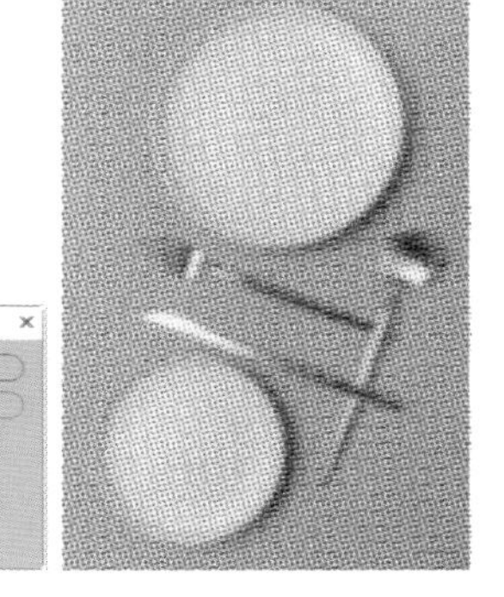

图10-61　“彩色半调”滤镜其参数设置与应用效果

“点状化”滤镜

“点状化”滤镜可以将图像中的颜色分散为随机分布的网点状，如同点状绘画效果，背景色将作为网点之间的画布区域。使用该滤镜时，可设置“单元格大小”来控制网点的大小，其参数设置与应用效果如图10-62所示。

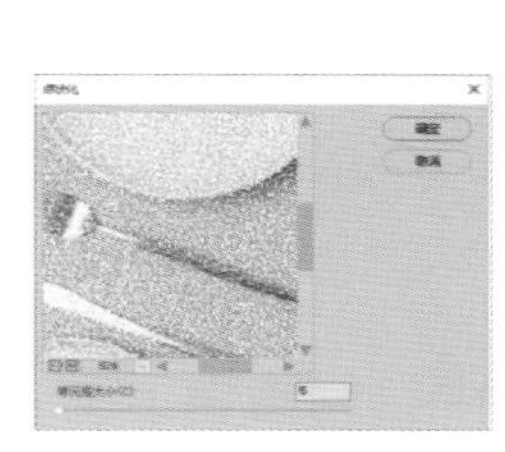
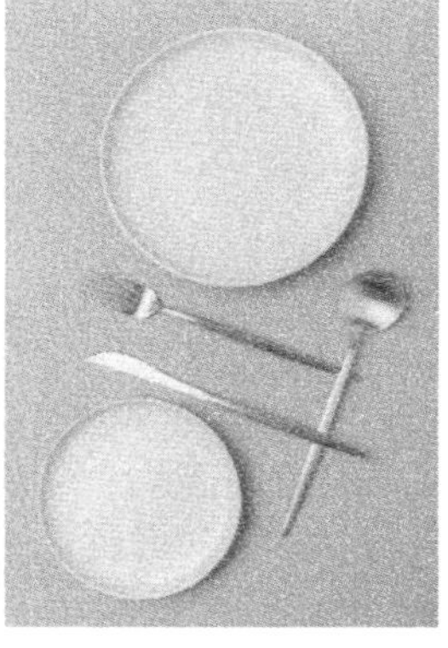

图10-62　“点状化”滤镜

“晶格化”滤镜

“晶格化”滤镜可以使图像中颜色相近的像素结块形成纯色多边形。使用该滤镜时，可设置“单元格大小”来控制多边形色块的大小，其参数设置与应用效果如图10-63所示。

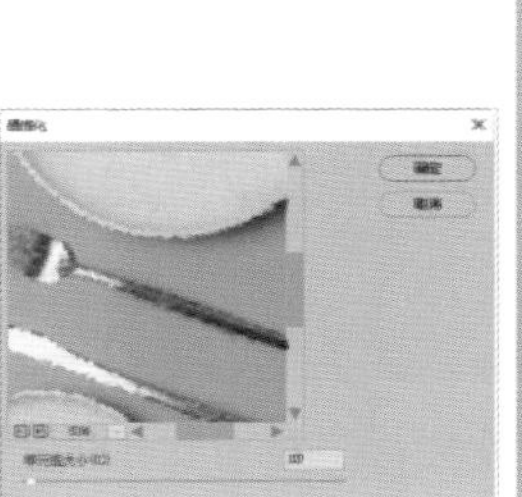
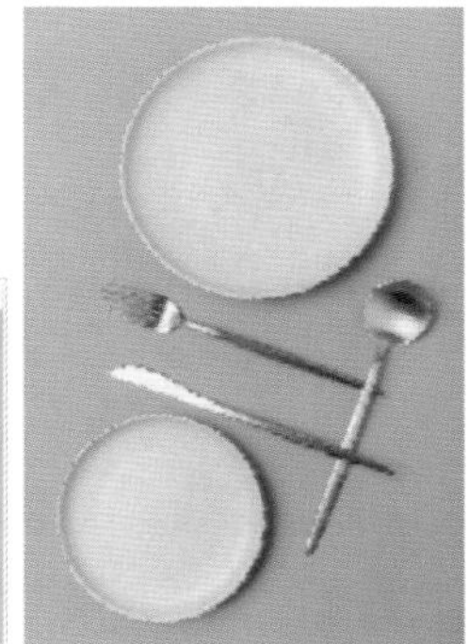

图10-63　“晶格化”滤镜

“马赛克”滤镜

“马赛克”滤镜可以使像素结成方块，模拟像素效果。使用该滤镜时，可设置“单元格大小”来调整马赛克大小，其参数设置与应用效果如图10-64所示。如果在图像中创建一个选区，再对选区应用该滤镜，则可以生成电视中的马赛克画面效果。

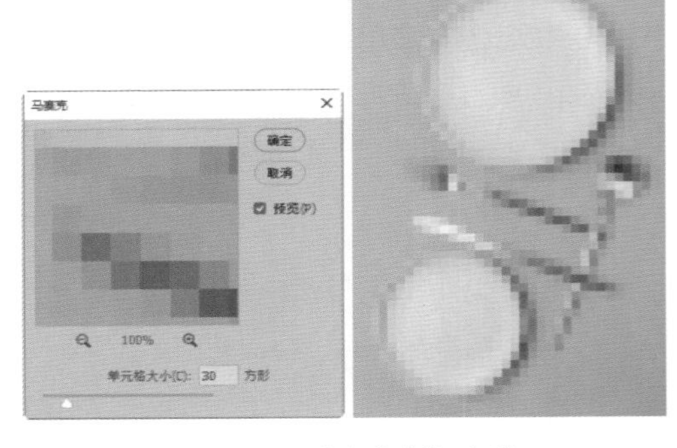
图10-64 “马赛克”滤镜

练习10-4 在场景中绘制树木

难度：☆☆

素材位置：第 10 章 \ 练习 10-4\ 庭院 .jpg

效果位置：第 10 章 \ 练习 10-4\ 在场景中绘制树木 .psd

在线视频：第 10 章 \ 练习 10-4 在场景中绘制树木 .mp4

“树”滤镜可以为图像添加树素材，再设置叶子的各项参数，制作出不同的树木效果。

01 执行“文件”→“打开”命令，打开“庭院 .jpg”素材文件，如图 10-65 所示。

图10-65 打开“庭院.jpg”素材文件

02 新建图层，执行“滤镜”→“渲染”→“树”命令，打开“树”滤镜的对话框，在弹出的对话框中设置“光照方向”“叶子数量”“叶子大小”等选项的参数，如图 10-66 所示。

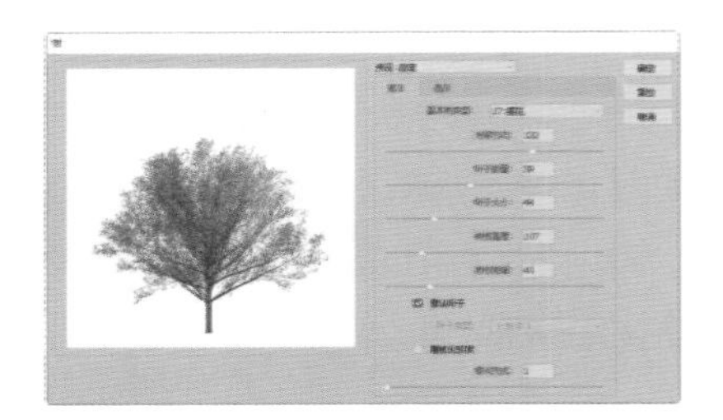
图10-66 “树”对话框

03 单击“确定”按钮关闭对话框。按 Ctrl+T 组合键调整“树”滤镜添加的图像内容，如图 10-67 所示。

图10-67 调整滤镜

04 新建图层，执行“滤镜”→“渲染”→“树”命令，在“基本树类型”下拉列表框中添加其他树素材，如图 10-68 所示。

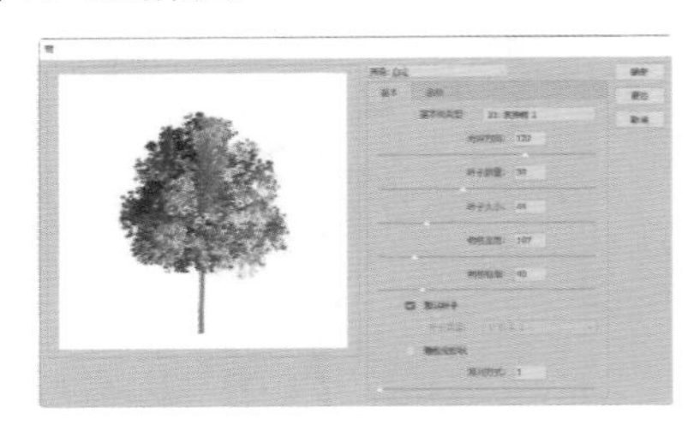
图10-68 添加其他树素材

05 添加完成后，执行“图像”→“调整”→“色相 / 饱和度”命令，在弹出的对话框中设置参数，以调整滤镜内容的色彩，如图 10-69 所示。单击“确定”按钮关闭对话框，最终效果如图 10-70 所示。

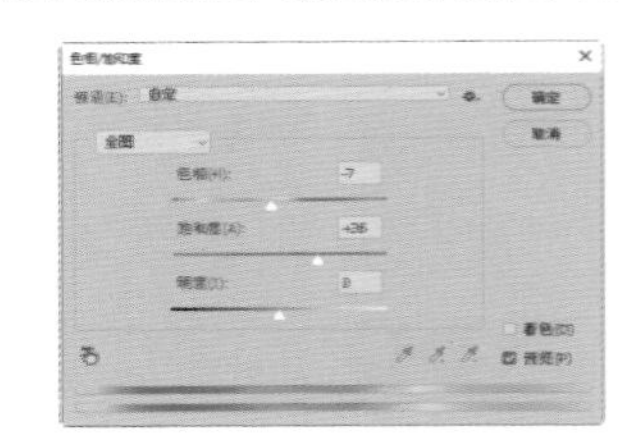
图10-69 “色相/饱和度”对话框

图10-70 最终效果

10.4 知识总结

本章主要对Photoshop 2020的滤镜进行了详细的详解，特别是对滤镜的整体把握，包括滤镜的使用规则和技巧、普通滤镜和智能滤镜的区别、特殊滤镜的使用等，还对其他常用滤镜的使用方法加以了阐述。读者应重点掌握滤镜的应用技巧。

10.5 拓展训练

本章通过两个拓展训练，帮助读者对Photoshop 2020内置滤镜的应用进行巩固，掌握滤镜的应用技巧。

训练10-1 制作水彩小鹿

难度：☆☆
素材位置：第 10 章 \ 训练 10-1\ 素材
效果位置：第 10 章 \ 训练 10-1\ 制作水彩小鹿 .psd
在线视频：第 10 章 \ 训练 10-1 制作水彩小鹿 .mp4

◆训练分析

本训练练习使用滤镜库制作水彩艺术效果，除了运用滤镜库之外，还会运用“画笔工具”、图层蒙版和调整图层等功能，最终效果如图10-71所示。

图10-71 水彩小鹿最终效果

◆训练知识点

1. 滤镜库
2. 画笔工具
3. 图层蒙版
4. 盖印图层
5. “色相/饱和度”和“亮度/对比度”调整图层

训练10-2 制作个性方块效果

难度：☆☆☆
素材位置：第 10 章 \ 训练 10-2\ 面包片 .jpg
效果位置：第 10 章 \ 训练 10-2\ 制作个性方块效果 .psd
在线视频：第 10 章 \ 训练 10-2 制作个性方块效果 .mp4

◆训练分析

本训练主要练习应用“凸出”滤镜并结合“渐变工具”、图层混合和盖印图层等功能，制作个性方块效果，最终效果如图10-72所示。

图10-72 个性方块最终效果

◆训练知识点

1. “凸出”滤镜
2. 渐变工具
3. 图层混合
4. 盖印图层

第4篇

实战篇

第11章

照片后期处理

摄影爱好者在掌握拍摄技巧的同时，还需要掌握一些基本的后期处理技术，如调色、修饰、添加装饰元素等，最终达到更加完美的效果。本章主要讲解照片后期处理的技巧和基本知识。

教学目标

掌握秋季照片调色的方法｜掌握漫画效果的制作方法

掌握工笔画人像效果的制作方法

11.1 秋季照片调色

◆实例分析

本实例讲解为秋季照片调色的方法，主要通过“Camera Raw滤镜”和“可选颜色”调整图层对风景照片进行色调调整，再使用 “高反差保留”滤镜和图层混合模式对照片进行锐化处理，增强照片清晰度，最终效果如图11-1所示。

难度：☆☆
素材位置：第 11 章\11.1\ 青山 .jpg
效果位置：第 11 章\11.1\ 秋季照片调色 .psd
在线视频：第 11 章\11.1 秋季照片调色 .mp4

图11-1 秋季照片调色最终效果

◆实例知识点

1. Camera Raw滤镜
2. “可选颜色”调整图层
3. “高反差保留”滤镜
4. 图层混合模式

◆操作步骤

11.1.1 色调调整

01 执行“文件”→“打开”命令，打开“青山 .jpg”素材文件，如图 11-2 所示。

02 执行“滤镜”→“Camera Raw 滤镜”命令，打开“Camera Raw”对话框，设置“基本”选项卡中的参数，如图 11-3 所示，提亮阴影部分，使暗部变清晰。

图11-2 打开“青山.jpg”素材文件

图11-3 设置“基本”参数

03 切换到“HSL 调整”选项卡，设置“色相”参数，修改“黄色”“绿色”“浅绿色”的数值，如图 11-4 所示，使草地的颜色变为暖色。

图11-4 设置“色相”参数

04 设置“饱和度”参数，修改“黄色”“绿色”的数值，如图 11-5 所示，增强画面颜色的鲜艳度。

图11-5 设置“饱和度”参数

05 设置“明亮度”参数，修改“黄色”“绿色”“蓝色”的数值，如图 11-6 所示，提高草地的明亮度并降低天空的明亮度。

图11-6 设置“明亮度”参数

06 切换到“校准”选项卡，分别设置“红原色”“绿原色”“蓝原色”的“色相”数值，如图 11-7 所示，对整体的色调进行调整。单击“确定”按钮，关闭“Camera Raw”对话框。

图11-7 设置“校准”参数

07 单击“图层”面板底部的“创建新的填充或调整图层”按钮 ，创建“可选颜色”调整图层，在“属性”面板设置“颜色”为“黄色”，再设置“青色”参数，如图 11-8 所示。

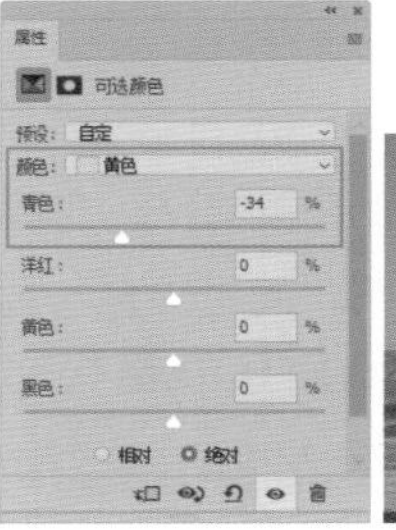

图11-8 设置“可选颜色”中的“黄色”参数

08 设置“颜色”为“青色”，再设置“青色”“洋红”“黄色”参数，如图 11-9 所示。

图11-9 设置“可选颜色”中的“青色”参数

09 设置“颜色”为“蓝色”，再设置“青色”“洋红”“黄色”参数，如图 11-10 所示。

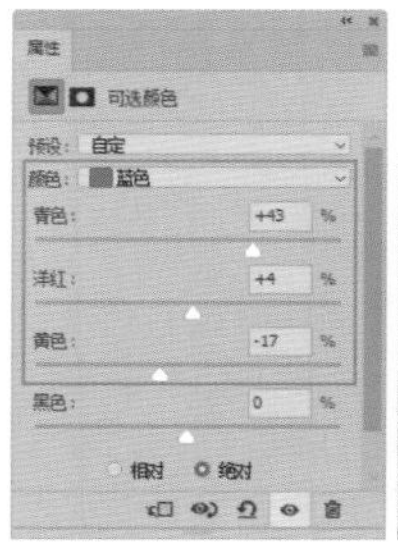

图11-10 设置“可选颜色”中的“蓝色”参数

11.1.2 增强冷暖对比

01 执行“滤镜”→“Camera Raw 滤镜”命令，打开“Camera Raw”对话框。选择顶部工具栏中的“渐变滤镜” 工具，在天空的位置从上往下拖出渐变，再在右侧设置参数，如图 11-11 所示，为天空添加冷色调。

图11-11　为天空创建渐变

02 在草地的位置从下往上拖出渐变，设置滤镜参数，如图 11-12 所示，为草地添加暖色调。

图11-12　为草地创建渐变

11.1.3　增强画面清晰度

01 按 Ctrl+J 组合键复制“背景”图层，得到“背景拷贝”图层，选中“背景 拷贝”图层和“选取颜色 1”调整图层，右击并在弹出的快捷菜单中执行“合并图层”命令，将它们合并为一个图层，如图 11-13 所示。

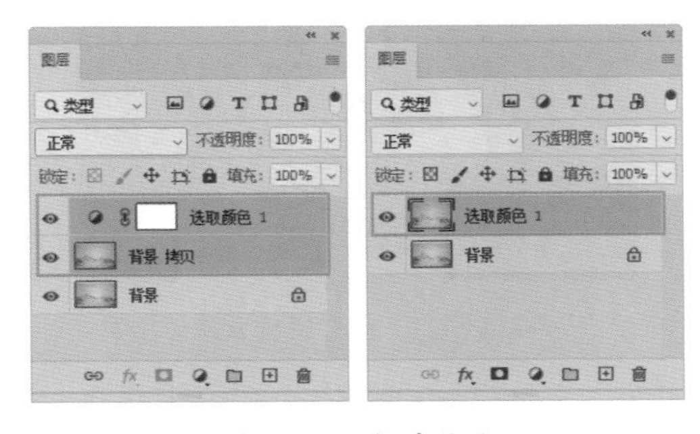

图11-13　合并图层

02 执行“滤镜”→“其他”→“高反差保留”命令，打开“高反差保留”对话框，设置“半径”参数，如图 11-14 所示。

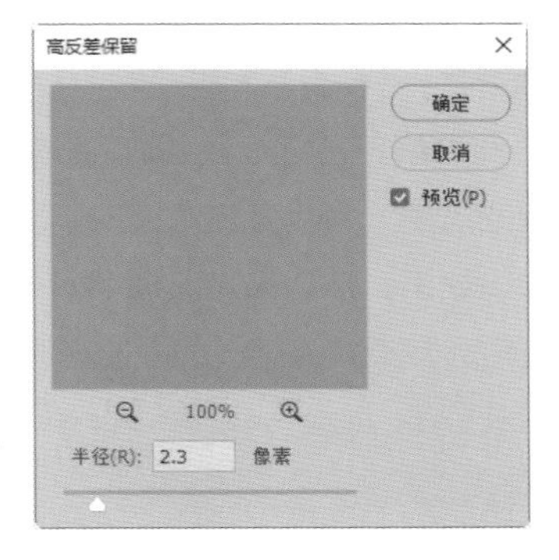

图11-14　“高反差保留”对话框

03 设置“选取颜色 1”图层的混合模式为“线性光”，修改“不透明度”为 69%，如图 11-15 所示。这样就完成了效果的制作，最终效果如图 11-16 所示。

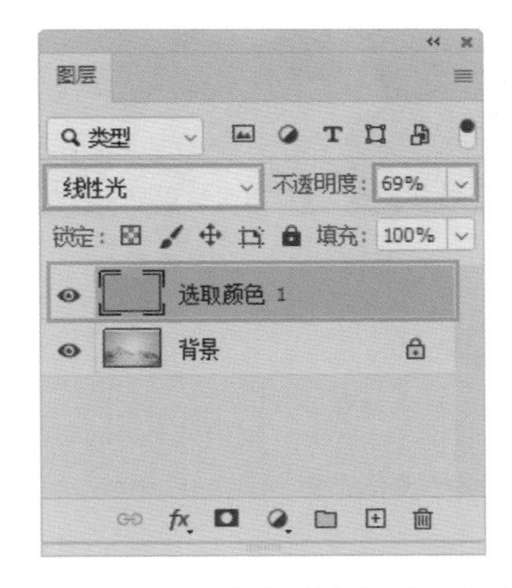

图11-15　设置图层混合模式和“不透明度”

图11-16　最终效果

11.2 把照片做成漫画效果

◆实例分析

本实例讲解制作漫画效果，首先将照片转换为智能对象，为其添加滤镜库中的“海报边缘”滤镜效果，然后为其添加“彩色半调”滤镜，最后为其添加漫画元素，最终效果如图11-17所示。

难度：☆☆☆
素材位置：第 11 章 \11.2\ 素材
效果位置：第 11 章 \11.2\ 把照片做成漫画效果 .psd
在线视频：第 11 章 \11.2 把照片做成漫画效果 .mp4

图11-17　最终效果

◆实例知识点

1. 转换为智能对象
2. “海报边缘”滤镜
3. “彩色半调”滤镜

◆操作步骤

01 执行“文件”→“打开”命令，打开“圣诞美女 .jpg”素材文件，如图 11-18 所示。

图11-18　打开“圣诞美女.jpg”素材文件

02 按 Ctrl+J 组合键复制“背景”图层得到“图层 1”图层，右击该图层，在弹出的快捷菜单中执行“转换为智能对象”命令，将其转换为智能对象，如图 11-19 所示。

图11-19　转换为智能对象

03 执行“滤镜”→“滤镜库”命令，选择“艺术效果”中的“海报边缘”滤镜，设置其参数，如图 11-20 所示。

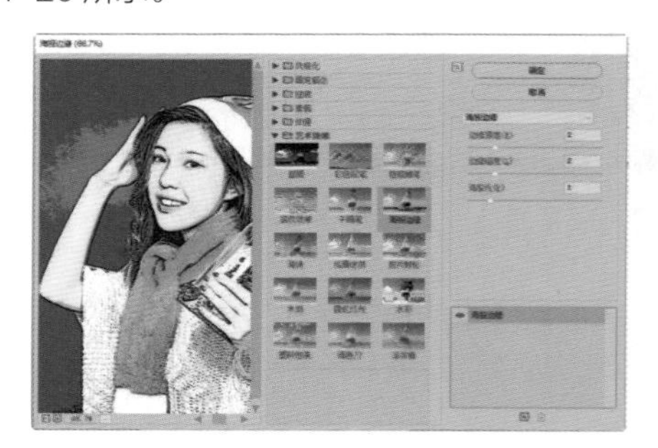

图11-20　设置“海报边缘”滤镜参数

04 单击“确定”按钮，关闭滤镜库，可以查看滤镜效果，如图 11-21 所示。

图11-21　查看滤镜效果

05 执行“滤镜”→“像素化”→“彩色半调”命令，打开“彩色半调”对话框，设置其参数，如图

11-22 所示。

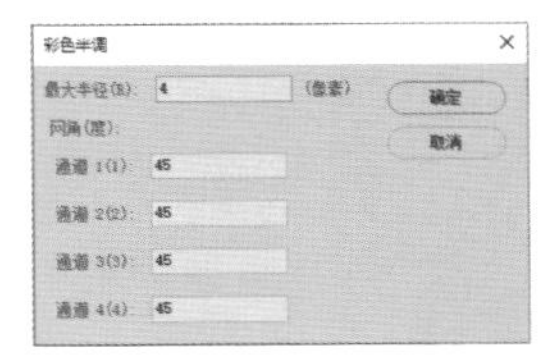

图11-22 “彩色半调”对话框

06 单击“确定”按钮，关闭“彩色半调”对话框，可以查看滤镜的效果，如图 11-23 所示。

图11-23 查看滤镜效果

07 在“图层”面板双击“彩色半调”滤镜右侧的按钮，打开“混合选项（彩色半调）”对话框，设置“模式”为“柔光”，如图 11-24 所示。

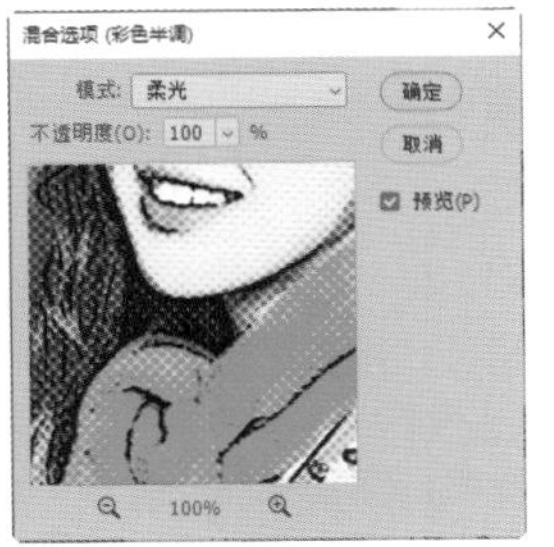

图11-24 “混合选项（彩色半调）”对话框

08 单击“确定”按钮，关闭“混合选项（彩色半调）”对话框，即可查看照片效果，如图 11-25 所示。

图11-25 查看照片效果

09 按 Ctrl+O 组合键打开“放射线 .png”和“漫画元素 .png”素材文件，调整它们的大小和位置。这样就完成了效果的制作，最终效果如图 11-26 所示。

图11-26 最终效果

11.3 制作工笔画人像效果

◆实例分析

本实例制作工笔画人像效果，通过后期修饰将工笔画效果完美地融入摄影作品中，作品能够具有独特的韵味和视觉魅力。工笔画人像精修时，需要把握画面的层次与色彩，调色上应注意整体饱和度偏低，以黄色色调为主，画面注重线条而不注重光影。最终效果如图11-27所示。

难度：☆☆☆☆

素材位置：第 11 章\11.3\ 素材

效果位置：第 11 章\11.3\ 工笔画人像效果 .psd

在线视频：第 11 章\11.3 制作工笔画人像效果 .mp4

图11-27　最终效果

◆实例知识点

1. 图层混合模式
2. “斜面和浮雕”图层样式
3. “可选颜色”调整图层
4. 椭圆工具
5. 创建剪贴蒙版

◆操作步骤

11.3.1 人像处理

01 执行“文件”→“打开”命令，打开“旗袍美女.jpg”素材文件，如图11-28所示。

02 新建图层，设置前景色为黄色（R:174,G:157,B:129），按Alt+Delete组合键填充前景色，如图11-29所示。

图11-28　打开“旗袍美女.jpg”素材文件

图11-29　创建填充图层

03 将填充图层的混合模式改为“正片叠底”，效果和“图层”面板如图11-30所示。

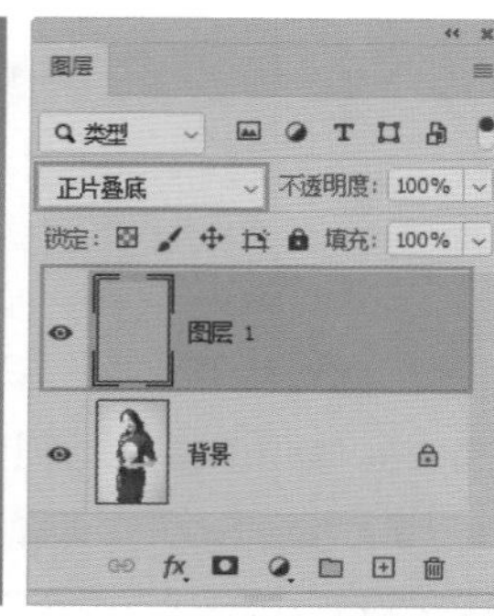

图11-30　更改图层混合模式

04 按Ctrl+J组合键复制“图层1”得到“图层1拷贝”图层，修改其图层混合模式为“滤色”，调整“不透明度”为40%，如图11-31所示。

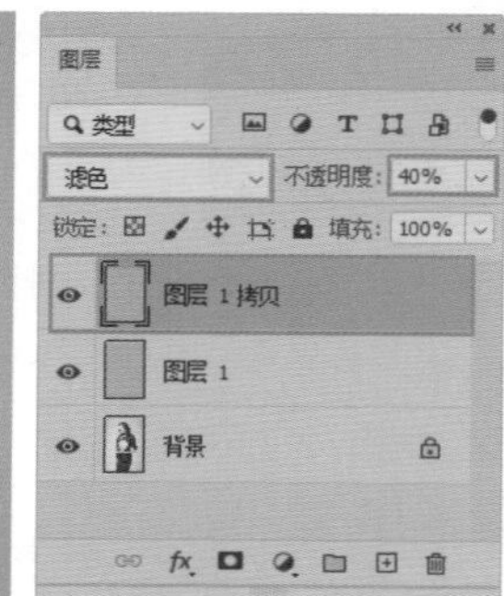

图11-31　复制图层并修改其混合模式和“不透明度”

05 双击“图层1拷贝”图层，打开“图层样式”对话框，勾选“斜面和浮雕”中的“纹理”复选框，设置“图案”和其他参数，如图11-32所示。

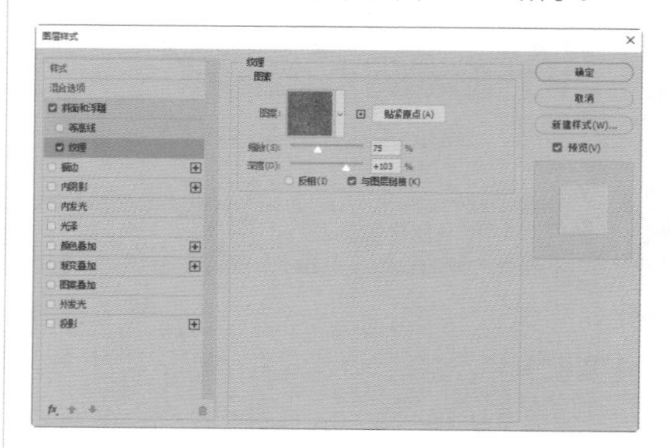

图11-32　设置“纹理”图案和其他参数

06 单击“确定”按钮，关闭“图层样式”对话框，这样就为照片添加了“纹理”图层样式，效果和“图层”面板如图 11-33 所示。

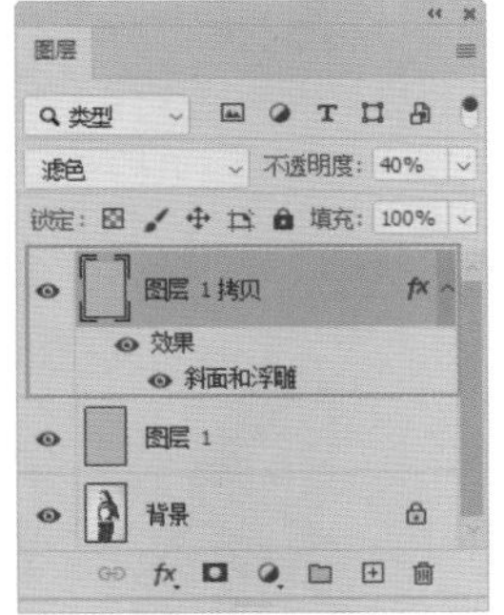

图11-33 纹理效果和“图层”面板

07 单击“图层”面板底部的“创建新的填充或调整图层”按钮，创建“选取颜色 1”调整图层，不修改其数值，设置图层混合模式为“柔光”，如图 11-34 所示。

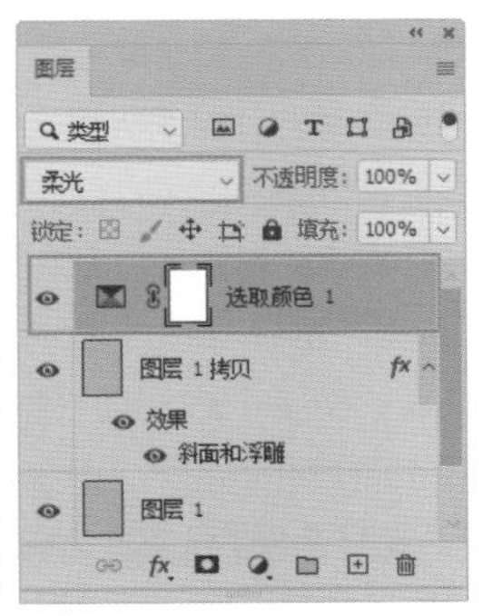

图11-34 创建“选取颜色1”调整图层

08 按 Ctrl+J 组合键，复制“选取颜色 1”调整图层，得到“选取颜色 1 拷贝”图层，混合模式保持不变，如图 11-35 所示，这样能增强画面的颜色效果。

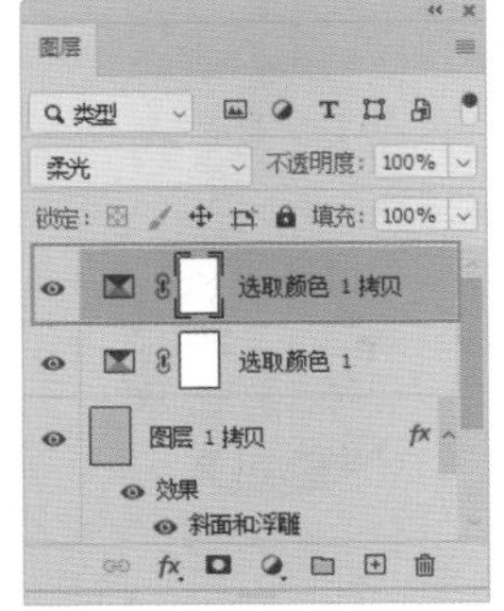

图11-35 复制“选取颜色1”调整图层

09 在“背景”图层的上方创建一个“色相/饱和度 1”调整图层，设置其“饱和度”参数，如图 11-36 所示。效果和“图层”面板如图 11-37 所示。

图11-36 设置“饱和度”参数

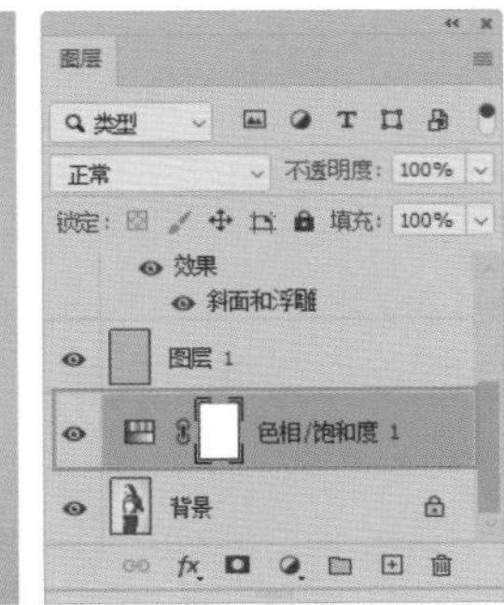

图11-37 效果和“图层”面板

10 完成上述操作后，将文件保存，并命名为“人像处理.psd”，方便之后进行调用。

11.3.2 添加纹理背景

01 按 Ctrl+O 组合键打开“纹理背景.jpg”素材文件，如图 11-38 所示。

图11-38 打开“纹理背景.jpg”素材文件

02 在“人像处理.psd”文件的“图层”面板中，右击“图层 1 拷贝”图层，在弹出的快捷菜单中执行“复制图层”命令，如图 11-39 所示。

03 打开“复制图层”对话框，在其中选择目标文件“纹理背景 .jpg”，如图 11-40 所示。

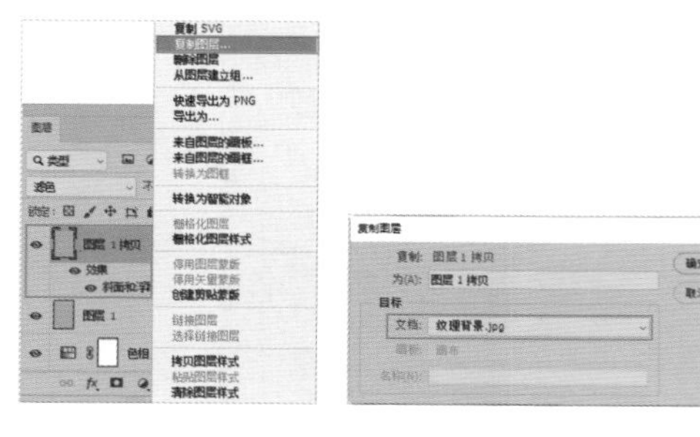

图11-39 执行“复制图层”命令　图11-40 选择目标文件

04 单击“确定”按钮，选择的图层被复制到“纹理背景 .jpg”文件中了，如图 11-41 所示。

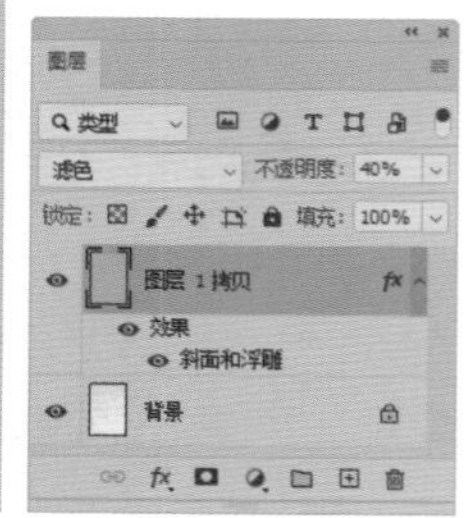

图11-41 复制图层到“纹理背景.jpg”文件中

05 使用“椭圆工具” 在文件中绘制一个无描边的白色椭圆形，如图 11-42 所示。

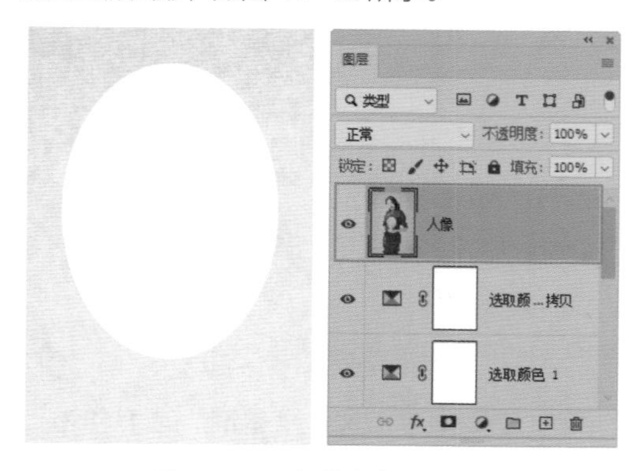

图11-42 绘制白色椭圆形

06 在“人像处理 .psd”文件中将顶层盖印图层命名为“人像”，将其复制到“纹理背景 .jpg”文件中，并将其摆放至椭圆形状处，然后按 Ctrl+Alt+G 组合键向下创建剪贴蒙版，将人像调整到合适的位置和大小，如图 11-43 所示。

图11-43 创建剪贴蒙版

07 按 Ctrl+O 组合键打开“山峰 .png”素材文件，将其拖动到“纹理背景 .jpg”文件中，复制多个该素材，分别摆放在合适的位置。使用“橡皮擦工具” 擦除左边素材多余的部分，如图 11-44 所示。

08 将“桃花 .png”素材文件添加到文件中，将其调整到合适大小后摆放到画面右上角，如图 11-45 所示。

09 观察画面会发现，桃花的颜色比较鲜艳，与整体色调不搭。在“桃花”图层上方新建一个空白图层，为图层填充黄色（R:174,G:157,B:129），然后修改图层的混合模式为“正片叠底”，调整“不透明度”为 60%，按 Ctrl+Alt+G 组合键向下创建剪贴蒙版，如图 11-46 所示。

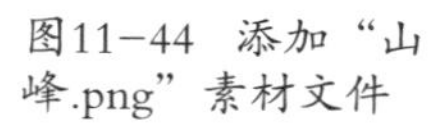

图11-44 添加“山峰.png”素材文件　图11-45 添加“桃花.png”素材文件

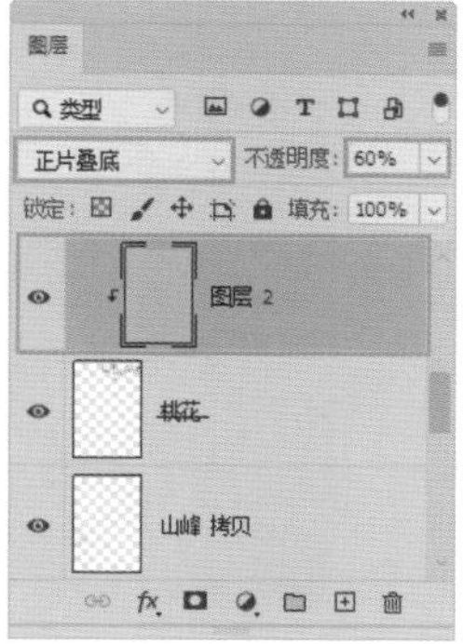

图11-46　调整图层混合模式、“不透明度”并创建剪贴蒙版

10 将“白云 .png”和“鹤 .png”素材文件添加到文件中，并调整到合适的位置和大小，将白云素材文件的“不透明度”调整为 60%，效果如图 11-47 所示。

11 选择“横排文字工具” T，设置字体为“隶书”、字体大小为“133 点”、文字颜色为黑色，在画面左上角输入文字，最终效果如图 11-48 所示。

图11-47　添加其他素材文件

图11-48　最终效果

11.4 知识总结

本章主要讲解了照片后期处理的方法，通过几个具体的实例，详细地讲解了如何利用Photoshop 2020进行照片后期处理。希望读者能够充分掌握本章内容，熟记精华知识，从而成为摄影后期处理的高手。

11.5 拓展训练

本章通过3个拓展训练，帮助读者掌握照片后期处理的方法和技巧，巩固加强摄影后期处理技能。

训练11-1 去除脸部瑕疵

难度：☆☆☆
素材位置：第 11 章 \ 训练 11-1\ 脸部 .jpg
效果位置：第 11 章 \ 训练 11-1\ 去除脸部瑕疵 .psd
在线视频：第 11 章 \ 训练 11-1 去除脸部瑕疵 .mp4

◆训练分析

本训练练习去除脸部瑕疵，使用修饰类工具将人物脸上的雀斑去除，再结合通道及调整图层，打造出光感透亮的皮肤，处理前后效果对比如图11-49所示。

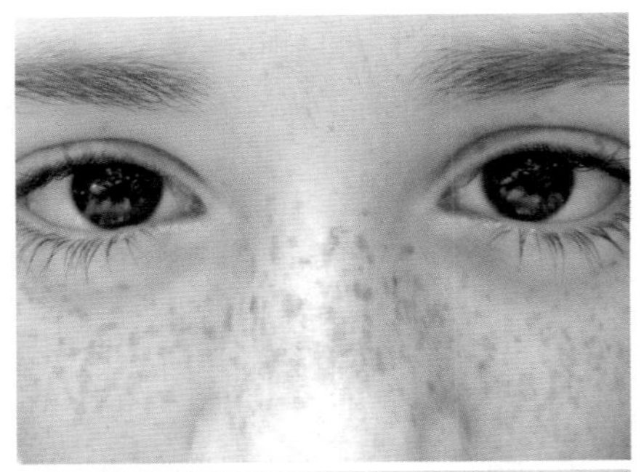

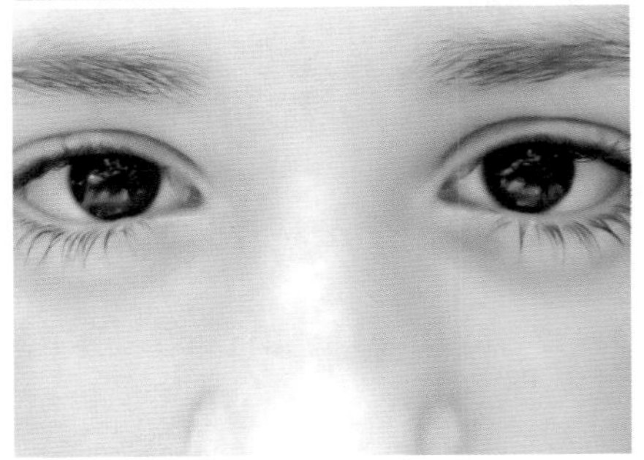

图11-49 去脸部瑕疵前后效果对比

◆训练知识点

1. 修补工具
2. 污点修复画笔工具
3. "通道"面板
4. "高反差保留"滤镜
5. "应用图像"命令
6. "曲线"调整图层
7. Camera Raw滤镜

训练11-2 打造修长美腿

难度：☆☆

素材位置：第 11 章 \ 训练 11-2\ 人物 .jpg

效果位置：第 11 章 \ 训练 11-2\ 打造修长美腿 .psd

在线视频：第 11 章 \ 训练 11-2 打造修长美腿 .mp4

◆训练分析

本训练练习打造修长美腿。"内容识别缩放"命令可在一定限度地变动、调整画面的结构或比例时，最大程度地保护画面主体的像素，处理前后效果对比如图11-50所示。

图11-50 打造修长美腿前后效果对比

◆训练知识点

1. 矩形选框工具
2. "内容识别缩放"命令
3. "液化"滤镜

训练11-3 油画质感照片的调色

难度：☆☆☆

素材位置：第 11 章 \ 训练 11-3\ 素材

效果位置：第 11 章 \ 训练 11-3\ 油画质感照片的调色 .psd

在线视频：第 11 章 \ 训练 11-3 油画质感照片的调色 .mp4

◆训练分析

本训练练习油画质感照片的调色，应用"Camera Raw滤镜"对普通的照片进行后期调色，制作出油画效果，如图11-51所示。

图11-51 油画质感最终效果

◆训练知识点

Camera Raw滤镜

第 12 章

UI 图标及界面设计

本章主要详解UI图标及界面设计的方法。图标是指具有明确指代含义的手机App图形，主要为软件标识，是UI界面应用图形化的重要组成部分；界面是设计师赋予物体的“新面孔”，是用户和系统进行双向信息交互的软件、硬件及方法的集合。界面的应用是综合性的，可以将其看成是由很多界面元素组成的，在设计时要符合用户的心理行为，在追求华丽的同时，应当符合大众审美。

教学目标

了解图标及界面的含义 | 掌握图标的设计方法

掌握界面的设计技巧

12.1 制作闪电云层图标

◆实例分析

本实例制作闪电云层图标，此款天气图标以云朵、闪电和雨滴作为主体图像，将雷阵雨的特征表现得十分形象。本实例的主题色为灰色，以黄色作为辅助色，整体色调具有很强的天气特征，并利用图层的叠放技巧制作出立体效果，如图12-1所示。

难度：☆☆☆☆
素材位置：无
效果位置：第 12 章 \12.1\ 制作闪电云层图标 .psd
在线视频：第 12 章 \12.1 制作闪电云层图标 .mp4

图12-1 闪电云层图标最终效果

◆实例知识点

1. 渐变工具
2. 圆角矩形工具
3. 椭圆工具
4. 钢笔工具
5. “渐变叠加”和“描边”图层样式
6. 创建图层蒙版

◆操作步骤

12.1.1 制作图标背景

01 执行“文件”→“新建”命令，新建一个 1080 像素 ×660 像素的空白文件。

02 选择工具箱中的“渐变工具”，在工具选项栏中设置渐变颜色，在画布中从上往下拖出一条直线，制作出渐变背景，如图 12-2 所示。

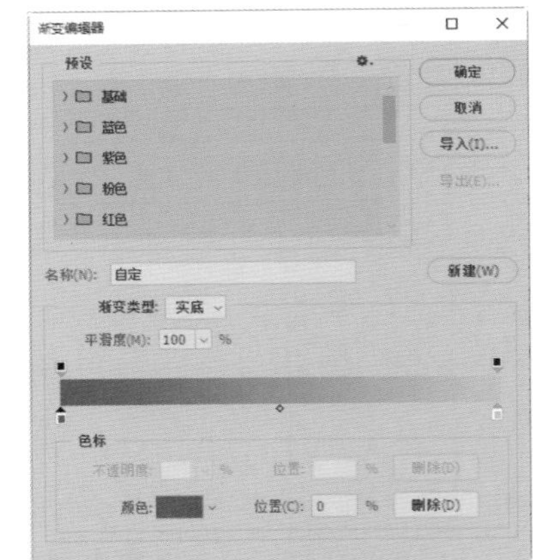

图12-2 制作渐变背景

03 选择工具箱中的“圆角矩形工具”，在画布中心绘制一个 430 像素 ×430 像素、圆角“半径”为 80 像素的圆角矩形，如图 12-3 所示。

图12-3 绘制圆角矩形

04 双击圆角矩形的图层，打开“图层样式”对话框，勾选“渐变叠加”复选框，设置渐变颜色，如图 12-4 所示。图层样式设置完成后，单击“确定”

按钮，效果如图 12-5 所示。

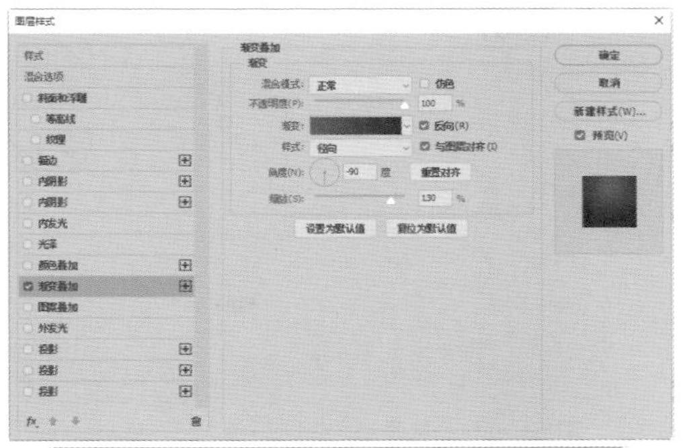

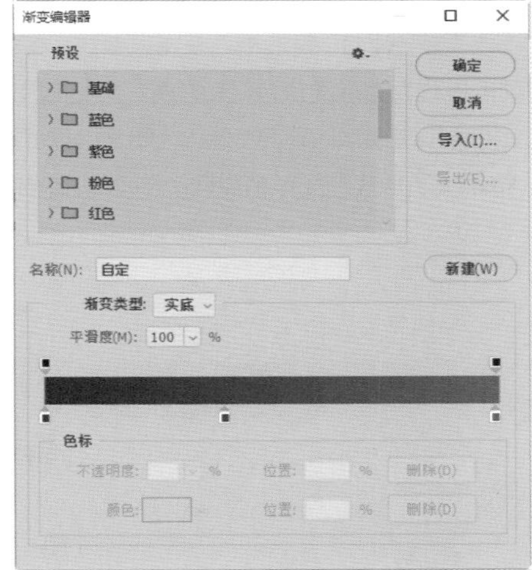

图12-4　设置“渐变叠加”参数

图12-5　图层样式效果

05 在“背景”图层的上方新建图层，选择“渐变工具”，设置从黑色到透明的径向渐变，在画布中拖动创建径向渐变，如图 12-6 所示。

06 按 Ctrl+T 组合键对渐变图形进行自由变换操作，并将其移动至圆角矩形底部，以制作阴影效果，如图 12-7 所示。

图12-6　创建径向渐变

图12-7　制作阴影效果

07 单击“图层”面板底部的“添加图层蒙版”按钮，为阴影图层添加图层蒙版，使用黑色画笔在阴影周围涂抹，使阴影效果更自然，如图 12-8 所示。

图12-8　涂抹阴影

12.1.2 绘制图标内容

01 选择工具箱中的“椭圆工具” ，在圆角矩形内绘制多个大小不一的黑色圆形，排列出云朵的形状，如图 12-9 所示。

图12-9　绘制云朵图形

02 选中所有椭圆图层，按 Ctrl+E 组合键合并所选图层，得到“椭圆 1”图层，设置其图层“不透明度”为 18%，如图 12-10 所示。

图12-10　设置图层“不透明度”

03 按 Ctrl+J 组合键复制“椭圆 1”图层，得到“椭圆 1 拷贝”图层。双击该图层，打开“图层样式”对话框，勾选“斜面和浮雕”复选框，设置其参数，如图 12-11 所示。

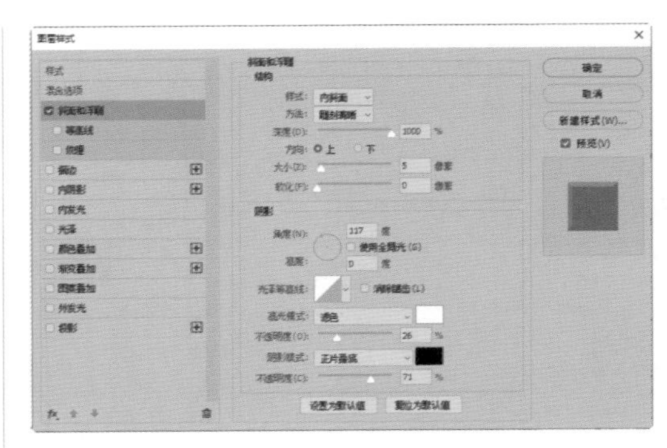

图12-11　设置“斜面和浮雕”参数

04 勾选“渐变叠加”复选框，设置其参数，将“渐变”颜色更改为为从浅灰色（R:119,G:120,B:126）到深灰色（R:57,G:57,B:63），如图 12-12所示。将添加了样式的图形稍微向上移动，效果如图 12-13 所示。

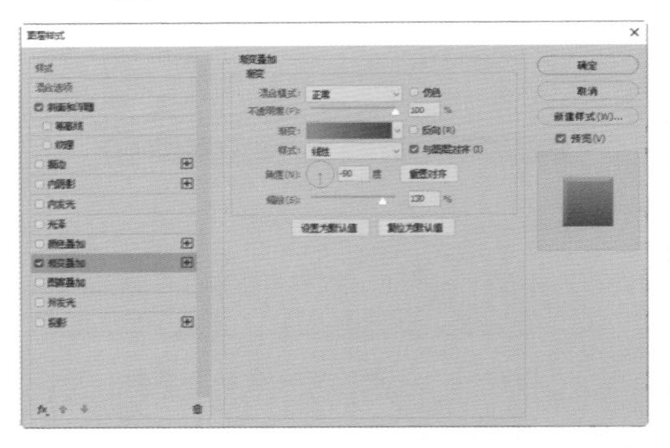

图12-12　设置“渐变叠加”参数

图12-13　图形效果

05 按 Ctrl+J 组合键复制“椭圆 1 拷贝”图层，得到“椭圆 1 拷贝 2”图层。清除该图层的所有图层样式，修改填充颜色为灰色（R:93,G:93,B:98）。按 Ctrl+T 组合键等比缩小复制的云朵图形，移动其至合适位置，如图 12-14 所示。

图12-14 复制并调整图形1

06 选中云朵相关的图层，按 Ctrl+G 组合键将它们编组，命名组为“底层云”。

07 按 Ctrl+J 组合键复制图层，得到“椭圆 1 拷贝 3”图层，将其移至顶层。按 Ctrl+T 组合键等比缩小复制的图形，在“属性”面板设置“羽化”为 6 像素，并设置其“不透明度”为 22%，如图 12-15 所示。

图12-15 复制并调整图形2

08 以同样的方法复制得到“椭圆 1 拷贝 4”图层，调整图形位置，修改填充颜色为蓝灰色（R:180,G:180,B:196），如图 12-16 所示。

图12-16 复制并调整图形3

09 双击“椭圆 1 拷贝 4”图层，打开“图层样式”对话框。勾选“描边”复选框，设置其参数，再将“渐变”颜色修改为深灰色（R:78,G:78,B:85）到浅灰色（R:207,G:210,B:223），如图 12-17 所示。

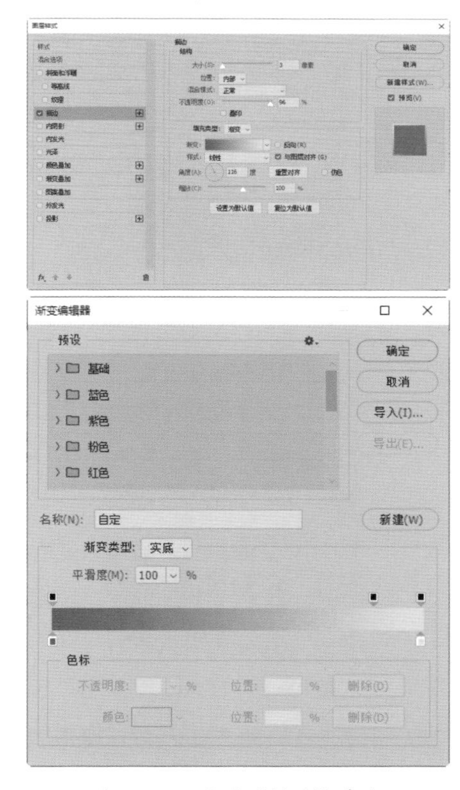

图12-17 设置“描边”参数

10 勾选“渐变叠加”复选框，设置其参数，将“渐变”颜色修改为浅灰色（R:196,G:197,B:205）到灰色（R:139,G:139,B:149），如图 12-18 所示。

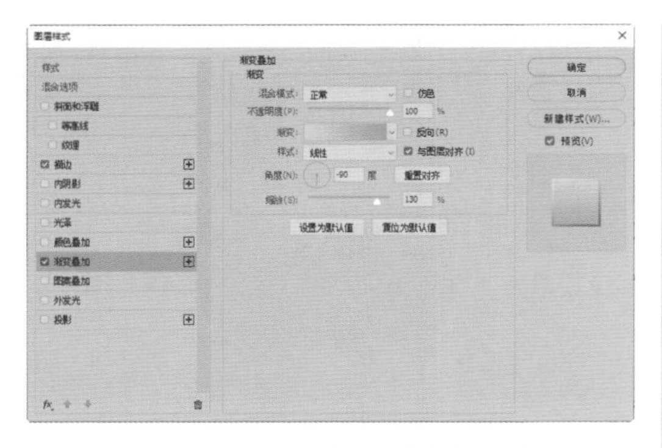

图12-18 设置“渐变叠加”参数

11 选中“椭圆 1 拷贝 3”图层和“椭圆 1 拷贝 4”图层，按Ctrl+G组合键将它们编组，命名组为“顶层云”，如图 12-19 所示。

图12-19 编组图层

12 使用“钢笔工具” 在最上层的云朵下方绘制闪电图形，填充其颜色为黄色（R:255,G:202,B:17），如图 12-20 所示。

13 复制闪电图形，修改其填充颜色为深黄色（R:128,G:97,B:30），如图 12-21 所示。

14 调整两个图形的图层顺序，使颜色较亮的闪电在上层，稍微调整它们的位置，使它们不完全重叠，如图 12-22 所示。

图12-20 绘制闪电图形

图12-21 复制并调整图形

图12-22 调整图形位置

15 使用“椭圆工具” 在闪电后面绘制一个颜色为橙色（R:255,G:102,B:0）的椭圆形，如图 12-23 所示。

图12-23 绘制椭圆形

16 在“图层”面板中设置椭圆的图层混合模式为“叠加”，再在“属性”面板修改“羽化”为24.4像素，效果如图12-24所示。

图12-24 调整椭圆

17 复制椭圆形，修改其填充颜色为黄色（R:255，G:205，B:7），并设置其“不透明度”为54%，效果如图12-25所示。

图12-25 复制并调整图形

18 选中闪电的相关图层，按Ctrl+G组合键将它们编组，命名组为“闪电”，此时“闪电”图层组在“顶层云”和“底层云”图层组中间，如图12-26所示。

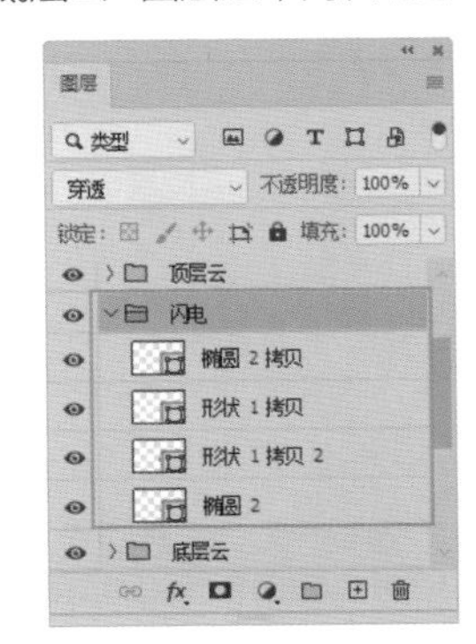

图12-26 编组并调整图层顺序

19 在“图层”面板顶部新建图层，使用“钢笔工具”在云朵下方绘制合适大小的雨点图形，填充其颜色为浅蓝色（R:228，G:228，B:228），如图12-27所示。

图12-27 绘制雨点图形

20 将雨点图形的图层名称修改为“水滴”，双击该图层，打开“图层样式”对话框。分别为其添加“内发光”和“投影”图层样式，设置参数，如图12-28所示。

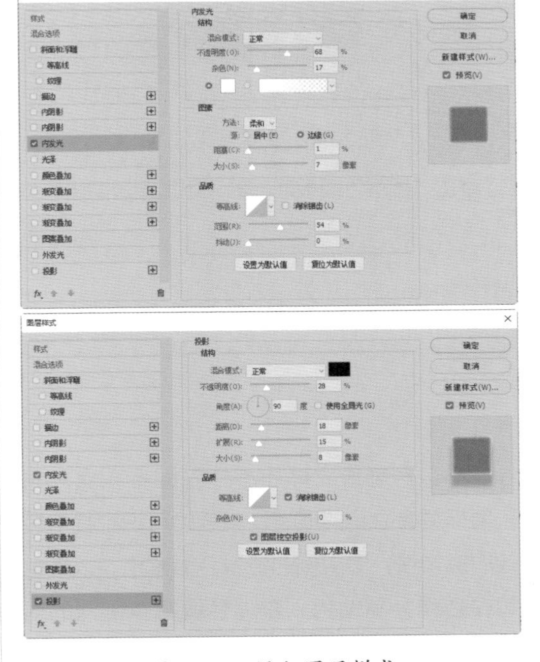

图12-28 添加图层样式

12.1.3 完善图标背景

01 在“背景”图层上方新建图层，执行“滤镜”→“渲染”→“云彩”命令，效果如图12-29所示。

02 选中该图层，设置图层混合模式为“柔光”、图层的“不透明度”为84%，效果如图12-30所示。

图12-29 添加“云彩”滤镜

图12-30 设置图层属性

03 单击“图层”面板底部的“添加图层蒙版”按钮 ，添加图层蒙版，使用黑色画笔在蒙版上涂抹擦除多余的部分，如图12-31所示，最终效果如图12-32所示。

图12-31 擦除多余部分

图12-32 最终效果

12.2 制作立体质感饼干图标

◆实例分析

本实例制作立体质感饼干图标，此款饼干图标具有立体的质感、较强的可识别性与极佳的拟物性。本实例的背景色为紫色，以橙色和白色作为辅助色，整体色调具有强烈的对比，最终呈现出来的视觉效果相当出色，如图12-33所示。

难度：☆☆☆

素材位置：第12章\12.2\背景.jpg

效果位置：第12章\12.2\制作立体质感饼干图标.psd

在线视频：第12章\12.2 制作立体质感饼干图标.mp4

图12-33 立体质感饼干图标最终效果

◆实例知识点

1. 圆角矩形工具
2. 矩形工具
3. 钢笔工具
4. 路径选择工具
5. “投影”“内投影”“斜面和浮雕”图层样式
6. 创建剪贴蒙版

◆操作步骤

12.2.1 绘制主视图图像

01 执行“文件”→“打开”命令，打开“背景.jpg”素材文件，如图12-34所示。

02 选择工具箱中的“圆角矩形工具”，在工具选项栏中设置相关参数，在文件中绘制一个圆角矩形，如图12-35所示。

图12-34 打开“背景.jpg”素材文件

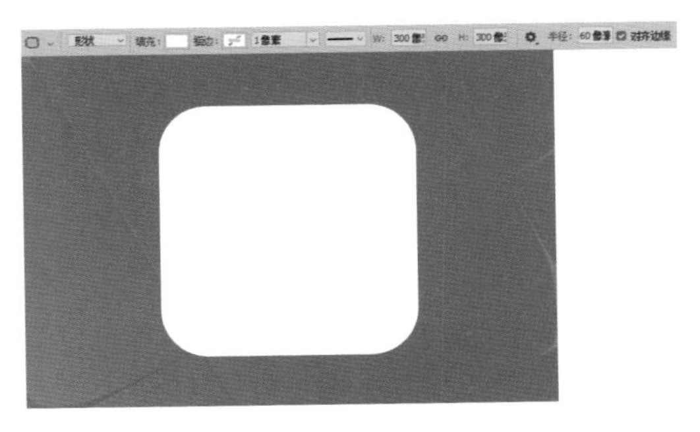

图12-35 绘制圆角矩形

03 选择工具箱中的“矩形工具”，在工具选项栏中设置“填充”为橙色（R:252，G:127，B:38）到浅橙色（R:252，G:194，B:119）的渐变，在圆角矩形的左上角绘制一个75像素×75像素的正方形，如图12-36所示。

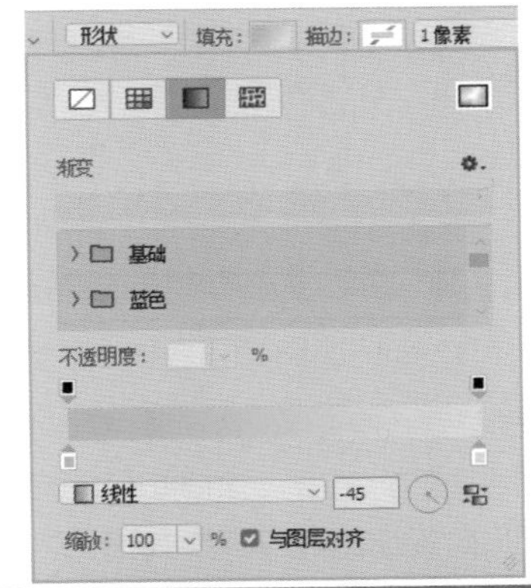

图12-36 绘制渐变正方形

04 按Ctrl+J组合键复制多个正方形，依次水平移动它们，如图12-37所示。继续复制并移动正方形，直到铺满整个圆角矩形为止，如图12-38所示。

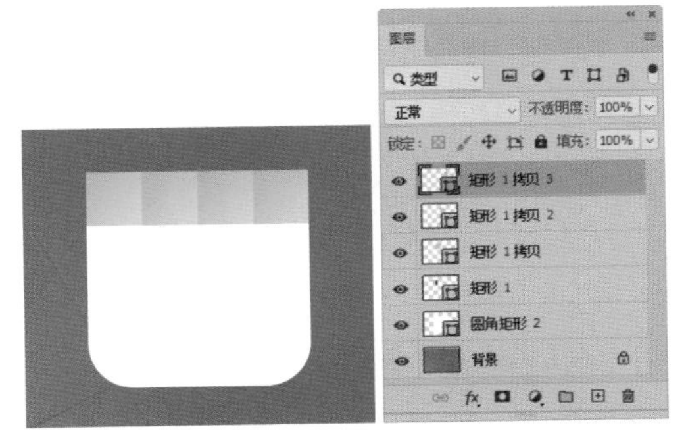

图12-37 复制并移动正方形1

图12-38　复制并移动正方形2

05 在“图层”面板中选中所有正方形的图层，右击，在弹出的快捷菜单中执行“创建剪贴蒙版”命令，为这些图形向下创建剪贴蒙版，如图 12-39 所示。

图12-39　创建剪贴蒙版

06 选择工具箱中的“钢笔工具”，在工具选项栏中设置工具模式为“形状”、“填充”为白色，在圆角矩形处绘制图形，再使用“直接选择工具”调整图形的锚点，如图 12-40 所示。

07 使用同样的方法，为白色图形创建剪贴蒙版，制作出奶油效果，如图 12-41 所示。

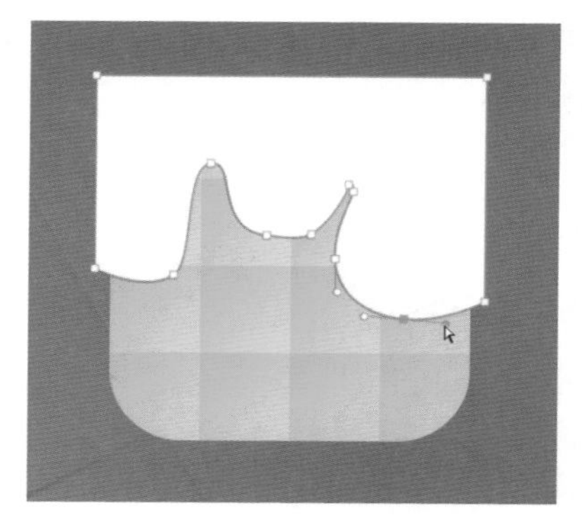

图12-40　绘制并调整图形

图12-41　创建剪贴蒙版

08 使用“路径选择工具”选中白色图形，再选择工具箱中的“椭圆工具”，按住 Alt 键的同时在图形右上角绘制椭圆形，可以在原有图形中减去绘制的图形，此时椭圆呈镂空效果，如图 12-42 所示。接着按住 Shift 键在图形左下角绘制圆形，可以在原有图形中添加绘制的图形，如图 12-43 所示。

图12-42　在图形中减去绘制的图形

图12-43　在图形中添加绘制的图形

12.2.2 制作立体效果

01 在“图层”面板中双击“圆角矩形 2”图层，打开“图层样式”对话框，勾选“投影”复选框，设置其参数，如图 12-44 所示。

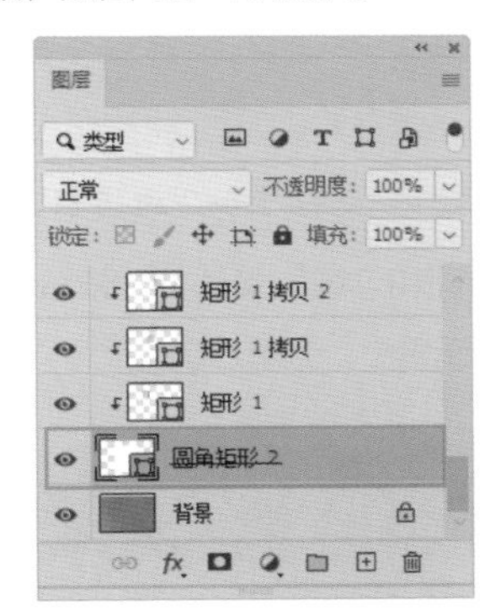

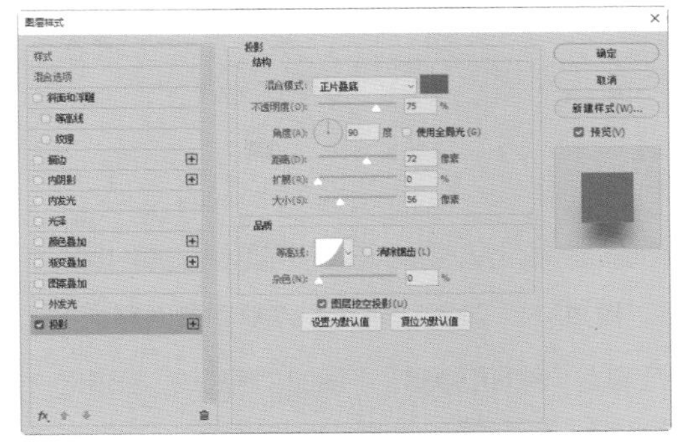

图12-44　添加“投影”图层样式 1

02 单击“投影”右侧的⊞按钮，再添加一个“投影”图层样式，设置其参数，如图 12-45 所示。

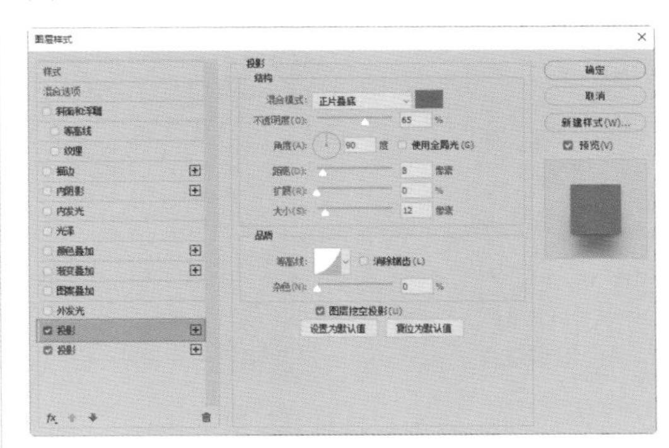

图12-45　添加“投影”图层样式2

03 单击“投影”右侧的⊞按钮，继续添加“投影”图层样式，设置其参数，如图 12-46 所示，此时的图形效果如图 12-47 所示。

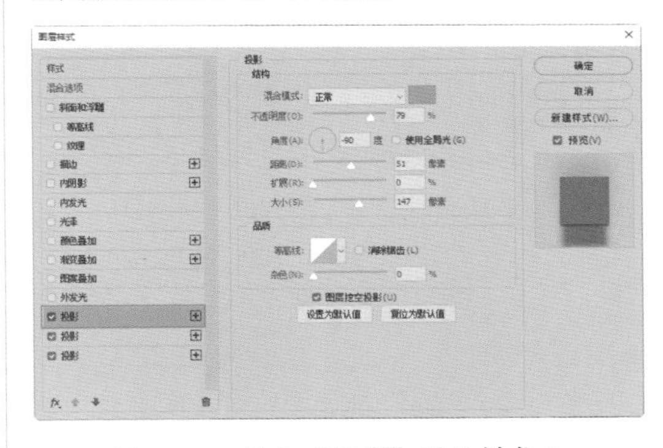

图12-46　添加“投影”图层样式 3

图12-47　图形效果

04 打开“图层样式”对话框，接着勾选“内阴影”复选框，设置其参数，如图 12-48 所示。

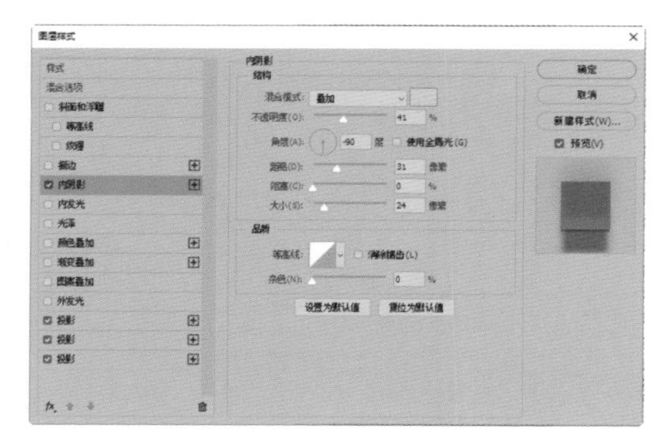

图12-48 添加“内阴影”图层样式 1

05 单击“内阴影”右侧的➕按钮，继续添加该图层样式，设置其参数，如图 12-49 所示。单击“确定”按钮，图形效果如图 12-50 所示。

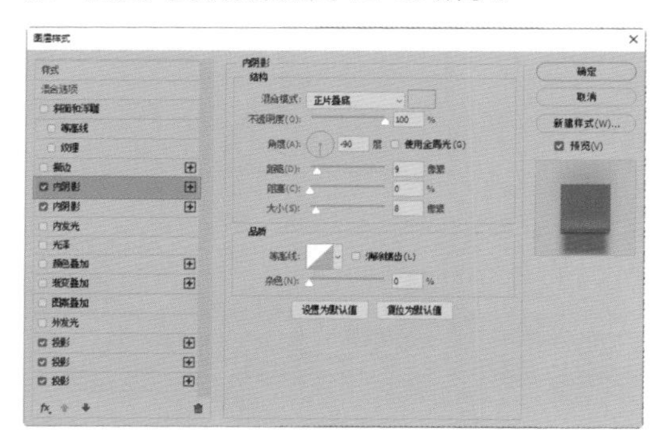

图12-49 添加“内阴影”图层样式 2

图12-50 图形效果

06 为白色图形添加图层样式。在“图层”面板中双击“形状 1”图层，打开“图层样式”对话框，分别勾选“投影”和“内阴影”复选框，设置它们的参数，如图 12-51 所示。

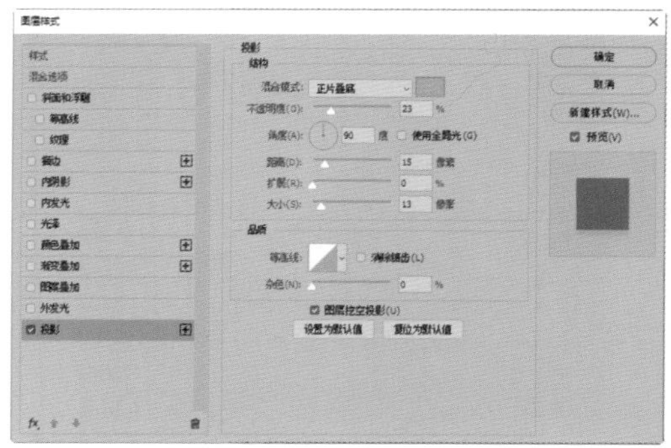

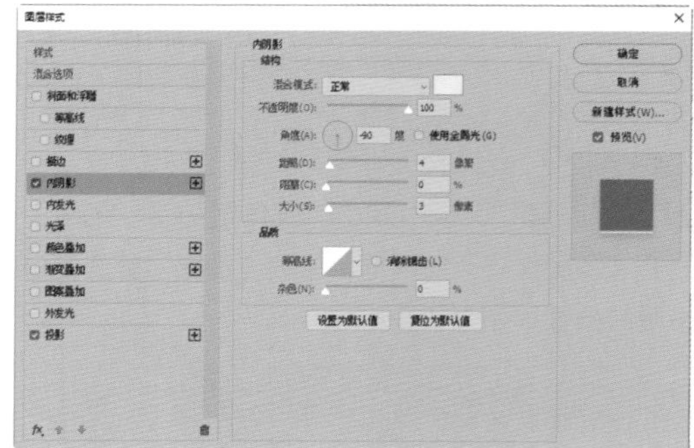

图12-51 添加“投影”和“内阴影”图层样式

07 勾选“斜面和浮雕”复选框，设置其参数，如图 12-52 所示。

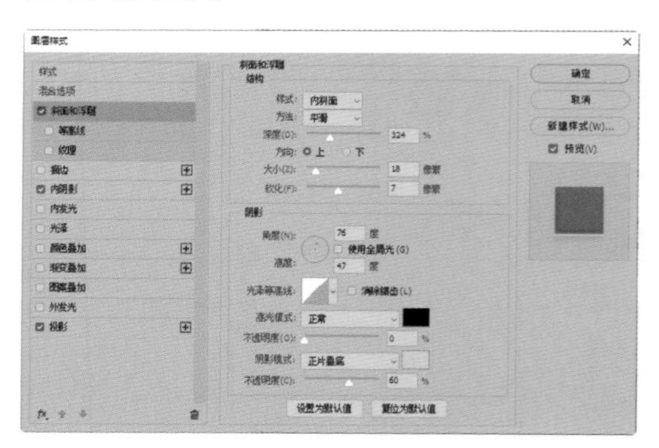

图12-52 添加“斜面和浮雕”图层样式

08 勾选“斜面和浮雕”下面的“等高线”复选框，再调整“等高线”，如图 12-53 所示。

09 图层样式设置完成后，单击“确定”按钮，最终效果如图 12-54 所示。

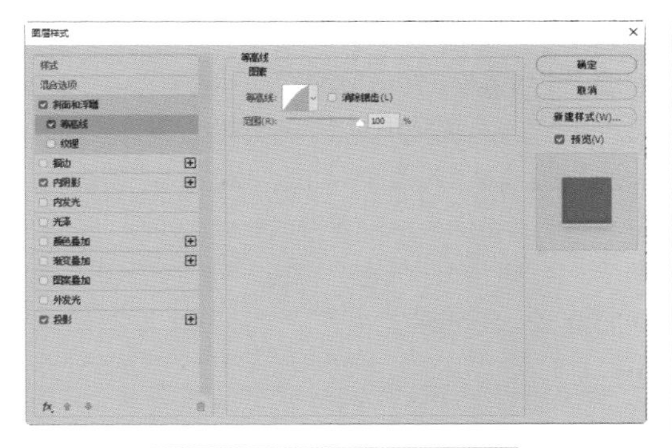

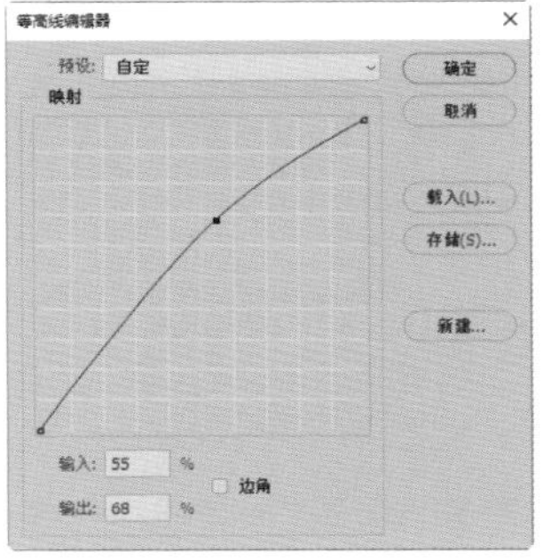

图12-53 调整“等高线”

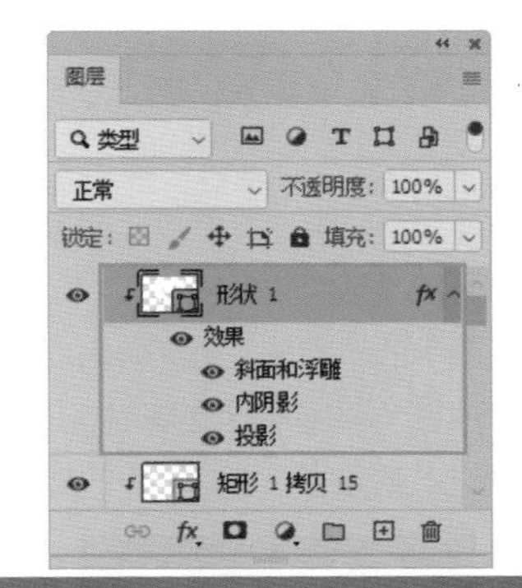

图12-54 最终效果

12.3 制作音乐平台个人中心界面

◆实例分析

本实例制作音乐平台的个人中心界面，此款界面主要需要注意图像和整体色彩的搭配，界面整体色调为蓝色，图像中的彩色为整体界面带来了出色的视觉效果，如图12-55所示。

难度：☆☆☆☆

素材位置：第 12 章 \12.3\ 素材

效果位置：第 12 章 \12.3\ 制作音乐平台个人中心界面 .psd

在线视频：第 12 章 \12.3 制作音乐平台个人中心界面 .mp4

◆实例知识点

1. 矩形工具
2. 圆角矩形工具
3. 椭圆工具
4. 横排文字工具
5. “渐变叠加”和“颜色叠加”图层样式
6. “色相/饱和度”调整图层

图12-55 个人中心界面最终效果

◆操作步骤

12.3.1 绘制个人中心顶部内容

01 执行“文件”→“新建”命令，新建一个1334像素×750像素的空白文件。

02 选择工具箱中的“矩形工具”，在文件中绘制一个750像素×410像素的黑色无描边矩形，效果如图12-56所示。

图12-56 绘制矩形

03 在“图层”面板中双击上述步骤创建的“矩形1”图层，在弹出的“图层样式”对话框中勾选“渐变叠加”复选框，并在右侧参数面板中设置各项参数，如图12-57所示。完成后单击“确定”按钮，得到的图像效果如图12-58所示。

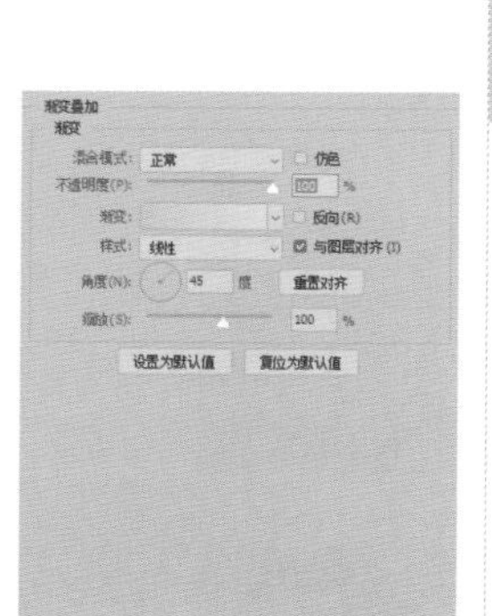

图12-57 设置“渐变叠加”参数

图12-58 图像效果

04 执行“文件”→“置入嵌入对象”命令，将素材文件“状态栏.png”置入文件中，将其调整到合适大小后摆放在矩形顶端。

05 在“图层”面板中双击“状态栏”图层，在弹出的“图层样式”对话框中勾选“颜色叠加”复选框，并在右侧参数面板中设置各项参数，如图12-59所示。完成后单击“确定”按钮，得到的状态栏效果如图12-60所示。

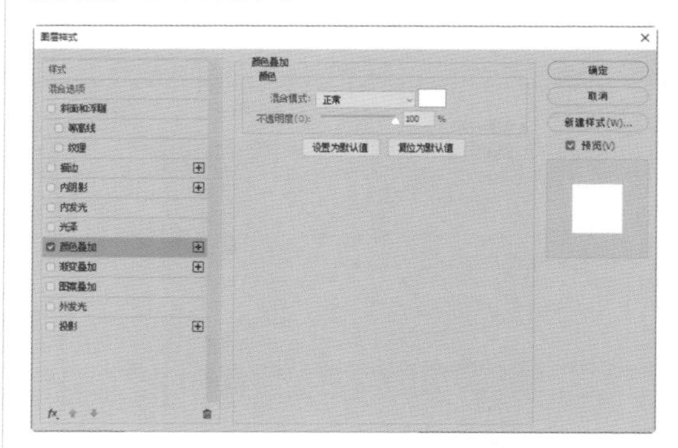

图12-59 设置“颜色叠加”参数

图12-60 状态栏效果

06 执行“文件”→“置入嵌入对象”命令，将“返回.png”和“菜单.png”素材文件置入文件中，调整到合适大小后摆放在状态栏下方。分别为两个素材添加“颜色叠加”图层样式，修改素材颜色为白色，效果如图12-61所示。

07 选择工具箱中的“横排文字工具”，在工具选项栏中设置字体为“黑体”、字体大小为“34点”、文字颜色为白色。完成文字的设置后，在文件中输入文字“个人中心”，并将文字放置到合适位置，效果如图12-62所示。

图12-61　添加按钮素材文件

图12-62　输入文字

08 使用“椭圆工具”在文件中绘制一个黄色（R:253,G:210,B:123）的无描边圆形，并将其调整到合适的位置及大小，如图 12-63 所示。

图12-63　绘制圆形

09 执行“文件”→“置入嵌入对象”命令，将素材文件“猫咪.jpg”置入文件中，如图 12-64 所示。

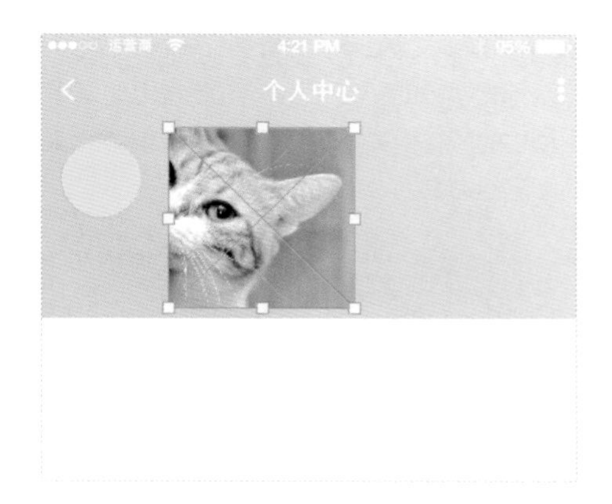

图12-64　置入“猫咪.jpg”素材文件

10 将素材调整到合适大小后放置在圆形上，然后按 Ctrl+Alt+G 组合键向下创建剪贴蒙版，如图 12-65 所示。

图12-65　创建剪贴蒙版

11 为“猫咪”图层添加一个“色相 / 饱和度”调整图层，并调整“饱和度”参数，如图 12-66 所示，以此来提升图像的饱和度。

图12-66　调整“色相/饱和度”参数

12 使用“横排文字工具” T. 在猫咪图像右侧分别输入两行文字，如图 12-67 所示。完成上述操作后，选中顶栏的所有相关图层，按 Ctrl+G 组合键编组，并将图层组命名为“顶部”。

图12-67　输入文字

12.3.2 绘制主功能区

01 使用“圆角矩形工具” ▢. 绘制一个大小为 710 像素 ×250 像素、圆角“半径”为 10 像素的白色无描边圆角矩形，并为该图层添加“投影”图层样式。参数设置如图 12-68 所示，完成后的图像效果如图 12-69 所示。

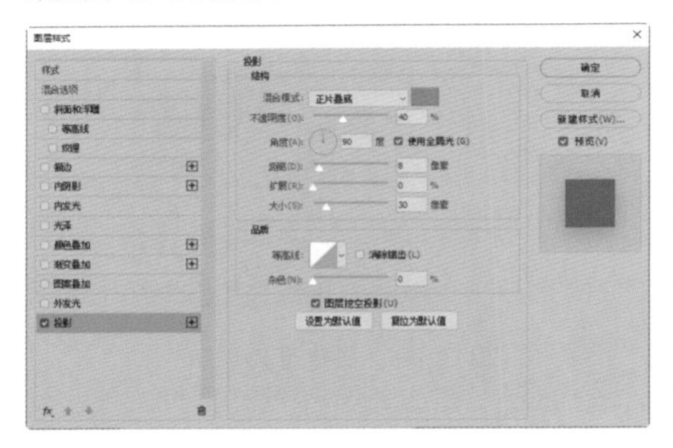

图12-68　设置“投影”参数

图12-69　图像效果

02 执行“文件”→“置入嵌入对象”命令，将素材文件“音乐 .png”置入文件中，将其调整到合适位置及大小后，为“音乐”图层添加“颜色叠加”图层样式，叠加的颜色为蓝色(R:117,G:164,B:228)，参数设置如图 12-70 所示。

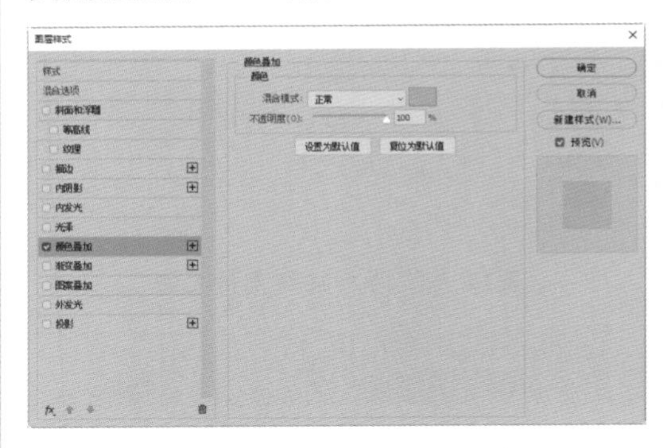

图12-70　设置“颜色叠加”参数

03 选择工具箱中的“横排文字工具” T.，在工具选项栏中设置字体为“黑体”、字体大小为“26 点”、文字颜色为黑色。完成文字的设置后，在文件中输入文字“本地音乐”，并将文字摆放在音乐图标下方，如图 12-71 所示。

图12-71　输入文字

04 用同样的方法，在文件中添加不同的图标素材和文字。操作比较简单，这里就不再重复讲解了，完成效果如图 12-72 所示。完成上述操作后，选中相关图层，按 Ctrl+G 组合键编组，并将图层组命名为“主功能区”。

05 使用“圆角矩形工具” ▢. 绘制一个 344 像素 ×

344 像素、圆角“半径”为 8 像素的黑色无描边圆角矩形，将其摆放到合适位置，效果如图 12-73 所示。

图12-72　添加图标和文字

06 执行“文件”→“置入嵌入对象”命令，将素材文件“芦苇 .jpg”置入文件中，调整到合适的位置及大小，如图 12-74 所示。

图12-73　绘制圆角矩形　　图12-74　置入“芦苇.jpg”素材文件

07 按 Ctrl+Alt+G 组合键向下创建剪贴蒙版，使其作用于下方的圆角矩形图层，效果如图 12-75 所示。

08 用同样的方法，在文件中添加其他图片素材，效果如图 12-76 所示。

图12-75　创建剪贴蒙版　　图12-76　添加其他素材文件

09 使用“横排文字工具” T. 在图片素材周围输入文字，使画面更加丰富，最终效果如图 12-77 所示。

图12-77　最终效果

12.4 知识总结

本章主要讲解了UI图标及界面的设计方法，通过几个具体的实例，详细地讲解了如何利用Photoshop 2020进行图标及界面的制作。在设计时要结合当前流行趋势，这是UI设计成功的关键所在。

12.5 拓展训练

本章通过3个拓展训练，包括两个图标设计实例和一个界面设计实例，帮助读者了解图标和界面的设计技巧，巩固加强UI设计技能。

训练12-1 制作能量药丸图标

难度：☆☆☆

素材位置：无

效果位置：第 12 章 \ 训练 12-1\ 制作能量药丸图标 .psd

在线视频：第 12 章 \ 训练 12-1 制作能量药丸图标 .mp4

◆训练分析

本训练练习绘制一款能量药丸图标，需要读者熟练使用形状工具、“钢笔工具”和图层样式，特别是最后绘制药丸的高光部分和白色光斑时，需要对物体的光影走向有一定了解，最终效果如图12-78所示。

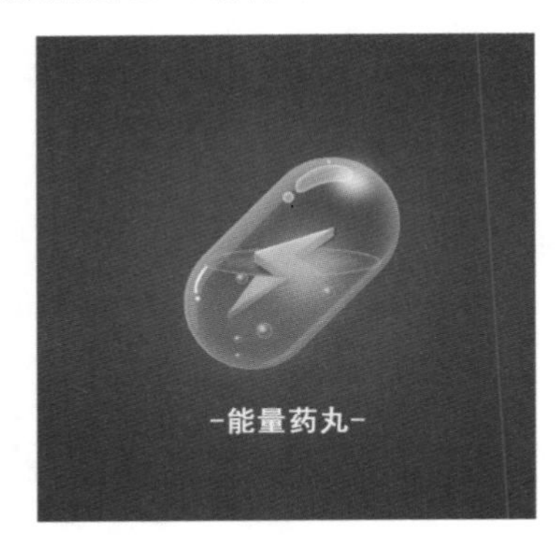

图12-78　能量药丸图标最终效果

◆训练知识点

1. 渐变工具
2. 圆角矩形工具
3. 椭圆工具
4. 钢笔工具
5. “内发光”“内阴影”“渐变叠加”图层样式
6. “高斯模糊”滤镜

训练12-2 制作扁平风格相册图标

难度：☆☆

素材位置：无

效果位置：第 12 章 \ 训练 12-2\ 制作扁平风格相册图标 .psd

在线视频：第 12 章 \ 训练 12-2 制作扁平风格相册图标 .mp4

◆训练分析

本训练练习制作扁平风格相册图标，扁平风格的设计在手机、游戏、互联网等新兴行业中非常常见。制作该图标时需要灵活使用图层的编辑功能来创建图标的轮廓，最终效果如图12-79所示。

图12-79　扁平风格相册图标最终效果

◆训练知识点

1. 圆角矩形工具
2. 路径选择工具
3. 合并图层
4. 图层混合模式

训练12-3 制作小程序游戏开始菜单界面

难度：☆☆☆☆

素材位置：第 12 章 \ 训练 12-3\ 素材

效果位置：第 12 章 \ 训练 12-3\ 制作小程序游戏开始菜单界面 .psd

在线视频：第 12 章 \ 训练 12-3 制作小程序游戏开始菜单界面 .mp4

◆训练分析

本训练练习制作小程序游戏开始菜单界面，本菜单界面主要以游戏场景作为背景，再添加按钮和文字，使版面布局简洁明了又不失趣味，最终效果如图12-80所示。

图12-80　小程序游戏开始菜单界面最终效果

◆训练知识点

1. 圆角矩形工具
2. 横排文字工具
3. “描边”“内阴影”“渐变叠加”图层样式

第 **13** 章

电商店铺装修设计

本章以电商店铺装修的需求为切入点，用几个具体的实例来全方位解读电商装修设计方法。实例从店铺装修所需要的基础元素开始，逐步深入，帮助读者快速掌握电商店铺的装修技巧。

教学目标

学习促销优惠券的制作方法 | 学习珠宝直通车的制作

掌握电商店铺详情页的制作方法

13.1 制作促销优惠券

◆实例分析

本实例制作电商店铺促销优惠券。渐变背景可以带来强烈的视觉效果，本实例中的促销优惠券以文字信息为主，搭配加载进度条，表现出其限时特点，最终效果如图13-1所示。

难度：☆☆
素材位置：无
效果位置：第 13 章\13.1\ 制作促销优惠券 .psd
在线视频：第 13 章\13.1 制作促销优惠券 .mp4

图13-1　促销优惠券最终效果

◆实例知识点

1. 圆角矩形工具
2. 椭圆工具
3. 矩形工具
4. 横排文字工具
5. “渐变叠加”图层样式

◆操作步骤

01 执行“文件”→“新建”命令，新建一个 400 像素 ×200 像素的空白文件。

02 选择工具箱中的“圆角矩形工具”，在画布中绘制一个 289 像素 ×127 像素、圆角“半径”为 10 像素的圆角矩形，其颜色为红色（R:242,G:28,B:79），如图 13-2 所示。

图13-2　绘制圆角矩形

03 在“图层”面板中双击“圆角矩形 1”图层，打开“图层样式”对话框。勾选“渐变叠加”复选框，设置参数，将“渐变”颜色更改为黄色（R:255,G:151,B:2）到玫红色（R:254,G:45, B:153），如图 13-3 所示。

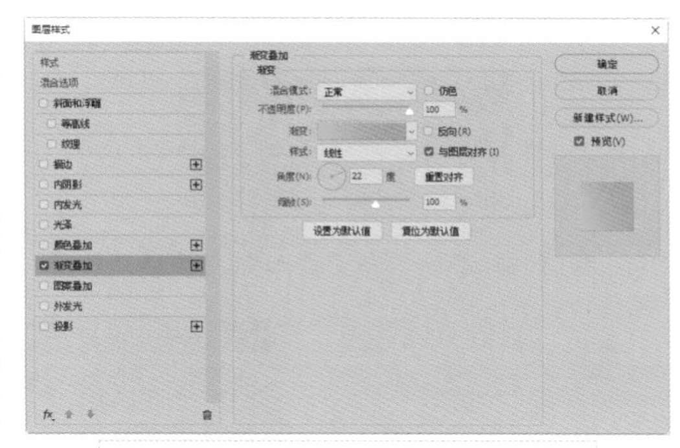

图13-3　添加“渐变叠加”图层样式

04 选择工具箱中的“椭圆工具”，在圆角矩形右上角绘制一个白色椭圆形，如图 13-4 所示。

图13-4　绘制椭圆形

05 双击“椭圆 1”图层，为椭圆图形添加“渐变叠加”图层样式。设置各项参数，将“渐变”颜色更改为蓝色（R:13,G:246,B:255）到深蓝色（R:6,G:166,B:254），如图 13-5 所示。

06 在圆角矩形右侧绘制白色椭圆形，并为该椭圆形图层添加图层蒙版。选中蒙版在椭圆形右侧绘制黑色矩形，如图 13-6 所示。

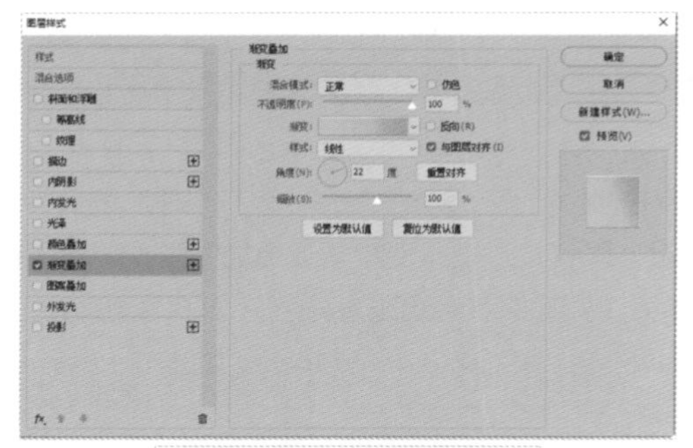

图13-5　添加“渐变叠加”图层样式1

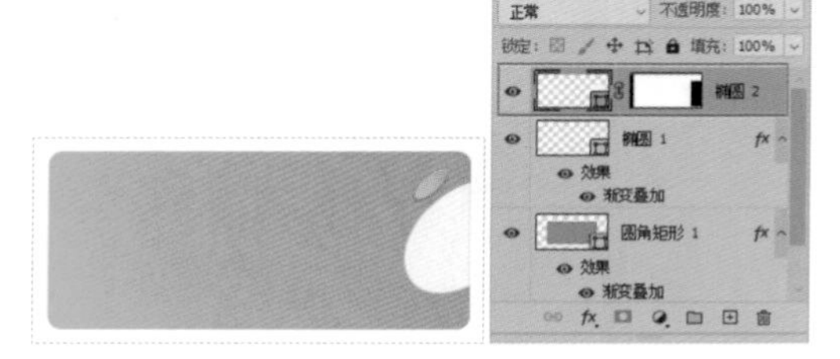

图13-6　绘制椭圆形并创建蒙版

07 双击“椭圆 2”图层，打开“图层样式”对话框，为椭圆添加“渐变叠加”图层样式。设置各项参数，将“渐变”颜色更改为深橙色（R:230,G:54,B:7）到橙色（R:251,G:114,B:0），如图 13-7 所示。

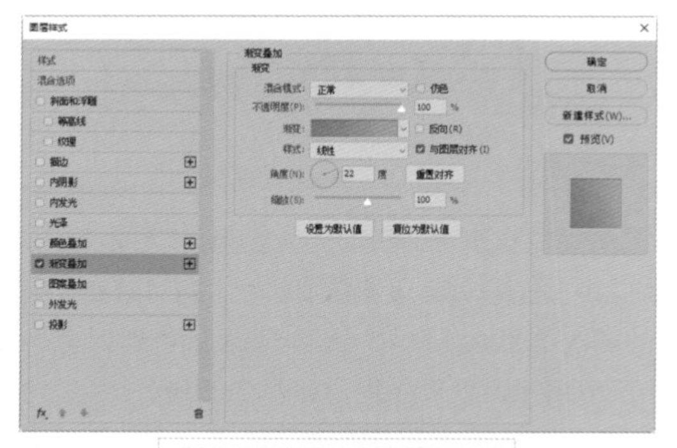

图13-7　添加“渐变叠加”图层样式2

08 使用“圆角矩形工具” 在圆角矩形的下方再绘制一个圆角矩形，设置其颜色为深灰色（R:38,G:41,B:46），如图 13-8 所示。绘制一个较小的黄色（R:255,G:232,B:1）圆角矩形，如图 13-9 所示。

图13-8　绘制圆角矩形1

图13-9　绘制圆角矩形1

09 使用“矩形工具” 在黄色圆角矩形上绘制多个深灰色（R:98,G:98,B:94）矩形，合并所有深灰色矩形，并将它们进行旋转，设置矩形的图层“不透明度”为 43%，如图 13-10 所示。

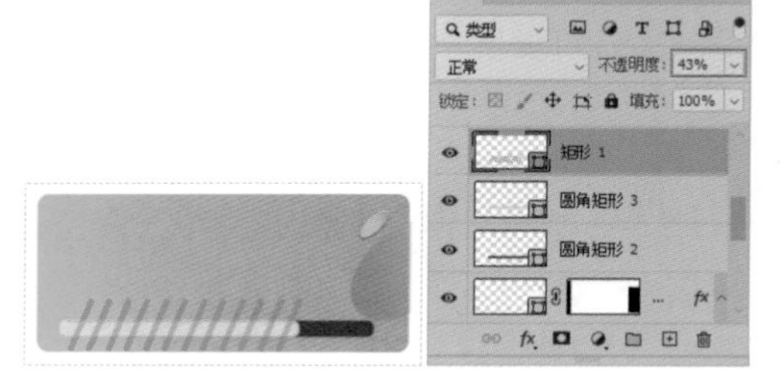

图13-10　绘制矩形并调整其“不透明度”

10 选中“矩形 1”和“圆角矩形 3”图层，右击，在弹出的快捷菜单中执行“创建剪贴蒙版”命令，向下创建剪贴蒙版，如图 13-11 所示。

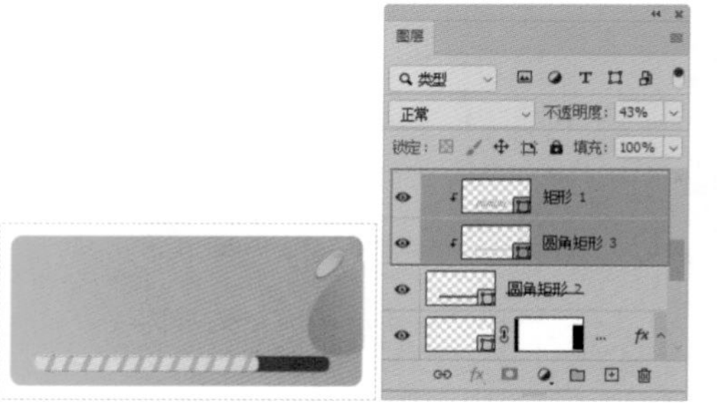

图13-11　创建剪贴蒙版

11 使用“横排文字工具” T. 在圆角矩形上输入数字“30”，设置文字颜色为白色，适当设置字体大小。输入文字并修改其大小，如图 13-12 所示。

图13-12 输入文字

12 使用“矩形工具” 在文字下面绘制白色描边无填充颜色的白色矩形，并输入其他文字，最终效果如图 13-13 所示。

图13-13 最终效果

13.2 制作珠宝产品直通车图

◆实例分析

本实例制作珠宝产品的直通车图，本实例中的直通车图主要以珠宝首饰为主体物，再以气球和彩色球体作为辅助装饰，整体色调十分清新，使人感觉舒适，最后添加文字信息，商品的宣传效果十分直观，最终效果如图13-14所示。

难度：☆☆☆
素材位置：第 13 章 \13.2\ 素材
效果位置：第 13 章 \13.2\ 制作珠宝产品直通车图 .psd
在线视频：第 13 章 \13.2 制作珠宝产品直通车图 .mp4

图13-14 珠宝产品直通车图最终效果

◆实例知识点

1. 圆角矩形工具
2. 矩形工具
3. 钢笔工具
4. 画笔工具
5. 路径选择工具
6. “投影”“内投影”“斜面和浮雕”图层样式
7. 创建剪贴蒙版

◆操作步骤

13.2.1 制作商品背景

01 执行“文件”→“新建”命令，新建一个 800 像素 ×800 像素的空白文件。

02 新建图层，设置前景色为蓝色（R:137,G:191,B:225），按 Alt+Delete 组合键填充前景色，如图 13-15 所示。

图13-15 填充前景色

03 选择工具箱中的“渐变工具”，修改前景色为深蓝色（R:66,G:137,B:191），设置渐变模式为前景色到透明的线性渐变，在画布中从下往上拖动，创建渐变，如图 13-16 所示。

图13-16　创建渐变

04 执行“文件”→“置入嵌入对象”命令，将“布料.png”素材文件置入画布中，如图 13-17 所示。调整素材的位置，将其移动到画布右上角，如图 13-18 所示。

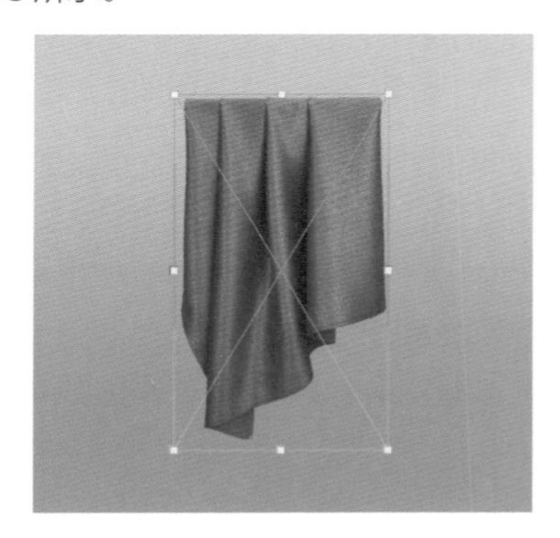

图13-17　置入“布料.png”素材文件

图13-18　移动布料位置

05 新建图层，设置前景色为深蓝色（R:32, G:92,B:156），使用“画笔工具” 在布料上涂抹颜色，直到铺满整个布料为止，如图 13-19 所示。

图13-19　涂抹颜色

06 右击涂抹颜色的图层，在弹出的快捷菜单中执行“创建剪贴蒙版”命令，向下创建剪贴蒙版。设置该图层的图层混合模式为“颜色”，如图 13-20 所示。

图13-20　设置图层混合模式

07 单击“图层”面板底部的“创建新的填充或调整图层”按钮 ，创建“色相 / 饱和度”调整图层，设置其参数，如图 13-21 所示。右击调整图层，在弹出的快捷菜单中执行“创建剪贴蒙版”命令，向下创建剪贴蒙版，效果如图 13-22 所示。

图13-21　调整“色相/饱和度”参数

图13-22　创建剪贴蒙版

08 使用“钢笔工具” 在画布下方绘制图形，填充图形为浅蓝色（R:140,G:168,B:205），如图 13-23 所示。

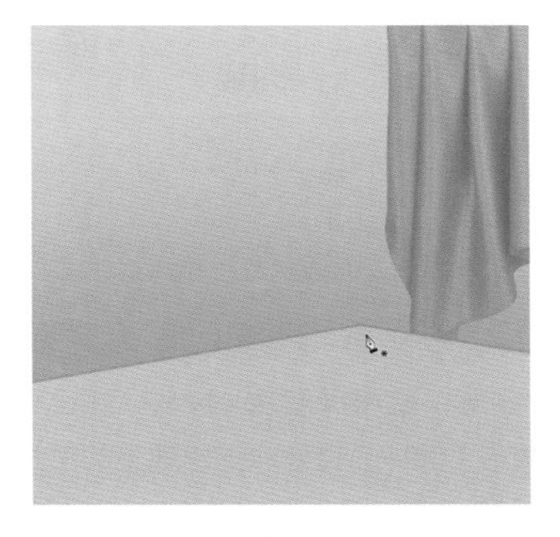

图13-23　绘制图形并填充颜色

09 使用“椭圆工具” 在画布中绘制无描边的蓝色（R:60,G:133,B:186）圆形，得到“椭圆 1”图层，如图 13-24 所示。

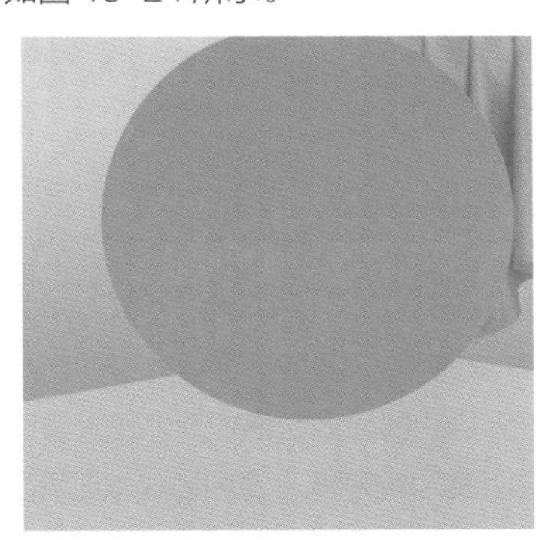

图13-24　绘制圆形

10 在“椭圆 1”图层的下方新建图层，修改前景色为蓝色（R:27,G:113,B:175），使用柔边圆画笔在圆形左侧涂抹，如图 13-25 所示。

图13-25　涂抹圆形左侧

11 设置该图层的图层混合模式为“正片叠底”，以制作阴影效果，如图 13-26 所示。

图13-26　制作阴影效果

12 在“椭圆 1”图层的上方新建图层，修改前景色为浅蓝色（R:209,G:229,B:240），适当调整画笔的大小和不透明度，在圆形上单击，绘制圆点，如图 13-27 所示。

图13-27　绘制圆点

13 使用同样的方法新建两个图层，在圆形上单击，绘制圆点。设置这两个图层的“不透明度”为 90%，并选中所有绘制圆点的图层，向下创建剪贴蒙版，以制作高光效果，如图 13-28 所示。

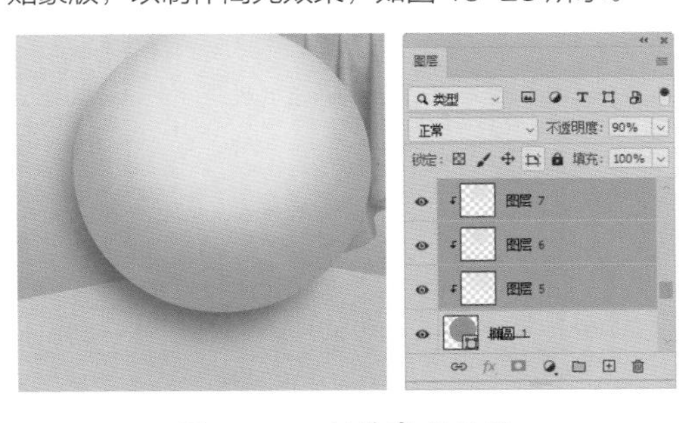

图13-28　制作高光效果

14 在画布右下角绘制粉色（R:216,G:173,B:182）圆形并使用画笔绘制出它的阴影，如图 13-29 所示。在圆形上绘制高光和内阴影，制作出圆形的立体效果，如图 13-30 所示。

图13-29 绘制圆形及其阴影

图13-30 制作立体效果

13.2.2 制作主体商品

01 使用同样的方法，绘制另一个立体圆形，如图 13-31 所示。执行“文件”→“置入嵌入对象”命令，将“珠宝 .png”素材文件置入画布中，调整其位置，如图 13-32 所示。

图13-31 绘制立体圆形

图13-32 置入“珠宝.png”素材文件

02 新建图层，使用深蓝色（R:32,G:92,B:156）画笔在珠宝上涂抹，直到涂抹出珠宝的形状为止，如图 13-33 所示。将该图层命名为“珠宝 阴影”。

图13-33 涂抹珠宝阴影

03 将“珠宝 阴影”图层移至“珠宝”图层下层，并设置该图层的图层混合模式为“正片叠底”、图层“不透明度”为 30%，如图 13-34 所示。

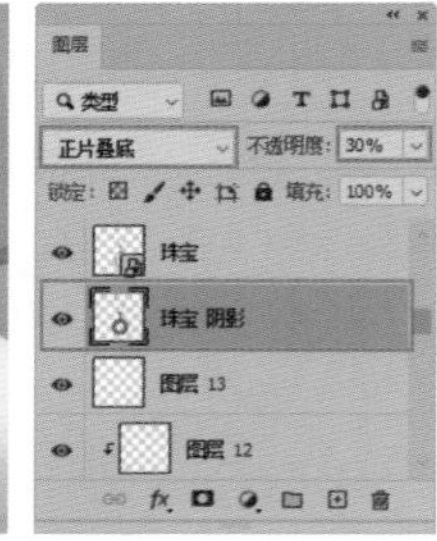

图13-34 制作阴影效果

13.2.3 添加装饰元素和文字

01 执行“文件”→“置入嵌入对象”命令，将“气球 .png”素材文件置入画布中，如图 13-35 所示。

02 使用与制作珠宝阴影同样的方法，制作出气球的阴影，其效果和“图层”面板如图 13-36 所示。

图13-35　置入“气球.png”素材文件

图13-36　制作阴影效果

03 按 Ctrl+J 组合键，复制“气球”图层，将复制的气球水平翻转并移至画面下方。

04 选择工具箱中的“横排文字工具” T，在工具选项栏中设置字体为“新宋体”，在画布中输入白色文字，并为文字添加“投影”图层样式，如图 13-37 所示。

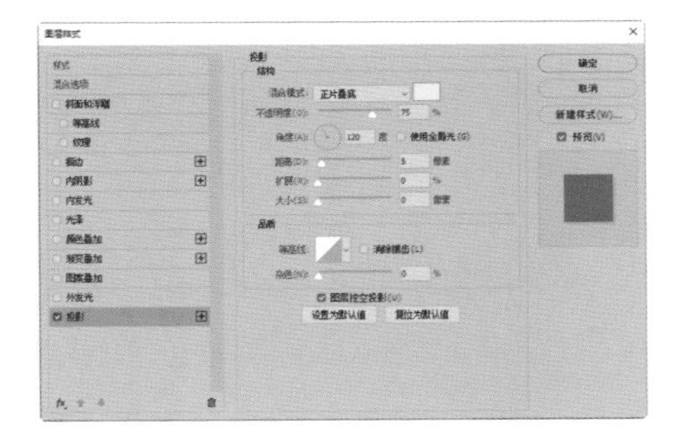

图13-37　添加“投影”图层样式

图13-37　添加“投影”图层样式（续）

05 使用“矩形工具” 在文字下方绘制白色无描边矩形，并在矩形内输入蓝色（R:27,G:88,B:152）文字，此时将其字体修改为“黑体”，如图 13-38 所示。输入其他文字，丰富画面效果，最终效果如图 13-39 所示。

图13-38　绘制矩形并输入文字

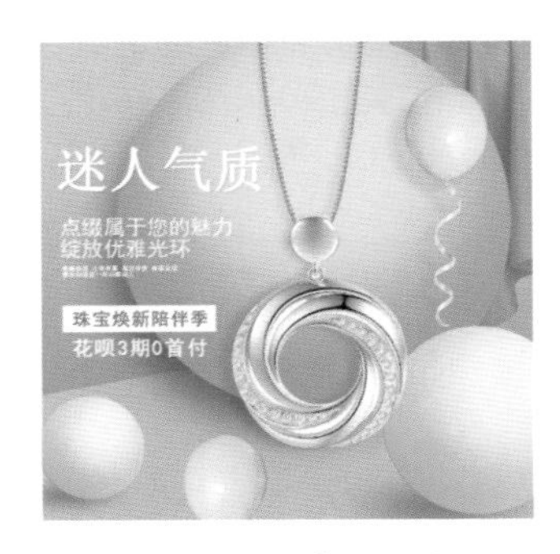

图13-39　最终效果

13.3 制作毛绒玩具详情页

◆实例分析

本实例制作毛绒玩具详情页，在设计宝贝详情页时，颜色和布局的选择都很重要。店铺详情页中商品的特点不同，采用的页面布局也会所有差异。本实例中的详情页主要是毛绒玩具的商品信息介绍。本详情页先展示商品，再介绍其填充物、面料、尺寸和功能等信息，最后展示商品的局部细节，最终效果如图13-40所示。

难度：☆☆☆☆
素材位置：第 13 章 \13.3\ 素材
效果位置：第 13 章 \13.3\ 制作毛绒玩具详情页 .psd
在线视频：第 13 章 \13.3 制作毛绒玩具详情页 .mp4

◆实例知识点

1. 矩形工具
2. 椭圆工具
3. 圆角矩形工具
4. 横排文字工具
5. “投影”和“描边”图层样式
6. 创建剪贴蒙版

图13-40 毛绒玩具详情页最终效果

◆操作步骤

13.3.1 制作商品展示图

01 执行“文件”→“新建”命令，新建一个 790 像素 ×1707 像素的文件。

02 选择工具箱中的“矩形工具”，在工具选项栏中设置“填充”为粉色（R:255,G:168,B:186）、“描边”为无，在画面最上方绘制矩形，如图13-41 所示。

图13-41 绘制矩形

03 选择工具箱中的“椭圆工具”，在工具选项栏中设置“填充”为无、“描边”为玫红色（R:255,G:84,B:119）、描边宽度为“21.71 点”，在画面上方绘制圆形边框，如图 13-42 所示。

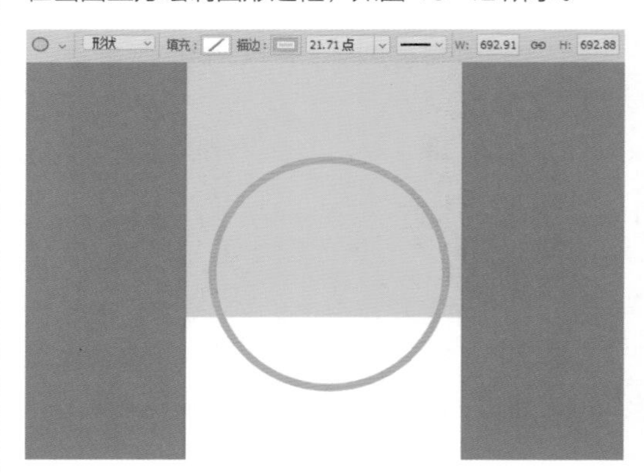

图13-42 绘制圆形边框

04 选中“椭圆 1”图层，按 Ctrl+J 组合键复制图层，选中复制的圆形，修改圆形边框的“描边”为蓝色（R:99,G:218,B:218）、描边宽度为“14.2 点”，并按 Ctrl+T 组合键调整圆形边框，将其缩放到合适大小，如图 13-43 所示。

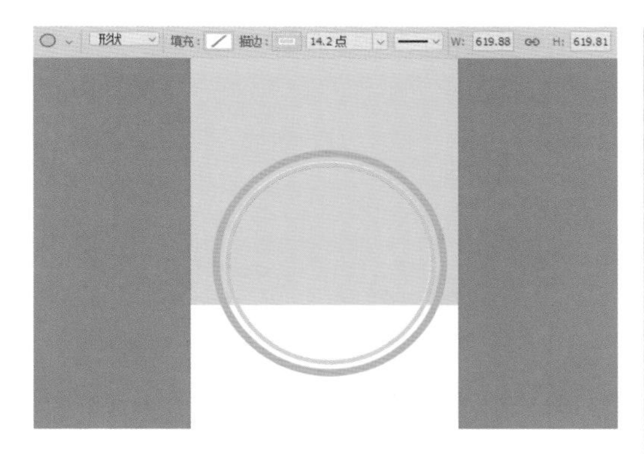

图13-43　绘制蓝色圆形边框

05 复制“椭圆 1”图层，并修改复制所得圆形的“填充”为紫色（R:140,G:151,B:203）、“描边”为无，再分别调整两个圆形边框的图层“不透明度”为 74% 和 56%，效果如图 13-44 所示。

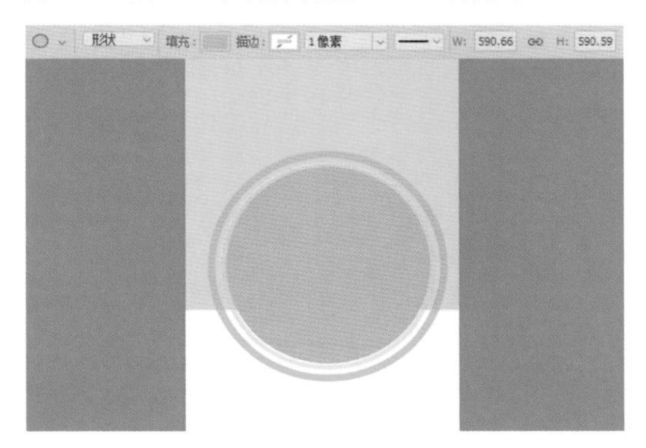

图13-44　绘制紫色圆形

06 按 Ctrl+O 组合键打开“七彩毛毛虫 1.jpg”素材文件，将其拖动到圆形的位置，如图 13-45 所示。

图13-45　添加“七彩毛毛虫1.jpg”素材文件

07 选中“七彩毛毛虫 1”图层，右击，在弹出的快捷菜单中执行“创建剪贴蒙版”命令，在椭圆图层和素材图层之间创建剪贴蒙版，如图 13-46 所示。

图13-46　创建剪贴蒙版

08 按 Ctrl+O 组合键打开“头部特写 .png”素材文件，将其拖动到画面中，并与圆形里的毛毛虫头部重合，制作“钻”出圆形的效果，如图 13-47 所示。依次打开“白云 1.png”“白云 2.png”“白云 3.png”“白云 4.png”素材文件，将它们拖动至画面上方并调整至合适的位置，如图 13-48 所示。

图13-47　制作钻出效果

图13-48　添加素材文件

09 选择工具箱中的“矩形工具” ，在工具选项栏中设置“填充”为玫红色（R:254,G:85,B:119）、“描边”为无，在画面右上方绘制一个矩形，如图 13-49 所示。

图13-49　绘制矩形

10 选择工具箱中的“横排文字工具” T，设置字体为“黑体”，在矩形中输入“多种色彩随意选择”，其中“多种色彩”为白色，“随意选择”为黄色，如图 13-50 所示。

11 使用“横排文字工具” T. 在圆形上方输入“七彩毛毛虫”，调整“七彩”大小为“96 点”，“毛毛虫”大小为“82 点”，如图 13-51 所示。

图13-50　输入文字1　图13-51　输入文字2

12 双击“七彩毛毛虫”文字图层，弹出“图层样式”对话框，勾选“投影”复选框，在右边修改各参数值，如图 13-52 所示。

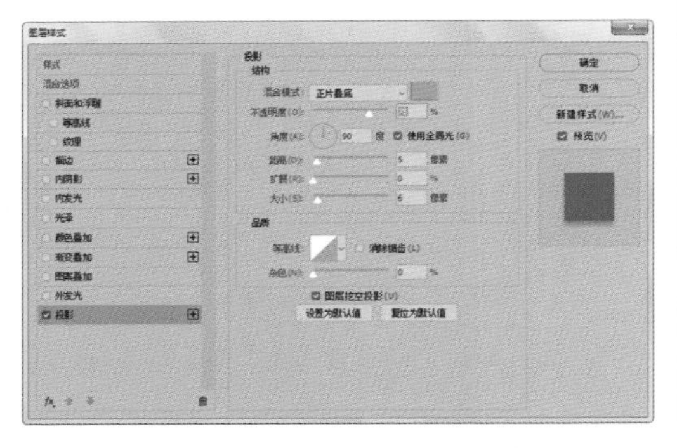

图13-52　添加“投影”图层样式

13 单击“确定”按钮，即可为文字应用图层样式，如图 13-53 所示。

图13-53　应用图层样式

14 按 Ctrl+O 组合键，打开“白色波浪 .png”素材文件，将该素材图层移至“矩形 1”图层上方，其他图层的下方，如图 13-54 所示。

图13-54　添加“白色波浪.png”素材文件

13.3.2 制作商品信息介绍图

01 使用“横排文字工具” T.，设置字体为“Lithos Pro”、字体大小为“1 点”、文字颜色为玫红色（R:254,G:85,B:119），在圆形下方空白处输入英文“CATERPILLAR DOLL”（毛毛虫娃娃），调整该文字图层的“不透明度”为 50%，如图 13-55 所示。

图13-55　输入英文

02 使用“圆角矩形工具” ▢. 在英文的下方绘制一个圆角矩形，并在圆角矩形的中间和底部输入文字。将上方文字设置为白色，下方文字设置为黑色，并适当调整其大小，如图 13-56 所示。

03 使用“圆角矩形工具” ▢. 在画面左下角位置绘制一个白色的圆角矩形，如图 13-57 所示，为了方便查看，先隐藏“背景”图层。

图13-56　绘制圆角矩形并输入文字　图13-57　绘制圆角矩形

04 显示“背景”图层，双击“圆角矩形 2”图层，弹出“图层样式”对话框。勾选“描边”复选框，在右边修改各参数值，设置描边“颜色”为玫红色（R:254,G:85,B:119），如图 13-58 所示。

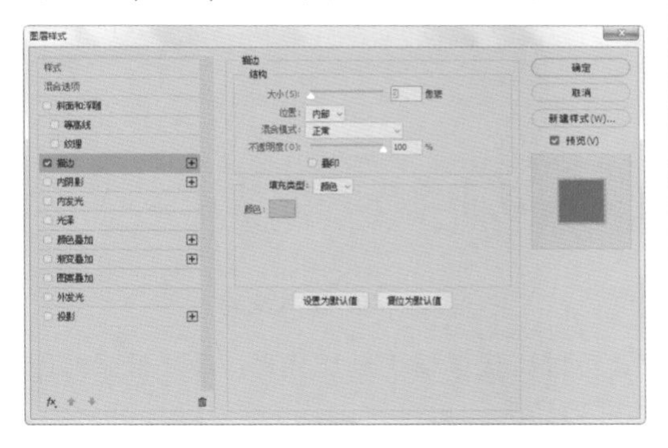

图13-58 添加“描边”图层样式

05 单击“确定”按钮，即可为圆角矩形应用图层样式，如图 13-59 所示。

06 按 Ctrl+O 组合键打开“七彩毛毛虫 2.jpg”素材文件，将其拖动到圆角矩形的位置，并将该素材图层移至“圆角矩形 2”图层上层，为其创建剪贴蒙版，如图 13-60 所示。

图13-59 描边效果

图13-60 添加素材文件并创建剪贴蒙版

07 使用“圆角矩形工具” 在右侧上方空白处绘制圆角矩形，修改“填充”为(R:252,G:241,B:245)、“描边”为无，如图 13-61 所示。在该圆角矩形内部输入产品信息介绍，如图 13-62 所示。

图13-61 绘制圆角矩形 图13-62 输入商品信息

08 选择工具箱中的“椭圆工具” ，在工具选项栏中设置“填充”为灰色（R:124,G:124,B:124）、“描边”为粉色（R:255,G:162,B:181）、描边宽度为“2 点”，在右下角的空白处绘制圆形，如图 13-63 所示。

图13-63 绘制圆形

09 按 Ctrl+J 组合键复制 3 次“椭圆 3”图层，并将复制的圆形水平排列整齐，如图 13-64 所示。

图13-64 复制并排列圆形

10 按 Ctrl+O 组合键打开“七彩毛毛虫 3.jpg”素材文件，如图 13-65 所示。将素材文件拖动至画面中，将素材图层移至“椭圆 3”图层的上层，如图 13-66 所示。

图13-65　添加“七彩毛毛虫3.jpg”素材文件

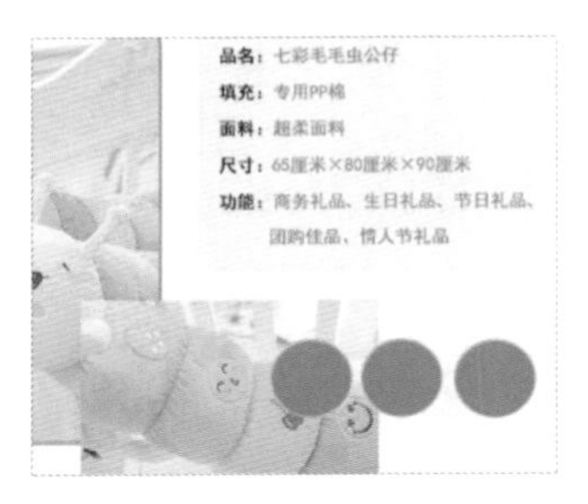

图13-66　移动素材文件

11 选中素材图层，右击，在弹出的快捷菜单中执行“创建剪贴蒙版”命令，在素材图层和“椭圆 3”图层之间创建剪贴蒙版，如图 13-67 所示。

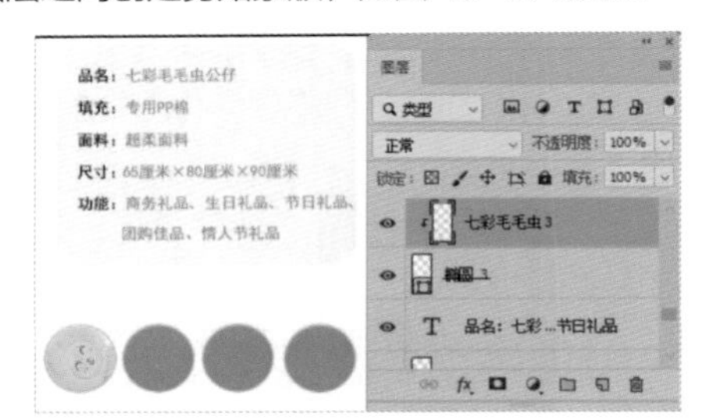

图13-67　创建剪贴蒙版1

12 使用同样的方法在其他复制的图层上方添加素材图层，将毛毛虫玩具其他的部位分别移至不用圆形的位置，并为素材图层创建剪贴蒙版，如图 13-68 所示。

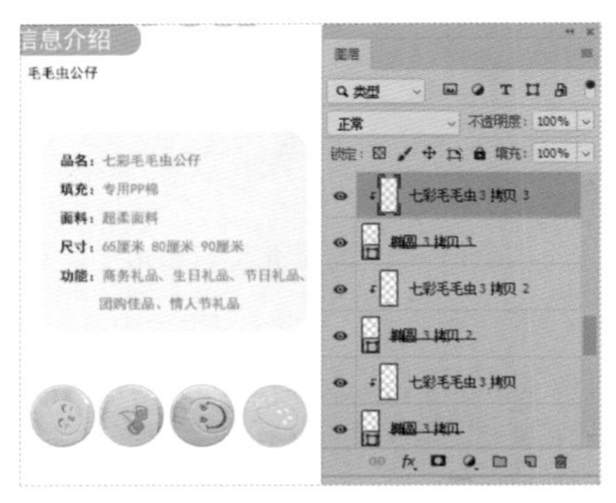

图13-68　创建剪贴蒙版2

13 在圆形的上方和下方分别输入文字，设置字体为“幼圆”、文字颜色为玫红色（R:254,G:85,B:119），如图 13-69 所示。

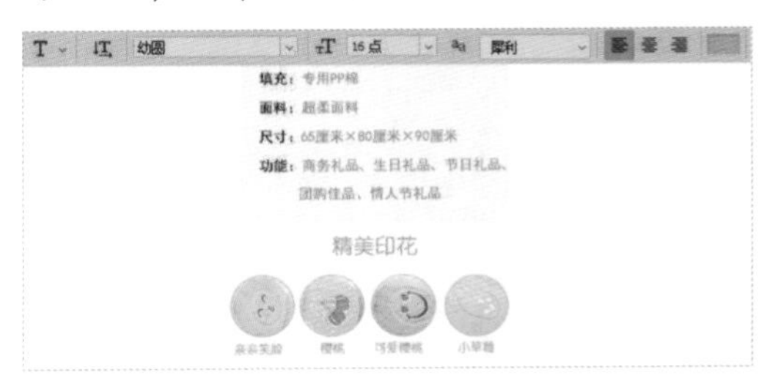

图13-69　输入文字

14 毛绒玩具详情页制作完成，最终效果如图 13-70 所示。

图13-70　最终效果

13.4 知识总结

随着电商的发展，网店的数量快速增长。从计算机到移动设备，网店已经进入越来越多人的生活，网店也越来越多地成为大家购物的首选，店铺装修的需求不断增加。本章挑选了几个具有代表性的实例进行详细讲解，能帮助读者快速掌握电商店铺的装修技巧。

13.5 拓展训练

本章通过两个拓展训练，帮助读者在熟悉软件操作的基础上完全掌握电商店铺的装修技巧，熟记精华知识，成为电商店铺设计的高手。

训练13-1 制作时尚美妆Banner

难度：☆☆☆

素材位置：第 13 章 \ 训练 13-1\ 素材

效果位置：第 13 章 \ 训练 13-1\ 制作时尚美妆 Banner.psd

在线视频：第 13 章 \ 训练 13-1 制作时尚美妆 Banner.mp4

◆训练分析

本训练练习时尚美妆Banner的制作。美妆Banner一般与化妆产品密切相关，因此在素材的选用上，可以重点挑选女性常用的化妆产品，如唇膏、香水和粉饼等。此外，在Banner的版面设计上，可以考虑将素材围绕标题进行环形排列，将消费者的视觉焦点吸引至画面中心，最终效果如图13-71所示。

图13-71 时尚美妆Banner最终效果

◆训练知识点

1. 矩形工具
2. 圆角矩形工具
3. 横排文字工具
4. 直线工具
5. “亮度/对比度”和“色相/饱和度”调整图层
6. 创建剪贴蒙版

训练13-2 制作甜品首页海报

难度：☆☆

素材位置：第 13 章 \ 训练 13-2\ 素材

效果位置：第 13 章 \ 训练 13-2\ 制作甜品首页海报 .psd

在线视频：第 13 章 \ 训练 13-2 制作甜品首页海报 .mp4

◆训练分析

本训练练习制作甜品首页海报。首页海报是进行电商宣传的一种方式。商家通过首页海报将自己的产品及产品特点以视觉的方式传达给消费者，而消费者可以通过首页海报的宣传对产品进行简单了解，最终效果如图13-72所示。

图13-72 甜品首页海报最终效果

◆训练知识点

1. 横排文字工具
2. 钢笔工具
3. 矩形工具
4. “投影”图层样式

第 14 章

新媒体美工设计

随着智能手机的普及，大部分消费者的注意力更多地转移到与智能手机相关的应用上，他们通过各种新媒体（如微博、微信等）社交应用与朋友进行沟通，并获得更多资讯。“新媒体”一词开始出现在人们的视野之中，本章主要讲解关于新媒体设计的方法和技巧。

教学目标

学习微信公众号首图的制作方法 | 学习微视频插图的制作方法

掌握创意二维码配图的制作方法

14.1 制作微信公众号首图

◆实例分析

本实例制作微信公众号首图。本实例主要以矢量图形搭配文字，重点突出文字的内容；左侧的喇叭和多个三角形的搭配设计，可以营造出大声呼喊的感觉；以金币、奖品等素材作为装饰元素，强烈表现出中奖时欢乐喜庆的感，最终效果如图14-1所示。

难度：☆☆
素材位置：第 14 章\14.1\素材
效果位置：第 14 章\14.1\制作微信公众号首图.psd
在线视频：第 14 章\14.1 制作微信公众号首图.mp4

图14-1 微信公众号首图最终效果

◆实例知识点

1. 钢笔工具
2. 横排文字工具
3. “亮度/对比度”调整图层
4. 图层混合模式

◆操作步骤

14.1.1 制作首图背景

01 微信公众号首图的标准尺寸一般为 900 像素 ×383 像素。执行“文件”→“新建”命令，新建一个 900 像素 ×383 像素的空白文件。

02 新建图层，设置前景色为深蓝色（R:20,G:32,B:61），按 Alt+Delete 组合键填充前景色，如图 14-2 所示。

图14-2 填充前景色

技巧

微信公众号后台经过多次改版后，目前头条、次条，首图的比例都从原来的 16：9 变成了现在的 2.35：1，公众号首图的尺寸也从 900 像素 ×500 像素变成了 900 像素 ×383 像素。

03 执行“文件”→“置入嵌入对象”命令，将“装饰元素.png”素材文件置入到文件中，并移动到合适的位置，如图 14-3 所示。

图14-3 置入“装饰元素.png”素材文件

04 在“图层”面板中设置“装饰元素”图层的图层混合模式为“叠加”，如图 14-4 所示。

图14-4 设置图层混合模式

05 选择工具箱中的“钢笔工具” ，在工具选项栏设置工具模式为“形状”、“填充”为深灰色（R:73,G:73,B:73），在画布左下角绘制图14-5所示的图形，再在该图形上再绘制图14-6所示的图形。

图14-5 绘制图形1

图14-6 绘制图形2

06 使用“钢笔工具” 在画布中绘制图形，上层图形的颜色为红色（R:232,G:33,B:33），下层图形的颜色为浅红色（R:255,G:49,B:49），如图14-7所示。

07 在浅红色图形的位置绘制粉色（R:211,G:121,B:121）图形，如图14-8所示，此时该图形为“形状4”图层。

图14-7 绘制图形3

图14-8 绘制图形4

08 选中“形状4”图层，设置该图层的图层混合模式为“正片叠底”，如图14-9所示。

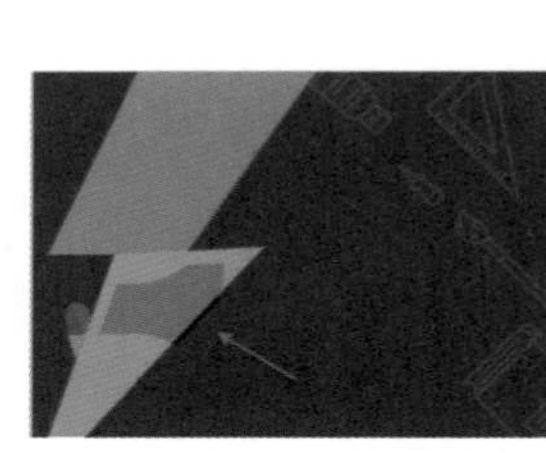

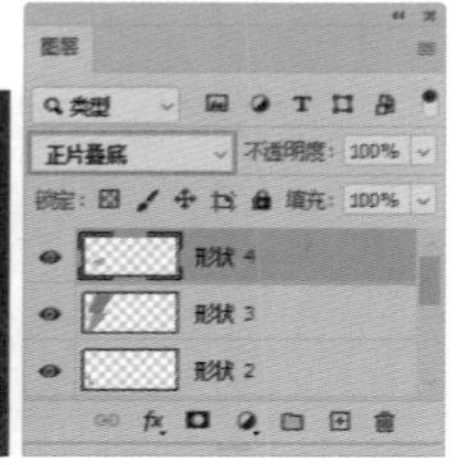

图14-9 设置图层混合模式

09 执行“文件”→“置入嵌入对象”命令，将“喇叭.png”素材文件置入到文件中，将其移动到左边，如图14-10所示。

10 使用“钢笔工具” 在喇叭右边绘制两个三角形，填充其颜色为绿色（R:130,G:191,B:22），如图14-11所示。

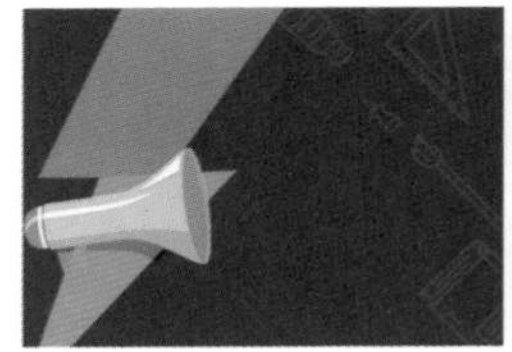

图14-10 置入“喇叭.png”素材文件

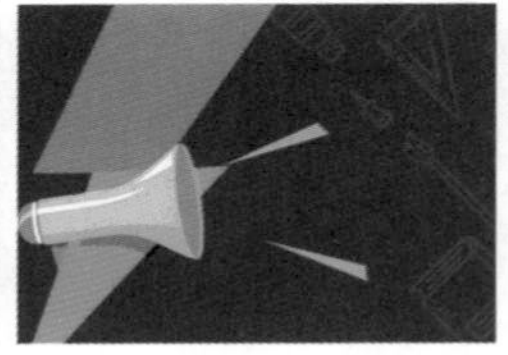

图14-11 绘制三角形

11 使用“钢笔工具” 在周围绘制多个三角形，修改它们的颜色，效果如图14-12所示。

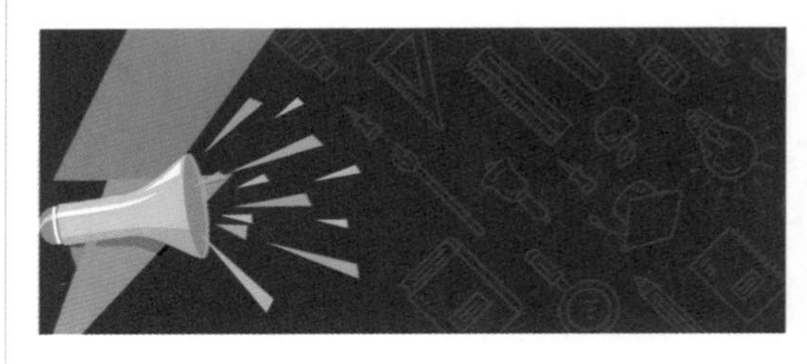

图14-12 绘制多个三角形

12 选中所有喇叭及周围的图形，按Ctrl+G组合键编组，命名组为“喇叭”。

13 单击“图层”面板底部的“创建新的填充或调整图层”按钮 ，创建“亮度/对比度”调整图层，设置其参数，如图14-13所示，此时的画面效果如图14-14所示。

图14-13 设置“亮度/对比度”参数

图14-14 画面效果

14.1.2 输入首图文字

01 选择“横排文字工具” T，修改字体为“新宋体”、字体大小为“130 点”、文字颜色为白色，在画布中输入文字，如图 14-15 所示。

图14-15 输入文字

02 修改字体为“Calibri”、字体大小为“30 点”，在文字下方输入英文“Winning the prize”，如图 14-16 所示。

图14-16 输入英文

03 执行“文件”→“置入嵌入对象”命令，将“礼品盒 .png”素材文件置入到文件中，将其移动到画面底部，如图 14-17 所示。

图14-17 置入“礼品盒.png”素材文件

04 最后置入其他素材，并复制多个移动到画面的其他位置，丰富画面效果，最终效果如图 14-18 所示。

图14-18 最终效果

14.2 制作微视频插图

◆实例分析

本实例制作微视频插图。本实例主要用几何图形搭配文字，清新的颜色搭配使得画面富有活力感，而不同的几何图形也给画面带来了趣味性，整体具有很强的感染效果，最终效果如图14-19所示。

图14-19 微视频插图最终效果

难度：☆☆☆
素材位置：第 14 章\14.2\ 圆点 .png
效果位置：第 14 章\14.2\ 制作微视频插图 .psd
在线视频：第 14 章\14.2 制作微视频插图 .mp4

◆实例知识点

1. 椭圆工具
2. 圆角矩形工具
3. 矩形工具
4. 多边形工具
5. 横排文字工具
6. “颜色叠加”“描边”“投影”图层样式

◆操作步骤

14.2.1 制作几何背景

01 执行“文件”→“新建”命令，新建一个 700 像素 ×700 像素的空白文件。

02 新建图层，设置前景色为蓝色（R:184,G:182,B:248），按 Alt+Delete 组合键填充前景色，如图 14-20 所示。

图14-20 填充前景色

03 执行“文件”→“置入嵌入对象”命令，将“圆点.png”素材文件置入到文件中，将其移动到画布左下角，如图 14-21 所示。

图14-21 置入“圆点.png”素材文件

04 双击“圆点”图层，打开“图层样式”对话框，勾选“颜色叠加”复选框，设置其参数，为素材叠加白色，如图 14-22 所示。

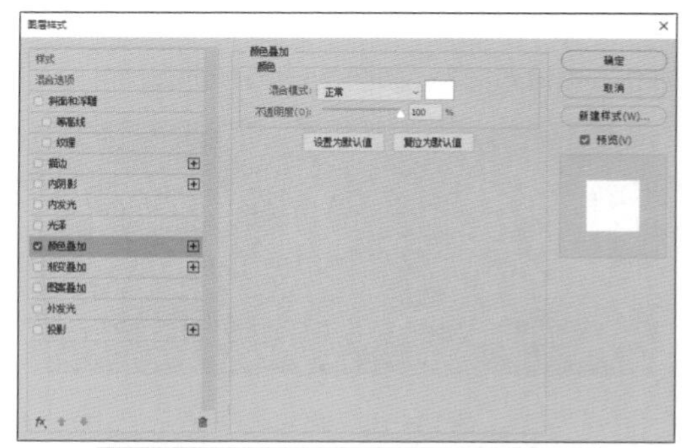

图14-22 添加“颜色叠加”图层样式

05 使用“椭圆工具” 在画布上方绘制两个无填充、描边为白色的圆形，适当调整描边粗细，如图 14-23 所示。

图14-23 绘制圆形

06 为右边的圆形添加“颜色叠加”图层样式，叠加颜色为黄色（R:255,G:224,B:130），如图 14-24 所示。

图14-24 添加“颜色叠加”图层样式

07 使用“圆角矩形工具” 在画布中绘制一个粉色（R:249,G:154,B:192）填充、无描边的圆角矩形，其圆角“半径”为25像素，如图14-25所示。

图14-25 绘制圆角矩形

08 使用“多边形工具” 在画布左边绘制一个无填充、黄色（R:252,G:228,B:115）描边的三角形，其描边宽度为30像素，如图14-26所示。

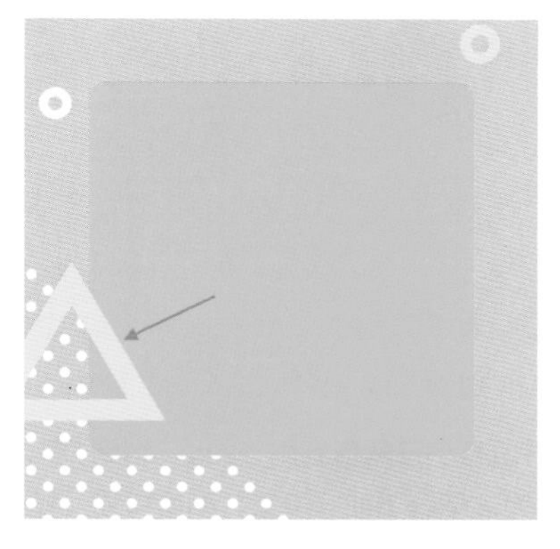

图14-26 绘制三角形

09 双击“多边形1”图层，打开“图层样式”对话框，勾选“投影”复选框，设置其参数，为多边形添加“投影”图层样式，如图14-27所示。

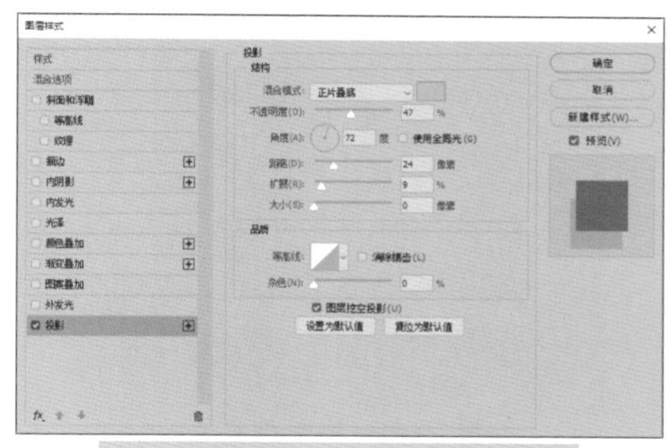

图14-27 添加“投影”图层样式

10 按Ctrl+J组合键复制“多边形1”图层，修改复制图形的描边颜色为粉色（R:248,G:182,B:208），将其垂直翻转并移动到画布右边，如图14-28所示。

图14-28 复制并调整图形

11 使用“矩形工具” 在画布中绘制一个无填充、白色描边的正方形，如图14-29所示。

图14–29　绘制正方形

12 为该正方形添加“投影”图层样式，其各项参数设置和效果如图 14–30 所示。

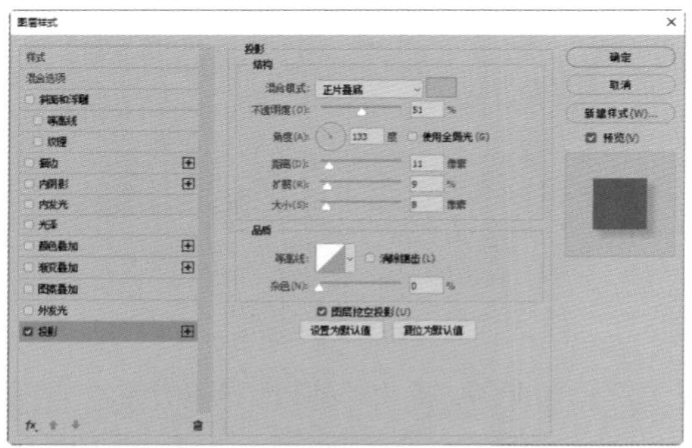

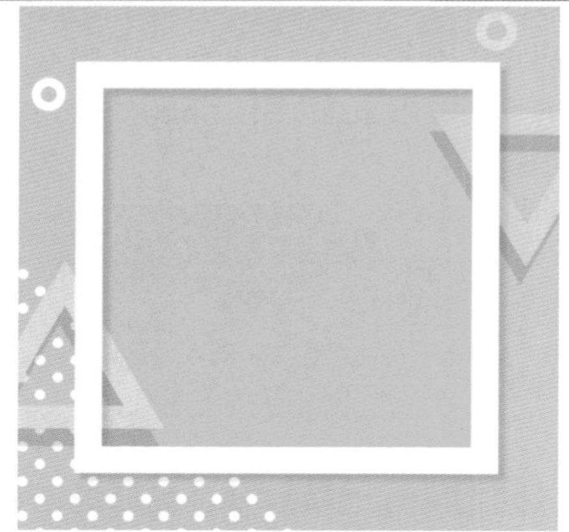

图14–30　添加“投影”图层样式

13 使用“矩形工具” 在左边的三角形被正方形遮挡的地方绘制一个矩形，其填充颜色与该多边形的颜色相同，如图 14–31 所示。以同样的方法绘制出右边的矩形，此时的三角形效果如图 14–32 所示。

图14–31　绘制矩形

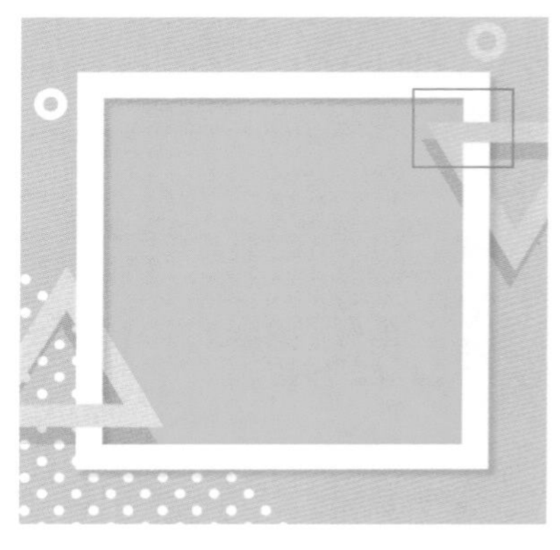

图14–32　三角形效果

14 使用“多边形工具” 在画布右下角绘制黄色（R:252,G:228,B:115）填充、无描边的小三角形，将其复制多个并整齐排列，如图 14–33 所示。

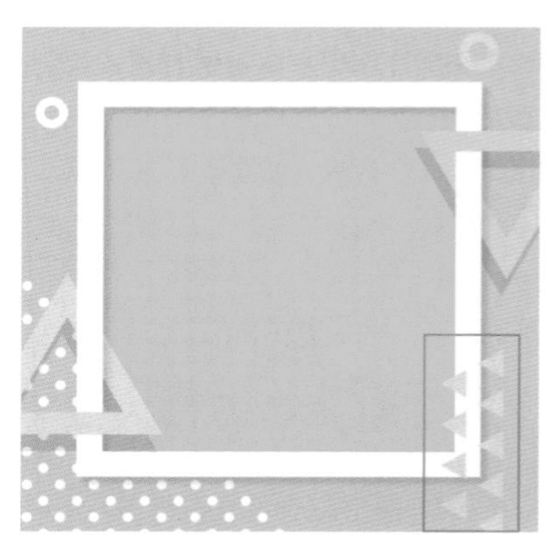

图14–33　绘制并复制三角形

15 合并所有小三角形到同一图层，得到“多边形 2”图层，为该图层添加“投影”图层样式，其各项参数设置和效果如图 14–34 所示。

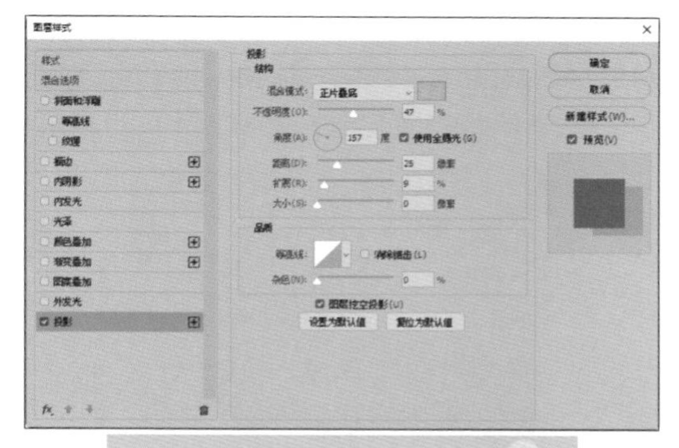

图14-34　添加“投影”图层样式

16 按 Ctrl+J 组合键复制“多边形 2”图层，修改复制图形的颜色为浅蓝色(R:190,G:230,B:255)，稍微缩小该图形，将其水平翻转并移动到画布左上角，如图 14-35 所示。

图14-35　复制并调整图形

14.2.2 添加文字效果

01 选择“横排文字工具” T，修改字体为“黑体”、字体大小为“200 点”、文字颜色为玫红色（R:255,G:0,B:186），在正方形内输入文字，如图 14-36 所示。

图14-36　输入文字

02 为文字图层添加“描边”图层样式，其各项参数设置和效果如图 14-37 所示。

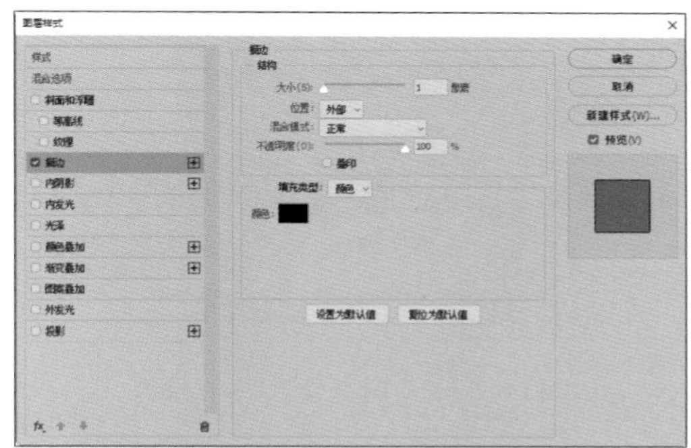

图14-37　添加“描边”图层样式

03 按 3 次 Ctrl+J 组合键，将文字图层复制 3 次，将它们依次向上稍微移动，制作出立体效果，如图 14-38 所示。

04 按 Ctrl+J 组合键再复制一层文字图层，将其稍微向上移动，修改文字颜色为白色，效果如图 14-39 所示。

图14-38　复制并移动文字

图14-39　复制并修改文字颜色

05 选中所有文字图层，按 Ctrl+G 组合键编组，命名组为“粉丝福利”。选中“粉丝福利”图层组，按 Ctrl+J 组合键复制该组，得到“粉丝福利 拷贝”图层组。

06 展开“粉丝福利 拷贝”图层组，将白色文字下面的所有文字颜色修改为粉色（R:222, G:131, B:130），效果如图 14-40 所示。

图14-40　修改后文字效果

07 选中“粉丝福利拷贝”图层组内的所有文字图层，将它们栅格化后合并到同一图层中，将合并后的图层移至“粉丝福利”图层组下方，如图 14-41 所示。

图14-41　合并后的图层

08 为“粉丝福利”图层添加“投影”图层样式，其各项参数设置和最终效果如图 14-42 所示。

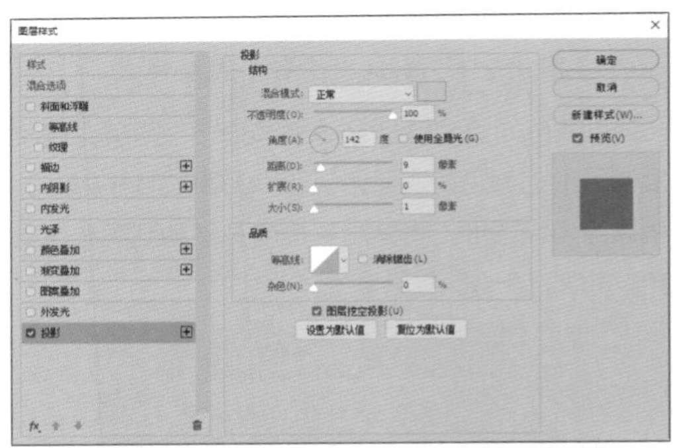

图14-42　“投影”图层样式和最终效果

14.3 制作创意二维码配图

◆实例分析

本实例制作创意二维码配图。本实例主要设计二维码周围的卡通场景，卡通电视机的搭配给原本普通的二维码增添了不少趣味性，十分有创意，最终效果如图14-43所示。

难度：☆☆☆
素材位置：第 14 章 \14.3\ 素材
效果位置：第 14 章 \14.3\ 制作创意二维码配图 .psd
在线视频：第 14 章 \14.3 制作创意二维码配图 .mp4

图14-43 创意二维码配图最终效果

◆实例知识点

1. 钢笔工具
2. 椭圆工具
3. 圆角矩形工具
4. 横排文字工具
5. 矩形选框工具
6. "颜色叠加" 图层样式

◆操作步骤

14.3.1 制作配图背景

01 执行"文件"→"新建"命令，新建一个600像素×600像素的空白文件。

02 选中"背景"图层，设置前景色为黄色（R:255,G:216,B:32），按Alt+Delete组合键填充前景色，如图14-44所示。

03 执行"文件"→"置入嵌入对象"命令，将"纹理.png"素材文件置入到文件中，如图14-45所示。

图14-44 填充前景色

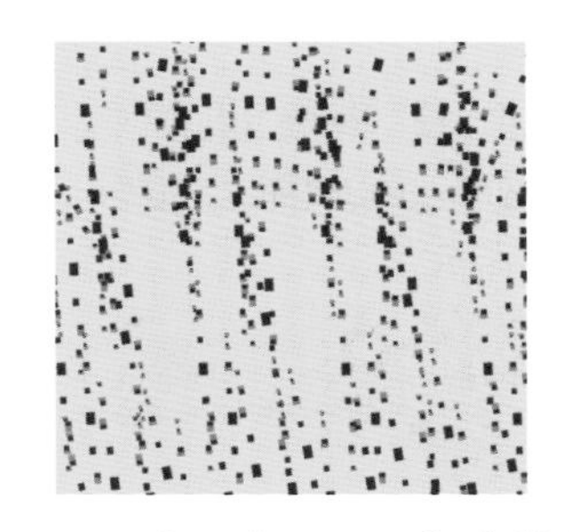

图14-45 置入"纹理.png"素材文件

04 双击"纹理"图层，打开"图层样式"对话框，勾选"颜色叠加"对话框，设置其参数，为素材叠加黄色(R:255,G:233,B:132)，如图14-46所示。

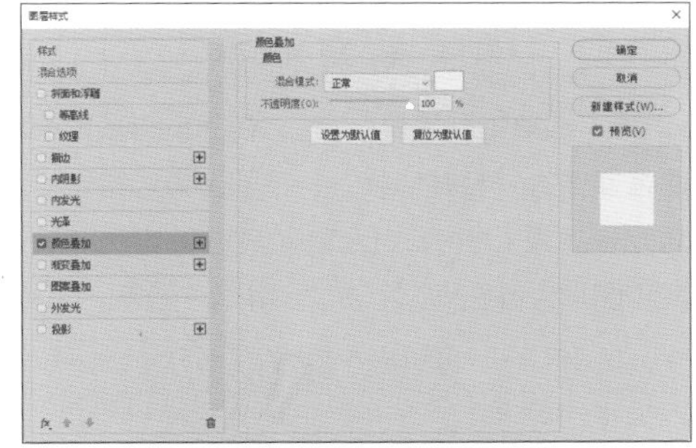

图14-46 添加"颜色叠加"图层样式

14.3.2 绘制配图场景

01 使用“钢笔工具” 在画布底部绘制黑色图形，将其复制一个并移动到右边，如图 14-47 所示。

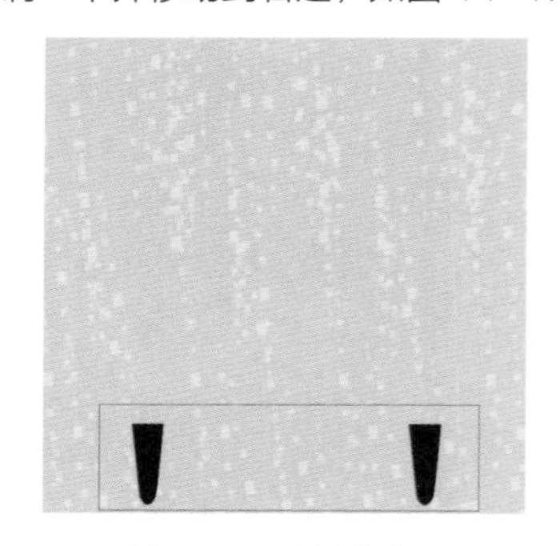

图14-47 绘制图形

02 使用“椭圆工具” 在画布顶部绘制白色填充、黑色描边的圆形，设置其描边宽度为“13 像素”，如图 14-48 所示。

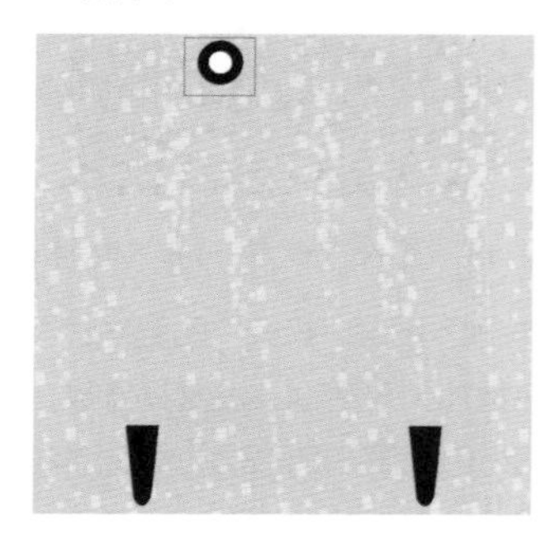

图14-48 绘制圆形

03 选择“圆角矩形工具” ，在工具选项栏中设置路径操作为“合并形状”，在圆形旁边绘制一个圆角矩形，按 Ctrl+T 组合键对其进行自由变换，使其和圆形合并在一起，如图 14-49 所示。

图14-49 合并图形

04 复制合并图形，将其水平翻转并移动到右边，如图 14-50 所示。

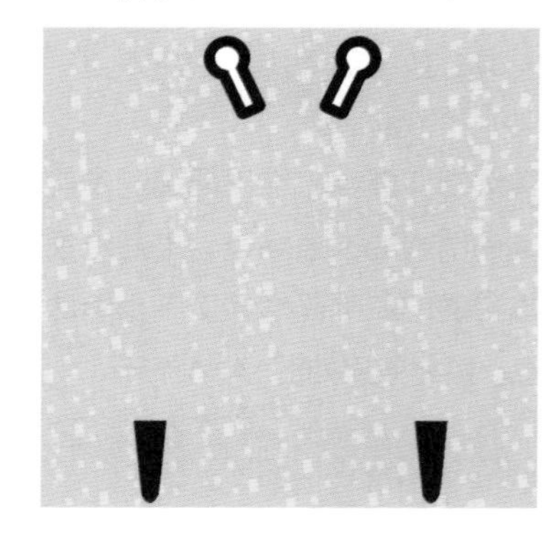

图14-50 复制图形

05 在画布中适当的位置绘制一个圆角矩形，修改其描边宽度为“16 像素”，如图 14-51 所示。复制该圆角矩形，将其缩小，修改其填充颜色为蓝色（R:0,G:198,B:255），描边宽度为“13 像素”，如图 14-52 所示。

图14-51 绘制圆角矩形

图14-52 复制圆角矩形

14.3.3 制作主要内容

01 选择“横排文字工具” T，修改字体为“方正姚体”、字体大小为“65点”、文字颜色为白色，输入文字“有奖互动”。为文字添加“描边”图层样式，描边颜色为黑色，各项参数设置和效果如图14-53所示。

图14-53　输入文字并为其添加描边

02 使用“圆角矩形工具” 在文字下方绘制黑色填充、无描边的圆角矩形，其圆角“半径”为“20.5像素”，如图14-54所示。

图14-54　绘制圆角矩形

03 在黑色圆角矩形内输入文字“扫码参与”，修改字体大小为“30点”、文字颜色为黄色（R:255,G:216,B:32），如图14-55所示。

04 执行“文件”→“置入嵌入对象”命令，将“二维码.png”素材文件置入到文件中，并移动到合适的位置，如图14-56所示。

图14-55　输入文字

图14-56　置入“二维码.png”素材文件

05 选中“二维码”图层，单击“图层”面板底部的“添加图层蒙版”按钮，为该图层添加图层蒙版。选中蒙版，使用“矩形选框工具” 在二维码内创建选区，如图14-57所示。

图14-57　添加蒙版并创建选区

06 按Ctrl+Shift+I组合键反选选区，如图14-58所示。设置前景色为黑色，按Alt+Delete组合键在选区内填充前景色，如图14-59所示，最终效果如图14-60所示。

图14-58 反选选区

图14-59 填充选区

图14-60 最终效果

14.4 知识总结

随着新媒体的不断发展，越来越多的人使用相关的平台，如微信社交平台、知乎媒体平台和抖音直播平台等。本章挑选了几个微信平台的实例进行详细讲解，能帮助读者快速掌握新媒体设计的方法和技巧。

14.5 拓展训练

本章通过3个拓展训练，帮助读者在熟悉软件操作的基础上，快速掌握新媒体设计技巧。

训练14-1 制作培训班公众号首图

难度：☆☆☆

素材位置：第 14 章 \ 训练 14-1\ 素材

效果位置：第 14 章 \ 训练 14-1\ 制作培训班公众号首图.psd

在线视频：第 14 章 \ 训练 14-1 制作培训班公众号首图.mp4

◆训练分析

本训练练习制作培训班公众号首图。首图一般以文字信息为主，本训练中主要突出“暑期兴趣班”这几个字，简约的背景搭配文字，使画面看上去十分舒适。整体色调为蓝色，以橙色和白色作为辅助色，给白色文字加上橙色边框，可以突出文字，最终效果如图14-61所示。

图14-61 培训班公众号封面图最终效果

◆训练知识点

1. 直线工具
2. 多边形工具
3. 圆角矩形工具
4. 横排文字工具
5. “颜色叠加”“投影”“描边”图层样式

训练14-2 制作自媒体平台宣传广告图

难度：☆☆
素材位置：第 14 章 \ 训练 14-2\ 素材
效果位置：第 14 章 \ 训练 14-2\ 制作自媒体平台宣传广告图 .psd
在线视频：第 14 章 \ 训练 14-2 制作自媒体平台宣传广告图 .mp4

◆训练分析

本训练练习制作自媒体平台宣传广告。利用广告背景图和商品特写图，搭配文字信息，将广告信息传达给消费者。媒体平台中通常会有类似的宣传广告。文字的颜色要和整体色调保持一致，最终效果如图14-62所示。

图14-62 自媒体平台宣传广告图最终效果

◆训练知识点

1. 圆角矩形工具
2. 横排文字工具
3. “描边”图层样式

训练14-3 制作社交平台头像框

难度：☆☆
素材位置：第 14 章 \ 训练 14-3\ 素材
效果位置：第 14 章 \ 训练 14-3\ 制作社交平台头像框 .psd
在线视频：第 14 章 \ 训练 14-3 制作社交平台头像框 .mp4

◆训练分析

本训练练习制作社交平台头像框。在大多数社交平台中，用户可以为头像添加头像框。头像框的效果需要很精美，先制作圆形边框，再搭配好看的颜色和精美的装饰，最终效果如图14-63所示。

图14-63 社交平台头像框最终效果

◆训练知识点

1. 椭圆工具
2. “内阴影”图层样式
3. 创建剪贴蒙版

附录 Photoshop 2020默认键盘快捷键

用于工具的快捷键

结果	Windows	Mac OS
使用同一快捷键循环切换工具	按住 Shift 键并按快捷键（选择“使用 Shift 键切换工具”首选项）	按住 Shift 键并按快捷键（选择“使用 Shift 键切换工具”首选项）
循环切换隐藏的工具	按住 Alt 键并单击工具（添加锚点、删除锚点和转换点工具除外）	按住 Option 键并单击工具(添加锚点、删除锚点和转换点工具除外）
移动工具 画板工具	V	V
矩形选框工具 椭圆选框工具	M	M
套索工具 多边形套索工具 磁性套索工具	L	L
对象选择工具 快速选择工具 魔棒工具	W	W
裁剪工具 透视裁剪工具 切片工具 切片选择工具	C	C
图框工具	K	K
吸管工具 3D 材质吸管工具 颜色取样器工具 标尺工具 注释工具 计数工具	I	I
污点修复画笔工具 修复画笔工具 修补工具 内容感知移动工具 红眼工具	J	J
画笔工具 铅笔工具 颜色替换工具 混合器画笔工具	B	B
仿制图章工具 图案图章工具	S	S

（续）

结果	Windows	Mac OS
历史记录画笔工具 历史记录艺术画笔工具	Y	Y
橡皮擦工具 背景橡皮擦工具 魔术橡皮擦工具	E	E
渐变工具 油漆桶工具 3D 材质拖放工具	G	G
减淡工具 加深工具 海绵工具	O	O
钢笔工具 自由钢笔工具 弯度钢笔工具	P	P
横排文字工具 直排文字工具 横排文字蒙版工具 直排文字蒙版工具	T	T
路径选择工具 直接选择工具	A	A
矩形工具 圆角矩形工具 椭圆工具 多边形工具 直线工具 自定形状工具	U	U
抓手工具	H	H
旋转视图工具	R	R
缩放工具	Z	Z

用于查看图像的快捷键

该列表提供不显示在菜单命令或工具栏提示中的快捷键。

结果	Windows	Mac OS
循环切换打开的 文件	Ctrl + Tab	Ctrl + Tab
切换到上一文件	Shift + Ctrl + Tab	Shift + Command + '
在 Photoshop 2020 中关闭文件并转到 Bridge	Shift + Ctrl + W	Shift + Command + W

（续）

结果	Windows	Mac OS
在“标准”模式和“快速蒙版”模式之间切换	Q	Q
在“标准屏幕模式”“带有菜单栏的全屏模式”“全屏模式”之间切换（前进）	F	F
在“标准屏幕模式”“带有菜单栏的全屏模式”“全屏模式”之间切换（后退）	Shift + F	Shift + F
切换（前进）画布颜色	空格键 + F（或右击画布背景并选择颜色）	空格键 + F（或按住 Ctrl 键单击画布背景并选择颜色）
切换（后退）画布颜色	空格键 + Shift + F	空格键 + Shift + F
将图像限制在窗口中	双击“抓手工具”	双击“抓手工具”
放大至 100%	双击“缩放工具”或 Ctrl + I	双击“缩放工具”或 Command + I
切换“抓手工具”（当不处于文字编辑模式时）	空格键	空格键
使用“抓手工具”同时平移多个文件	按住 Shift 键拖移	按住 Shift 键拖移
切换到“放大工具”	Ctrl + 空格键	Command + 空格键
切换到“缩小工具”	Alt + 空格键	Option + 空格键
放大图像中的指定区域	按住 Ctrl 键并在“导航器”面板的预览区中拖移	按住 Command 键并在“导航器”面板的预览区中拖移
使用“抓手工具”滚动图像	按住空格键拖移，或拖移“导航器”面板中的代理预览区域框	按住空格键拖移，或拖移“导航器”面板中的代理预览区域框
向上或向下滚动一屏	Page Up 或 Page Down	Page Up 或 Page Down
向上或向下滚动 10 个单位	Shift + Page Up 或 Page Down	Shift + Page Up 或 Page Down
将视图移动到左上角或右下角	Home 或 End	Home 或 End
打开 / 关闭图层蒙版的宝石红显示（必须选中图层蒙版）	\（反斜杠）	\（反斜杠）

用于选择并遮住的快捷键

结果	Windows	Mac OS
启用“选择并遮住”功能	Ctrl + Alt + R	Command + Option + R
在视图模式之间循环切换（前进）	F	F
在视图模式之间循环切换（后退）	Shift + F	Shift + F
在原始图像和选区预览之间切换	X	X
在原始选区和调整的版本之间切换	P	P
在打开和关闭半径预览之间切换	J	J
在加选和减选之间切换	E	E

用于滤镜库的快捷键

结果	Windows	Mac OS
在所选对象的顶部应用新滤镜	按住 Alt 键并单击滤镜	按住 Option 键并单击滤镜
打开 / 关闭所有三角形按钮▶	按住 Alt 键并单击展开三角形按钮▶	按住 Option 键并单击展开三角形按钮▶
将“取消”按钮更改为“默认值”	Ctrl	Command
将“取消”按钮更改为“复位”按钮	Alt	Option
还原 / 重做	Ctrl + Z	Command + Z
向前一步	Ctrl + Shift + Z	Command + Shift + Z
向后一步	Ctrl + Alt + Z	Command + Option + Z

用于液化的快捷键

结果	Windows	Mac OS
向前变形工具	W	W
重建工具	R	R
平滑工具	E	E
顺时针旋转扭曲工具	C	C
褶皱工具	S	S
膨胀工具	B	B
左推工具	O	O
冻结蒙版工具	F	F
解冻蒙版工具	D	D
脸部工具	A	A
抓手工具	H	H
缩放工具	Z	Z
翻转“膨胀工具”“褶皱工具”“左推工具”的方向	按住 Alt 键并单击工具	按住 Option 键并单击工具
将画笔的大小、浓度、压力、速率减小 / 增大	在文本框中按向下箭头 / 向上箭头	在文本框中按向下箭头 / 向上箭头
从上到下在右侧循环切换控件	Tab	Tab
从下到上在右侧循环切换控件	Shift + Tab	Shift + Tab
将“取消”按钮更改为“复位”按钮	Alt	Option

用于消失点的快捷键

结果	Windows	Mac OS
缩放两倍（临时）	X	X
放大	Ctrl + +（加号）	Command + +（加号）
缩小	Ctrl + -（减号）	Command + -（减号）
符合视图大小	Ctrl + 0（零）、双击抓手工具	Command + 0（零）、双击抓手工具
按 100% 的比例缩放到中心	双击缩放工具	双击缩放工具
增大画笔大小（画笔工具、图章工具）	]	]
减小画笔大小（画笔工具、图章工具）	[	[
增加画笔硬度（画笔工具、图章工具）	Shift +]	Shift +]
减小画笔硬度（画笔工具、图章工具）	Shift + [	Shift + [
还原上一动作	Ctrl + Z	Command + Z
重做上一动作	Ctrl + Shift + Z	Command + Shift + Z
全部取消选择	Ctrl + D	Command + D
隐藏选区和平面	Ctrl + H	Command + H
将选区移动 1 个像素	箭头键	箭头键
将选区移动 10 个像素	Shift +箭头键	Shift +箭头键
复制	Ctrl + C	Command + C
粘贴	Ctrl + V	Command + V
使用鼠标指针下的图像填充选区	按住 Ctrl 键拖移	按住 Command 键拖移
将选区副本作为浮动选区	按住 Ctrl + Alt 组合键拖移	按住 Command + Option 组合键拖移
限制选区为 15° 旋转	按住 Alt + Shift 组合键进行旋转	按住 Option + Shift 组合键进行旋转
在另一个选中平面下选择平面	按住 Ctrl 键并单击平面	按住 Command 键并单击平面
在创建平面的同时删除上一个节点	BackSpace	Delete
建立一个完整的画布平面（与相机一致）	双击创建平面工具	双击创建平面工具
显示 / 隐藏测量	Ctrl + Shift + H	Command + Shift + H
导出到 DFX 文件	Ctrl + E	Command + E
导出到 3DS 文件	Ctrl + Shift + E	Command + Shift + E

用于选择和移动对象的快捷键

该列表提供不显示在菜单命令或工具栏提示中的快捷键。

结果	Windows	Mac OS
选择时重新定位选框	任何选框工具（单列和单行除外）+空格键并拖移	任何选框工具（单列和单行除外）+空格键并拖移
添加到选区	任何选择工具+ Shift 键并拖移	任何选择工具+ Shift 键并拖移
从选区中减去	任何选择工具+ Alt 键并拖移	任何选择工具+ Option 键并拖移
与选区交叉	任何选择工具（快速选择工具除外）+ Shift + Alt 键并拖移	任何选择工具（快速选择工具除外）+ Shift + Option 键并拖移
将选框限制为方形或圆形（如果没有任何其他选区处于选中状态）	按住 Shift 键拖移	按住 Shift 键拖移
从中心绘制选框（如果没有任何其他选区处于选中状态）	按住 Alt 键拖移	按住 Option 键拖移
限制选框形状并从中心绘制选框	按住 Shift + Alt 组合键拖移	按住 Shift + Option 组合键拖移
切换到“移动工具”	Ctrl（选择抓手、切片、路径、形状或任何钢笔工具时除外）	Command（选择抓手、切片、路径、形状或任何钢笔工具时除外）
从“磁性套索工具”切换到“套索工具”	按住 Alt 键拖移	按住 Option 键拖移
应用 / 取消“磁性套索工具”的操作	Enter/Esc 或 Ctrl + .（句点）	Return/Esc 或 Command + .（句点）
移动选区的复制	移动工具+ Alt 键并拖移选区	移动工具+ Option 键并拖移选区
将选区移动 1 个像素	任何选区工具+向右箭头键、向左箭头键、向上箭头键或向下箭头键	任何选区工具+向右箭头键、向左箭头键、向上箭头键或向下箭头键
将所选区域移动 1 个像素	移动工具+向右箭头键、向左箭头键、向上箭头键或向下箭头键	移动工具+向右箭头键、向左箭头键、向上箭头键或向下箭头键
当未选择图层上的任何内容时，将图层移动 1 个像素	Ctrl 键+向右箭头键、向左箭头键、向上箭头键或向下箭头键	Command 键+向右箭头键、向左箭头键、向上箭头键或向下箭头键
增大 / 减小检测宽度	磁性套索工具+ [或]	磁性套索工具+ [或]
接受裁剪或退出裁剪	裁剪工具+ Enter 键或 Esc 键	裁剪工具+ Return 键或 Esc 键
打开 / 关闭切换裁剪屏蔽	/（正斜杠）	/（正斜杠）
创建量角器	标尺工具+ Alt 键并拖移终点	标尺工具+ Option 键并拖移终点
将参考线与标尺刻度对齐（未选中“视图”→“对齐”时除外）	按住 Shift 键拖移参考线	按住 Shift 键拖移参考线
在水平参考线和垂直参考线之间切换	按住 Alt 键拖移参考线	按住 Option 键拖移参考线

用于变换图像、选区和路径的快捷键

该列表提供不显示在菜单命令或工具栏提示中的快捷键。

结果	Windows	Mac OS
从中心变换或对称变换	Alt	Option
限制变换	Shift	Shift
扭曲变换	Ctrl	Command
取消变换	Ctrl + .（句点）或 Esc	Command + .（句点）或 Esc
使用重复数据进行自由变换	Ctrl + Alt + T	Command + Option + T
再次使用重复数据进行自由变换	Ctrl + Shift + Alt + T	Command + Shift + Option + T
应用变换	Enter	Return

用于编辑路径的快捷键

该列表提供不显示在菜单命令或工具提示中的快捷键。

结果	Windows	Mac OS
选择多个锚点	直接选择工具 + Shift 键并单击	直接选择工具 + Shift 键并单击
选择整个路径	直接选择工具 + Alt 键并单击	直接选择工具 + Option 键并单击
复制路径	“钢笔工具”、“路径选择工具”或“直接选择工具” + Ctrl + Alt 并拖移	“钢笔工具”、“路径选择工具”或“直接选择工具” + Command + Option 并拖移
从“路径选择工具”“钢笔工具”“添加锚点工具”“删除锚点工具”“转换点工具”切换到“直接选择工具”	Ctrl	Command
当鼠标指针位于锚点或方向点上时“钢笔工具”或“自由钢笔工具”切换到“转换点工具”	Alt	Option
关闭路径	磁性钢笔工具 + 双击	磁性钢笔工具 + 双击
关闭含有直线段的路径	磁性钢笔工具 + Alt 键并双击	磁性钢笔工具 + Option 键并双击

用于绘图的快捷键

该列表提供不显示在菜单命令或工具栏提示中的快捷键。

结果	Windows	Mac OS
使用“吸管工具”从图像中选择前景颜色	任何绘画工具 + Alt 键或任何形状工具 + Alt 键（选择“路径”模式时除外）	任何绘画工具 + Option 键或任何形状工具 + Option 键（选择“路径”模式时除外）
选择背景颜色	吸管工具 + Alt 键并单击	吸管工具 + Option 键并单击
颜色取样器工具	吸管工具 + Shift 键	吸管工具 + Shift 键

（续）

结果	Windows	Mac OS
删除颜色取样器	颜色取样器 + Alt + Shift 键并单击	颜色取样器 + Option + Shift 键并单击
设置绘画模式的“不透明度”“容差”“强度”“曝光量”	任何绘画或编辑工具 + 数字键（例如 0 = 100%、1 = 10%、按完 4 后紧接着按 5 等于 45%，启用“喷枪”选项时，使用 Shift + 数字键）	任何绘画或编辑工具 + 数字键（例如 0 = 100%、1 = 10%、按完 4 后紧接着按 5 等于 45%，启用“喷枪”选项时，使用 Shift + 数字键）
设置绘画模式的“流量”	任何绘画或编辑工具 + Shift + 数字键（例如 0 = 100%、1 = 10%、按完 4 后紧接着按 5 等于 45%，启用“喷枪”选项时，使用 Shift 键）	任何绘画或编辑工具 + Shift + 数字键（例如 0 = 100%、1 = 10%、按完 4 后紧接着按 5 等于 45%，启用“喷枪”选项时，使用 Shift 键）
混合器画笔更改“混合”设置	Alt + Shift + 数字	Option + Shift + 数字
混合器画笔更改“潮湿”设置	数字键	数字键
混合器画笔将“潮湿”和“混合”更改为零	00	00
循环切换绘画模式	Shift + +（加号）或 -（减号）	Shift + +（加号）或 -（减号）
使用前景色或背景色填充选区 / 图层	Alt + Backspace 或 Ctrl + Backspace	Option + Delete 或 Command + Delete
从历史记录填充	Ctrl + Alt + Backspace	Command + Option + Delete
显示“填充”对话框	Shift + Backspace	Shift + Delete
锁定透明像素的开启 / 关闭	/（正斜杠）	/（正斜杠）
连接点与直线	任何绘画工具 + Shift 键并单击	任何绘画工具 + Shift 键并单击

用于混合模式的快捷键

该列表提供不显示在菜单命令或工具栏提示中的快捷键。

结果	Windows	Mac OS
循环切换混合模式	Shift + +（加号）或 -（减号）	Shift + +（加号）或 -（减号）
正常	Shift + Alt + N	Shift + Option + N
溶解	Shift + Alt + I	Shift + Option + I
背后（仅限“画笔工具”）	Shift + Alt + Q	Shift + Option + Q
清除（仅限“画笔工具”）	Shift + Alt + R	Shift + Option + R
变暗	Shift + Alt + K	Shift + Option + K
正片叠底	Shift + Alt + M	Shift + Option + M
颜色加深	Shift + Alt + B	Shift + Option + B
线性加深	Shift + Alt + A	Shift + Option + A

（续）

结果	Windows	Mac OS
变亮	Shift + Alt + G	Shift + Option + G
滤色	Shift + Alt + S	Shift + Option + S
颜色减淡	Shift + Alt + D	Shift + Option + D
线性减淡（添加）	Shift + Alt + W	Shift + Option + W
叠加	Shift + Alt + O	Shift + Option + O
柔光	Shift + Alt + F	Shift + Option + F
强光	Shift + Alt + H	Shift + Option + F
亮光	Shift + Alt + V	Shift + Option + V
线性光	Shift + Alt + J	Shift + Option + J
点光	Shift + Alt + Z	Shift + Option + Z
实色混合	Shift + Alt + L	Shift + Option + L
差值	Shift + Alt + E	Shift + Option + E
排除	Shift + Alt + X	Shift + Option + X
色相	Shift + Alt + U	Shift + Option + U
饱和度	Shift + Alt + T	Shift + Option + T
颜色	Shift + Alt + C	Shift + Option + C
明度	Shift + Alt + Y	Shift + Option + Y

用于选择和编辑文字的快捷键

该列表提供不显示在菜单命令或工具栏提示中的快捷键。

结果	Windows	Mac OS
移动图像中的文字	选中文字图层时按住 Ctrl 键拖移文字	选中文字图层时按住 Command 键拖移文字
向左 / 向右选择 1 个字符或向上 / 向下选择 1 行字符，或向左 / 向右选择 1 个字符	Shift + 向左箭头键 / 向右箭头键或向下箭头键 / 向上箭头键，或 Ctrl + Shift + 向左箭头键 / 向右箭头键	Shift + 向左箭头键 / 向右箭头键或向下箭头键 / 向上箭头键，或 Command + Shift + 向左箭头键 / 向右箭头键
选择插入点与单击点之间的字符	按住 Shift 键并单击	按住 Shift 键并单击
左移 / 右移 1 个字符，下移 / 上移 1 行，或左移 / 右移 1 个字符	向左箭头键 / 向右箭头键，向下箭头键 / 向上箭头键，或 Ctrl + 向左箭头键 / 向右箭头键	向左箭头键 / 向右箭头键，向下箭头键 / 向上箭头键，或 Command + 向左箭头键 / 向右箭头键
当文字图层在“图层”面板中处于选中状态时，创建一个新的文字图层	按住 Shift 键并单击	按住 Shift 键并单击

（续）

结果	Windows	Mac OS
选择字、行、段落或文章	双击、单击 3 次、单击 4 次或单击 5 次	双击、单击 3 次、单击 4 次或单击 5 次
显示 / 隐藏所选文字上的选区	Ctrl + H	Command + H
在编辑文字时显示用于转换文字的定界框，或者在鼠标光标位于定界框内时激活“移动工具”	Ctrl	Command
在调整定界框大小时缩放定界框内的文字	按住 Ctrl 键拖移定界框手柄	按住 Command 键拖移定界框手柄
在创建文字框时移动文字框	按住空格键拖移	按住空格键拖移

用于设置文字格式的快捷键

该列表提供不显示在菜单命令或工具栏提示中的快捷键。

结果	Windows	Mac OS
左对齐、居中对齐或右对齐	横排文字工具 + Ctrl + Shift + L、C 或 R	横排文字工具 + Command + Shift + L、C 或 R
顶对齐、居中对齐或底对齐	直排文字工具 + Ctrl + Shift + L、C 或 R	直排文字工具 + Command + Shift + L、C 或 R
选择为比例 100% 水平缩放	Ctrl + Shift + X	Command + Shift + X
选择为比例 100% 垂直缩放	Ctrl + Shift + Alt + X	Command + Shift + Option + X
选择自行行距	Ctrl + Shift + Alt + A	Command + Shift + Option + A
选择 0 字距调整	Ctrl + Shift + Q	Command + Ctrl + Shift + Q
对齐段落（最后一行左对齐）	Ctrl + Shift + J	Command + Shift + J
调整段落（全部调整）	Ctrl + Shift + F	Command + Shift + F

用于切片和优化的快捷键

该列表提供不显示在菜单命令或工具栏提示中的快捷键。

结果	Windows	Mac OS
在“切片工具”和“切片选区工具”之间切换	Ctrl	Command
绘制方形切片	按住 Shift 键拖移	按住 Shift 键拖移
从中心向外绘制切片	按住 Alt 键拖移	按住 Option 键拖移
从中心向外绘制方形切片	按住 Shift + Alt 组合键拖移	按住 Shift + Option 组合键拖移
创建切片时重新定位切片	按住空格键拖移	按住空格键拖移
打开上下文相关菜单	右击切片	按住 Ctrl 键并单击切片

用于“画笔”面板的快捷键

该列表提供不显示在菜单命令或工具栏提示中的快捷键。

结果	Windows	Mac OS
重命名画笔	双击画笔	双击画笔
更改画笔大小	按住 Alt 键右击并拖移（向左或向右）	按住 Ctrl 和 Option 键并拖移（向左或向右）
减小 / 增大画笔软度 / 硬度	按住 Alt 键右击并向上或向下拖动	按住 Ctrl 和 Option 键并向上或向下拖动
选择上一 / 下一画笔	，（逗号）或 .（句点）	，（逗号）或 .（句点）
选择第一个 / 最后一个画笔	Shift + ，（逗号）或 .（句点）	Shift + ，（逗号）或 .（句点）
显示画笔的精确十字线	Caps Lock 或 Shift + Caps	Lock Caps Lock
切换喷枪选项	Shift + Alt + P	Shift + Option + P

用于“通道”面板的快捷键

如果您希望以Ctrl/ Command + 1为快捷键的通道用于红色通道，请执行“编辑”→“键盘快捷键”命令，然后勾选“使用旧版通道快捷键”复选框。

结果	Windows	Mac OS
选择各个通道	Ctrl + 3（红）、4（绿）、5（蓝）	Command + 3(红)、4(绿)、5(蓝)
选择复合通道	Ctrl + 2	Command + 2
将通道作为选区载入	按住 Ctrl 键并单击通道缩览图，或按住 Alt + Ctrl + 3 组合键（红色）、Alt + Ctrl + 4 组合键（绿色）、Alt + Ctrl + 5 组合键（蓝色）	按住 Command 键并单击通道缩览图，或按住 Option + Command + 3 组合键（红色）、Option + Command + 4 组合键（绿色）、Option + Command + 5 组合键（蓝色）
添加到当前选区	按住 Ctrl + Shift 组合键并单击通道缩览图	按住 Command + Shift 组合键并单击通道缩览图
从当前选区中减去	按住 Ctrl + Alt 组合键并单击通道缩览图	按住 Command + Option 组合键并单击通道缩览图
与当前选区交叉	按住 Ctrl + Shift + Alt 组合键并单击通道缩览图	按住 Command + Shift + Option 组合键并单击通道缩览图
为“将选区存储为通道”按钮设置选项	按住 Alt 键单击“将选区存储为通道”按钮	按住 Option 键单击“将选区存储为通道”按钮
创建新的专色通道	按住 Ctrl 键并单击“创建新通道”按钮	按住 Command 键并单击“创建新通道”按钮
选择 / 取消选择多个颜色通道选区	按住 Shift 键并单击颜色通道	按住 Shift 键并单击颜色通道
选择 / 取消选择 Alpha 通道并显示 / 隐藏以红宝石色进行的叠加	按住 Shift 键并单击 Alpha 通道	按住 Shift 键并单击 Alpha 通道
显示通道选项	双击 Alpha 通道或专色通道缩览图	双击 Alpha 通道或专色通道缩览图
在“快速蒙版模式”中切换复合蒙版和灰度蒙版	~键	~键

用于“颜色”面板的快捷键

结果	Windows	Mac OS
选择背景色	按住 Alt 键并单击颜色条中的颜色	按住 Option 键并单击颜色条中的颜色
显示“颜色条”菜单	右击颜色条	按住 Ctrl 键并单击颜色条
循环切换可供选择的颜色	按住 Shift 键并单击颜色条	按住 Shift 键并单击颜色条

用于“历史记录”面板的快捷键

结果	Windows	Mac OS
打开“新建快照”对话框	Alt +新建快照	Option +新建快照
重命名快照	双击快照名称	双击快照名称
在图像状态中向前一步	Ctrl + Shift + Z	Command + Shift + Z
在图像状态中后退一步	Ctrl + Alt + Z	Command + Option + Z
复制任何图像状态（当前状态除外）	按住 Alt 键并单击图像状态	按住 Option 键并单击图像状态
永久清除历史记录（无法还原）	Alt + “清除历史记录”命令（在“历史记录”面板菜单中）	Option + “清除历史记录”命令（在“历史记录”面板菜单中）

用于“信息”面板的快捷键

结果	Windows	Mac OS
更改颜色读数模式	单击吸管图标	单击吸管图标
更改测量单位	单击十字线图标	单击十字线图标

用于“图层”面板的快捷键

结果	Windows	Mac OS
将图层透明度作为选区载入	按住 Ctrl 键并单击图层缩览图	按住 Command 键并单击图层缩览图
添加到当前选区	按住 Ctrl + Shift 组合键并单击图层缩览图	按住 Command + Shift 组合键并单击图层缩览图
从当前选区中减去	按住 Ctrl + Alt 组合键并单击图层缩览图	按住 Command + Option 组合键并单击图层缩览图
与当前选区交叉	按住 Ctrl + Shift + Alt 组合键并单击图层缩览图	按住 Command + Shift + Option 组合键并单击图层缩览图
将滤镜蒙版作为选区载入	按住 Ctrl 键并单击滤镜蒙版缩览图	按住 Command 键并单击滤镜蒙版缩览图
将图层编组	Ctrl + G	Command + G
取消图层编组	Ctrl + Shift + G	Command + Shift + G

（续）

结果	Windows	Mac OS
创建 / 释放剪贴蒙版	Ctrl + Alt + G	Command + Option + G
选择所有图层	Ctrl + Alt + A	Command + Option + A
合并可视图层	Ctrl + Shift + E	Command + Shift + E
使用对话框创建新的图层	按住 Alt 键并单击“新建图层”按钮	按住 Option 键并单击“新建图层”按钮
在目标图层下层创建新图层	按住 Ctrl 键并单击“新建图层”按钮	按住 Command 键并单击“新建图层”按钮
选择顶部图层	Alt + .（句点）	Option + .（句点）
选择底部图层	Alt + ，（逗号）	Option + ，（逗号）
添加到“图层”面板中的图层选择	Shift + Alt + [或]	Shift + Option + [或]
向上 / 向下选择下一个图层	Alt + [或]	Option + [或]
上移 / 下移目标图层	Ctrl + [或]	Command + [或]
将所有可视图层合并到目标图层	Ctrl + Shift + Alt + E	Command + Shift + Option + E
向下合并图层	Ctrl + E	Command + E
将图层移动到底部或顶部	Ctrl + Shift + [或]	Command + Shift + [或]
将当前图层复制到下层的图层中	Alt + 面板菜单中的“向下合并”命令	Option + 面板菜单中的“向下合并”命令
将所有可见图层合并为当前选定图层上层的新图层	Alt + 面板菜单中的“合并可见图层”命令	Option + 面板菜单中的“合并可见图层”命令
仅显示 / 隐藏此图层 / 图层组或显示 / 隐藏所有图层 / 图层组	右击眼睛图标	按住 Ctrl 键并单击眼睛图标
显示 / 隐藏其他所有的当前可见图层	按住 Alt 键并单击眼睛图标	按住 Option 键并单击眼睛图标
切换目标图层的锁定透明度或最后应用的锁定	/（正斜杠）	/（正斜杠）
编辑图层效果 / 样式设置	双击图层效果 / 样式	双击图层效果 / 样式
停用 / 启用矢量蒙版	按住 Shift 键并单击矢量蒙版缩览图	按住 Shift 键并单击矢量蒙版缩览图
打开图层蒙版的属性设置	双击图层蒙版缩览图	双击图层蒙版缩览图
切换图层蒙版的开启 / 关闭	按住 Shift 键并单击图层蒙版缩览图	按住 Shift 键并单击图层蒙版缩览图
切换滤镜蒙版的开启 / 关闭	按住 Shift 键并单击滤镜蒙版缩览图	按住 Shift 键并单击滤镜蒙版缩览图
在图层蒙版和复合图像之间切换	按住 Alt 键并单击图层蒙版缩览图	按住 Option 键并单击图层蒙版缩览图

（续）

结果	Windows	Mac OS
在滤镜蒙版和复合图像之间切换	按住 Alt 键并单击滤镜蒙版缩览图	按住 Option 键并单击滤镜蒙版缩览图
切换图层蒙版的宝石红显示模式开启 / 关闭	\（反斜杠）或 Shift + Alt 组合键并单击	\（反斜杠）或 Shift + Option 组合键并单击
选择所有文字	双击文字图层缩览图	双击文字图层缩览图
创建剪贴蒙版	按住 Alt 键并单击两个图层的分界线	按住 Option 键并单击两个图层的分界线
重命名图层	双击图层名称	双击图层名称
编辑滤镜	双击滤镜效果	双击滤镜效果
在当前图层 / 图层组下层创建新图层组	按住 Ctrl 键并单击“创建新组”按钮	按住 Command 键并单击“创建新组”按钮
使用对话框创建新图层组	按住 Alt 键并单击“创建新组”按钮	按住 Option 键并单击“创建新组”按钮
创建隐藏全部内容 / 选区的图层蒙版	按住 Alt 键并单击“添加图层蒙版”按钮	按住 Option 键并单击“添加图层蒙版”按钮
创建显示全部内容 / 路径区域的矢量蒙版	按住 Ctrl 键并单击“添加图层蒙版”按钮	按住 Command 键并单击“添加图层蒙版”按钮
选择 / 取消选择多个连续图层	按住 Shift 键并单击	按住 Shift 键并单击
选择 / 取消选择多个不连续图层	按住 Ctrl 键并单击	按住 Command 键并单击

用于“路径”面板的快捷键

结果	Windows	Mac OS
将路径作为选区载入	按住 Ctrl 键并单击路径缩览图	按住 Command 键并单击路径缩览图
向选区中添加路径	按住 Ctrl + Shift 组合键并单击路径缩览图	按住 Command + Shift 组合键并单击路径缩览图
从选区中减去路径	按住 Ctrl + Alt 组合键并单击路径缩览图	按住 Command + Option 组合键并单击路径 缩览图
将路径的交叉区域作为选区保留	按住 Ctrl + Shift + Alt 组合键并单击路径缩览图	按住 Command + Shift + Option 组合键并单击路径缩览图
隐藏路径	Ctrl + Shift + H	Command + Shift + H
为“用前景色填充路径”“用画笔描边路径”“将路径作为选区载入”“从选区生成工作路径”“创建新路径”按钮设置选项	按住 Alt 键并单击该按钮	按住 Option 键并单击该按钮

功能键

结果	Windows	Mac OS
启动帮助	F1	帮助键
还原 / 重做	无	F1
剪切	F2	F2
复制	F3	F3
粘贴	F4	F4
显示 / 隐藏“画笔设置”面板	F5	F5
显示 / 隐藏“颜色”面板	F6	F6
显示 / 隐藏“图层”面板	F7	F7
显示 / 隐藏“信息”面板	F8	F8
显示 / 隐藏“动作”面板	Alt + F9	Option + F9
恢复	F12	F12
填充	Shift + F5	Shift + F5
羽化选区	Shift + F6	Shift + F6
反转选区	Shift + F7	Shift + F7